全国机械行业职业教育优质规划教材（高职高专）
经全国机械职业教育教学指导委员会审定

设 备 管 理

全国机械职业教育机电设备技术类专业教学指导委员会（高职） 组编

主　编　韦　林
副主编　韦华南　穆丽丽　董建荣
参　编　朱瑞丹　张映红　方　婷
　　　　林燕虹　李天涛　庞华春

机械工业出版社

本书以设备整个生命周期的管理为主线，主要内容共10章，包括设备管理概述，设备前期管理，设备资产管理，设备的使用与运行保障管理，设备的点检与润滑，设备维修管理，设备备件管理，设备的磨损、改造与更新，先进设备管理模式的应用以及设备管理实践。

本书可作为高职高专院校机电设备技术类专业、机械设计制造类专业以及自动化类专业教学用书，也可作为企业设备维修、设备管理人员的培训教材。

本书配有电子课件，凡使用本书作为教材的教师可登录机械工业出版社教育服务网www.cmpedu.com注册后下载。咨询邮箱：cmpgaozhi@sina.com。咨询电话：010-88379375。

图书在版编目（CIP）数据

设备管理/韦林主编. --北京：机械工业出版社，2015.4（2023.1重印）
全国机械行业职业教育优质规划教材. 高职高专
ISBN 978-7-111-49610-6

Ⅰ.①设… Ⅱ.①韦… Ⅲ.①机电设备-设备管理-高等职业教育-教材
Ⅳ.①TM

中国版本图书馆CIP数据核字（2015）第048453号

机械工业出版社（北京市百万庄大街22号　邮政编码100037）
策划编辑：刘良超　责任编辑：刘良超
版式设计：常天培　责任校对：路清双
封面设计：鞠　杨　责任印制：任维东
北京玥实印刷有限公司印刷
2023年1月第1版第8次印刷
184mm×260mm · 16.25印张 · 399千字
标准书号：ISBN 978-7-111-49610-6
定价：48.00元

电话服务
客服电话：010-88361066
010-88379833
010-68326294

网络服务
机　工　官　网：www.cmpbook.com
机　工　官　博：weibo.com/cmp1952
金　书　网：www.golden-book.com
机工教育服务网：www.cmpedu.com

前　言

当前，设备管理在企业管理中占据有十分重要的地位。随着我国制造业产业升级和结构调整，企业不断更新先进设备，对设备的维护保养、预防维修以及管理模式和方法都发生了变化。这些变化使高等职业教育的人才培养目标也发生了相应变化，要培养既有专业技术能力又能融入现代企业管理模式，且具备一定管理能力的复合型人才。“设备管理”课程属于机电设备类专业核心课程，具有技术和管理结合的特点，对培养学生职业能力具有重要的作用。

本书根据教育部高职高专机电设备技术类专业教学指导委员会组织编写的“高等职业教育机电设备维修与管理专业教学基本要求”进行编写，以设备整个生命周期的管理为主线。全书共10章，主要内容包括设备管理概述，设备前期管理，设备资产管理，设备的使用与运行保障管理，设备的点检与润滑，设备维修管理，设备备件管理，设备的磨损、改造与更新，先进设备管理模式的应用以及设备管理实践。在内容选取上，既注重实用性、实践性，又注重先进性、新颖性。同时，本书将企业设备管理内容所对应的典型工作任务进行提炼，形成了设备认知、设备选型、设备管理软件应用、优化设备布局、编制设备日常点检标准作业指导书及点检表、编制设备维修计划、编制设备改造申请单、编制推行TnPM设备管理模式宣传小报等设备管理实践任务。各项任务之间既相对独立，又有一定的关联。通过实践任务训练，能够实现对学生专业能力、社会能力、方法能力及综合职业素质的培养。

本书由韦林任主编，韦华南、穆丽丽、董建荣任副主编，全书由韦林负责统稿。本书第1章、第3章由柳州职业技术学院韦林编写；第2章由河北机电职业技术学院董建荣编写；第4章由柳州职业技术学院朱瑞丹、张映红编写；第5章、第9章由柳州职业技术学院韦华南编写；第6章由威海职业技术学院穆丽丽编写；第7章由四川工程职业技术学院方婷编写；第8章由广东松山职业技术学院林燕虹编写；第10章由柳州化工股份有限公司李天涛、柳州柳新汽车冲压件有限公司庞华春编写。

本书是“广西高等学校优秀中青年骨干教师培养工程”资助成果。

本书在编写过程中得到柳州职业技术学院教务与实训管理处的大力支持，并广泛参阅了国内外同行有关设备管理与维修方面的书籍和文章，在此一并表示感谢！

由于编者水平有限，书中错误在所难免，敬请读者批评指正。

编　者

目　录
contents

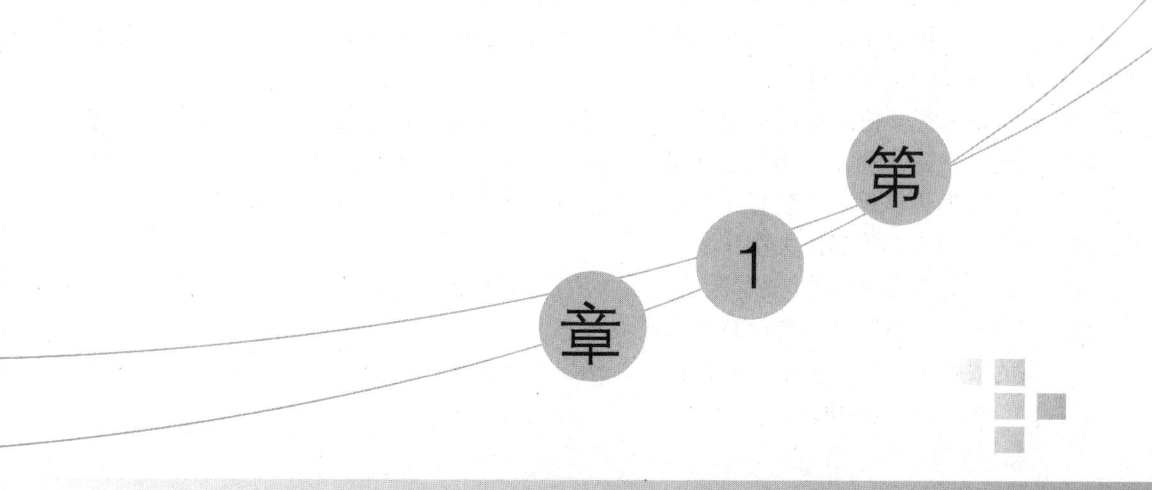

设备管理概述

1.1 设备及设备管理

1.1.1 设备的含义

设备是企业固定资产的重要组成部分，是企业的主要生产工具，也是企业现代化水平的重要标志。对于一个国家来说，设备既是发展国民经济的物质技术基础，又是衡量社会发展水平与物质文明程度的重要尺度。

在国外，设备工程学把设备定义为“有形固定资产的总称”。它把一切列入固定资产的劳动资料，如土地、建筑物（厂房、仓库等）、构筑物（水池、码头、围墙、道路等）、机器（工作机械、运输机械等）、装置（容器、蒸馏塔、热交换器等）以及车辆、船舶、工具（工夹具、测试仪器等）等都包含在其中。

在我国，设备通常是指人们在生产或生活上所需的机械、装置和设施等，可供长期使用，并在使用中基本保持原有实物形态的物质资料。

本书所指的设备主要指直接生产的设备或直接服务于生产过程的设备。下面列举一些常用生产设备，如图1-1～图1-4所示。

图1-1　数控车床

图1-2　各种冲压设备组成的汽车冲压件生产线

图1-3　大型化工生产设备

图1-4　轧钢设备在轧制钢板

1.1.2　设备的分类

企业的机器设备种类繁多，功能各异。为了设计、制造、使用及管理的方便，必须对设备进行分类。一般是按设备的适用范围、设备用途和设备的工艺性质等进行分类。

1. 按设备的适用范围分类

（1）通用设备　通用设备指企业生产经营中广泛应用的机器设备，例如用于制造、维修机器的各种机床；用于搬运、装卸用的起重运输机械；以及用于工业和生活设施中的泵、阀门等。

（2）专用设备　专用设备指企业或行业为完成某个特定的生产环节、特定的产品而专门设计、制造的机器。这些机器只能在特定部门、特定的生产环节中发挥作用，不具有普遍应用的能力和价值。例如汽车发动机曲轴加工机床。

2. 按设备用途分类

这种分类方法的应用十分广泛，是各企业生产部门常用的一种分类方法。

（1）动力机械　动力机械是指用做动力来源的机械，也就是原动机，例如日常机器中常用的电动机、内燃机、蒸汽机以及在无电源的地方使用的联合动力装置。

（2）金属切削机械　金属切削机械是指对机械零件的毛坯进行金属切削加工的机器，主要有车床、铣床、拉床、镗床、磨床、齿轮加工机床、刨床、电加工机床等。

（3）金属成型（或成形）机械　金属成型（或成形）机械是指除金属切削加工机床以外的金属加工机械，例如锻压机械、铸造机械等。

（4）起重运输机械　起重运输机械是指用于在一定距离内移动货物或人的提升和搬运机械，例如各种起重机、运输机、升降机、卷扬机等。

（5）工程机械　工程机械是指在各种建设工程设施中，能够代替繁重体力劳动的机械与机具。例如挖掘机、铲运机、路面机等。

（6）轻工机械　轻工机械是指轻工业设备，其范围较广，例如纺织机械、食品加工机械、印刷机械、制药机械、造纸机械等。

（7）农业机械　农业机械是指用于农、林、牧、副、渔业等各种生产中的机械，例如拖拉机、收割机、排灌机、林业机械、牧业机械、渔业机械等。

3. 按设备工艺性质分类

机械制造企业通常将其生产设备按工艺性质分为两大类型，即：机械设备和动力设备。每大类型分为若干个大类，每大类分为10个中类，每中类分为10个小类。大、中类机械设备分类与编号见表1-1。

表1-1　大、中类机械设备分类与编号

分项	编号 / 中类别 / 大类别	0	1	2	3	4	5	6	7	8	9
机械设备	0 金属切削机床	数控金属切削机床	车床	钻床及镗床	研磨机床	联合及组合机床	齿轮及螺纹加工机床	铣床	刨、插、拉床	切断机床	其他金属切削机床
	1 锻压设备	数控锻压设备	锻锤	压力机	锻造机	碾压机	冷作机	剪切机	整形机	弹簧加工机	其他冷作设备
	2 起重运输设备		起重机	卷扬机	传送机械	运输车辆			船舶		其他起重运输设备
	3 木工铸造设备		木工机械	铸造设备							
	4 专业生产用设备		螺钉专用设备	汽车专业设备	轴承专用设备	电线、电缆专用设备	电磁专业设备	电池专业设备			其他专业设备
	5 其他机械设备		油漆机械	油处理机械	管用机械	破碎机械	土建机械	材料试验机	精密度量设备		其他专业机械

（续）

分项	大类别＼中类别＼编号	0	1	2	3	4	5	6	7	8	9
动力设备	6 动能发生设备	电站设备	氧气站设备	煤气及保护气体发生设备	乙炔发生设备	空气压缩设备	二氧化碳设备	工业泵	锅炉房设备	蒸汽及内燃机设备	其他动能发生设备
	7 电器设备		变压器	高、低压配电设备	变频、高频变流设备	电气检测设备	焊切设备	电气线路	弱电设备		其他电器设备
	8 工业炉窑		熔铸炉	加热炉	热处理炉（窑）	干燥炉	溶剂竖炉				其他工业窑炉
	9 其他动力设备		通风采暖设备	恒温设备	管道	电镀设备及工艺用槽	除尘设备		涂漆设备	容器	其他动力设备

1.1.3 常用机电设备的结构组成

1. 机电设备结构组成

机电设备是由零件组成的、能运转、能进行能量转换或产生有用功的装置。机电设备能减轻人的劳动强度，提高生产率。一般而言，机电设备是由动力部分、传动部分、工作部分及控制部分及辅助部分组成。

（1）动力部分　机电设备的动力部分是驱动设备运转的动力来源。常见的动力设备有电动机、内燃机、汽轮机及在特殊情况下应用的联合动力装置。

电动机是将电能转化为机械能的动力装置。电动机可分为交流电动机和直流电动机两种。

内燃机是将燃料在发动机气缸内部燃烧所产生的热能转化为机械能的动力机械。内燃机按结构来区分，种类繁多。现代以往复活塞式汽油机和柴油机的应用最为广泛。

（2）传动部分　机电设备一般是通过传动部件，将动力机构的动力和运动传给机械的工作部分。所以，传动部分是位于动力部分和工作部分之间的中间装置。传动装置是设备的重要组成部分，它在一定程度上决定了设备的工作性能、外形尺寸和重量，也是选型、维护、管理的关键部分。传动装置常见的传动形式有机械传动和流体传动。机械传动，例如齿轮传动、带传动、链传动、螺旋传动等。流体传动，例如液压传动和气压传动。

（3）工作部分　工作部分是使加工对象发生性能、状态、几何形状和地理位置等变化的那部分机械。例如车床的刀架、纺纱机的绽子、车辆的车厢、飞机的客舱与货舱等。

对于机床设备而言，工作部分是机床设备直接进行生产的部分，是一台机床的用途、性能综合体现的部分，也是体现一台机床的技术能力和水平的部位，它标志着各种机床的不同特性，是机床设备主要区分和分类的依据。

（4）控制部分　控制部分是由控制器和被控对象组成的。不同控制器组成的系统也不一样，例如有手动操纵代替控制器的手动控制系统；有机械装置作为控制器组成的机械控制系统；有气压、液压装置做控制器的气动、液压控制系统；有电子装置或计算机作为控制器的电子或计算机控制系统等。

（5）辅助部分　辅助部分包括润滑系统、冷却系统及照明系统等。

2. 常见机电设备的结构

下面以普通机床和机械式曲柄压力机为例来说明设备结构及各部分名称。

（1）普通车床的结构　普通车床的主要组成部分有：动力部分（电动机、液压泵电动机）、传动部分（主轴箱、进给箱、溜板箱、光杠、丝杠）、工作部分（刀架、尾座、导轨）、控制部分（操作面板）、辅助部分（冷却泵、润滑油标、床身）。普通车床如图1-5所示。

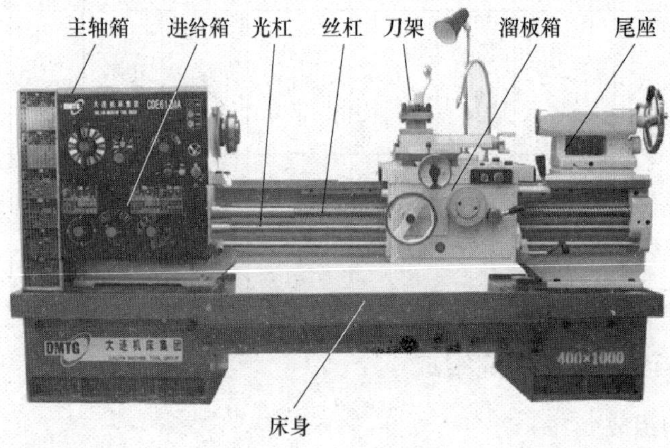

图1-5　普通车床

普通车床的主要组成部件如下：

1）主轴箱。主轴箱的主要作用是将主电动机传来的旋转运动经过一系列的变速机构使主轴得到所需的正反两种转向的不同转速，同时主轴箱分出部分动力将运动传给进给箱。主轴箱中的主轴是车床的关键零件之一。主轴在轴承上运转的平稳性直接影响工件的加工质量，一旦主轴的旋转精度降低，则机床的使用价值就会降低。

2）进给箱。进给箱中装有进给运动的变速机构，调整其变速机构，可得到所需的进给量或螺距，通过光杠或丝杠将运动传至刀架以进行切削。

3）丝杠与光杠。用以连接进给箱与溜板箱，并把进给箱的运动和动力传给溜板箱，使溜板箱获得纵向直线运动。丝杠是专门用来车削各种螺纹而设置的。在进行工件的其他表面车削时，只用光杠，不用丝杠。

4）溜板箱。溜板箱是车床进给运动的操纵箱，内装有将光杠和丝杠的旋转运动变成刀架直线运动的机构，通过光杠传动实现刀架的纵向进给运动、横向进给运动和快速移动，通过丝杠带动刀架作纵向直线运动，以便车削螺纹。

5）刀架、尾座和床身。床身是支撑整个机床的基础。刀架是夹持刀具进行切削的部位。当切削较长轴类工件或钻中心孔时，需要用尾座来辅助加工。

（2）机械式曲柄压力机的结构　机械式曲柄压力机主要由机身、动力传动系统、工作机构、操纵系统、电气控制系统和润滑系统组成，如图1-6所示。

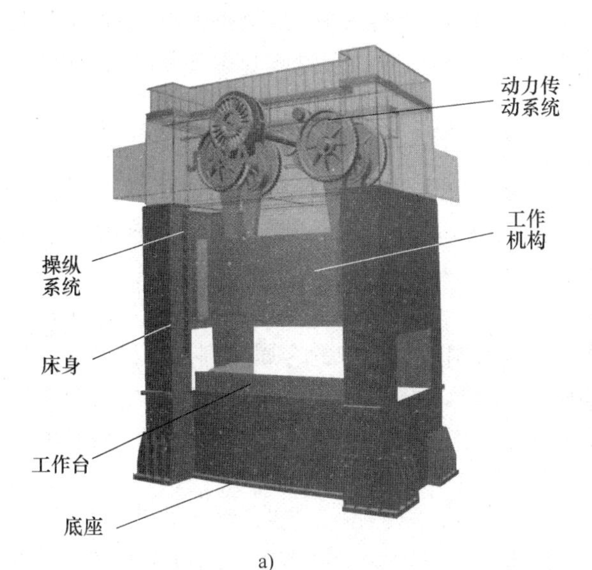

a)

b)

图1-6　机械式曲柄压力机
a）机械式曲柄压力机结构示意图　b）机械式曲柄压力机实物图

1）机身。机身由床身、底座和工作台三部分组成。工作台上的垫板用来安装下模。机身大多采用铸铁材料，而大型压力机的机身采用钢板焊接而成。机身首先要满足刚度、强度条件，有利于减振降噪，保证压力机的工作稳定性。

2）动力传动系统。动力传动系统由电动机、传动装置（齿轮传动或带传动）以及飞轮组成。其中，电动机和飞轮是动力部件。在压力机的空行程，靠飞轮自身转动惯量蓄积动能；在冲压工件瞬间受力最大时，飞轮放出蓄积的能量，这样使电动机负荷均衡，能量利用合理，减少振动。有的压力机利用大齿轮或大带轮起到飞轮的作用。

3）工作机构。工作机构是由曲轴、连杆和滑块组成的曲柄连杆机构。曲轴是压力机最主要的部分，它的强度决定压力机的冲压能力；连杆是连接件，它的两端与曲轴、滑块铰接；装有上模的滑块是执行元件，最终实现冲压动作。输入的动力通过曲轴旋转，带动连杆上下摆动，将旋转运动转化成滑块沿着固定在机身上导轨的往复直线运动。

4）操纵系统。操纵系统包括离合器、制动器和操纵机构。离合器和制动器对控制压力机的间歇冲压起重要作用，同时又是安全保证的关键所在，离合器的结构对某些安全装置的设置有直接影响。操纵机构常采用移动按钮站或脚踏开关。

5）电气控制系统。电气控制系统是由电器元件组成的控制回路，发出指令指挥控制压力机的各级动作。

6）润滑系统。润滑系统由泵站、分油器及管道组成，对压力机的运动部件、转动部件进行润滑。

1.1.4　设备的发展趋势

随着社会生产和技术的不断进步，设备的发展呈现如下趋势:

1. 大型化

大型化是指设备的容量、规模、动力越来越大。例如，石油化工工业中，我国已建成的乙烯生产装置年产量已达80万t以上。冶金工业中，我国首钢有5500 m^3高炉2座，单炉平均日产量可达12000t以上。发电设备方面，国内已能生产30万kW的水电成套设备和60万kW的火电成套设备。

2. 高速化

高速化指设备的运转速度、运行速度、运算速度大大加快，从而使生产效率显著提高。例如，纺织工业，国产气流纺纱机的转速已达6×10^4r / min，国外可达10×10^4r / min以上。

3. 精密化

精密化指设备的工作精度越来越高。例如，机械制造工业中的金属切削加工设备，20世纪50年代精密加工的精度为1μm，20世纪80年代提高到了0.05μm。现在，主轴的回转精度达0.02 ~ 0.05μm、加工工件圆度误差小于0.01μm、表面粗糙度值小于*Ra* 0.003μm的精密机床已在生产中得到使用。

4. 电子化

微电子科学、自动控制与计算机科学的高度发展，已引起了机电设备的巨大变革，出现了以机电一体化为特色的新一代设备，例如数控机床、加工中心、机器人、柔性制造系统等。它们可以把车、铣、钻、镗、铰等不同工序集中在一台机床上自动顺序完成，易于快速调整，适应多品种、小批量的市场要求，并能在高温、高压、高真空等特殊环境中，在无人直接参与的情况下准确地完成规定的动作。

5. 自动化

自动化不仅可以实现各生产线工序的自动顺序进行，还能实现对产品的自动控制、清理、包装、设备工作状态的实时监测、报警、反馈处理。在我国，汽车工业普遍采用自动化生产线；家电工业中有电路板装配焊接自动线；冶金工业中有连铸、连轧、型材生产自动线；港口码头有散装货物（谷物、煤炭等）装卸自动线。

6. 智能化

智能化是指利用先进的计算机技术、网络通信技术、综合布线技术、无线技术，将与设备、管理有关的各种子系统，有机地结合在一起。与普通设备相比，智能化设备能够提供全方位的信息交换功能，能够自动监测、反馈和报警，并具有一定的自主决策能力。随着技术的发展和普及，智能化技术应用越来越广泛，例如基于信息技术的智能化办公，遍布机器人的具有自检测和报警功能的智能化生产线，能够自动监测库存并自行进行环境调节的智能化仓库等。

7. 绿色环保

可持续发展是指既满足当代人的需求，又不损害后代人满足需求的能力。为实现可持续发展，现代设备从设计、制造、销售、使用到报废，都在努力朝着绿色环保的方向迈进：更低的环境和职业健康危害，更少的材料和能源消耗，可重复利用和无害化回收等。

现代设备为了适应现代经济发展的需要，广泛地应用了现代科学技术成果，正在向着性能更高级、技术更加综合、结构更加复杂、作业更加连续、工作更加可靠的方向发展，为经济繁荣、社会进步提供了更强大的创造物质财富的能力。

现代设备的出现，给企业和社会带来了很多好处，例如提高产品质量，增加产量和品种，减少原材料消耗，充分利用生产资源，减轻工人劳动强度等，从而创造了巨大的财富，取得了良好的经济效益。

1.1.5 设备管理的含义

现代工业企业中，设备反映了企业现代化程度和科学技术水平，在企业生产经营过程中占据着日趋重要的地位，对企业产品的质量、产量、生产成本、交货期限、能源消耗及人机环境等都起着极其重要的作用，更是安全生产的重要基础。随着科技的迅速发展，企业的生产设备在不断更新，产品生产的自动化、连续化程度越来越高。所以，设备对企业的生存发展和市场竞争能力有着举足轻重的影响。设备管理是企业整个经营管理中的一个重要组成部分，它的任务是以良好的设备效率和投资效果来保证企业生产经营目标的实现，取得最佳的经济效果和社会效益。

设备管理是指以设备为研究对象，以提高设备综合效率、追求设备寿命周期费用最经济、实现企业生产经营目标为目的，运用现代科学技术、管理理论和管理方法，对设备寿命周期的全过程，从技术、经济、管理等方面进行综合研究和科学管理。设备寿命周期是指设备规划、设计、制造、选型、购置、安装、使用、维修、改造、报废直至更新的全过程，它包括设备的物质运动和价值运动两个方面。

设备管理应从技术、经济和管理方面进行综合管理，图1-7表示了三者之间的关系及三个方面的主要组成因素。

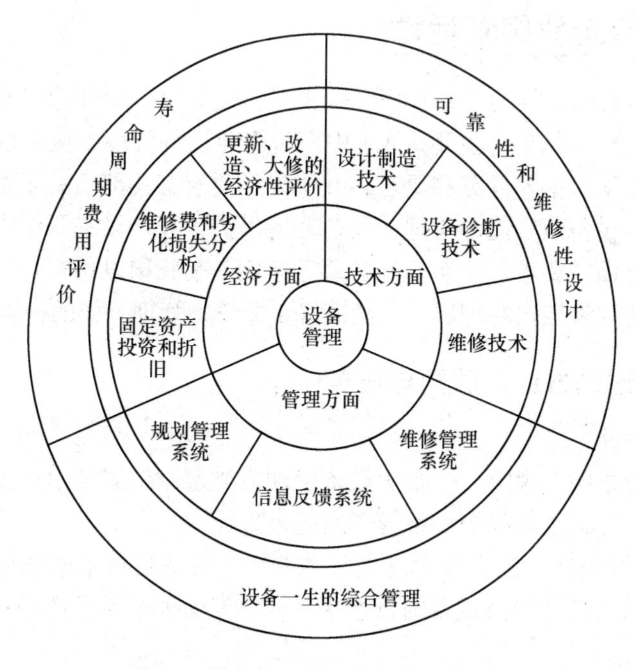

图1-7 设备管理的三个方面及其关系

1. 技术方面

技术方面是对设备硬件进行的技术处理，是从物的角度控制管理活动。其主要组成因素有：

1）设备设计和制造技术。

2）设备诊断技术和状态监测维修。

3）设备维护保养、大修、改造技术。

其要点是设备的可靠性和维修性设计。

2. 经济方面

经济方面是对设备运行经济价值的考核，是从费用角度控制管理活动。其主要组成因素有：

1）设备规划、投资和购置的决策。

2）设备能源成本分析。

3）设备大修、改造、更新的经济性评价。

4）设备折旧。

其要点是设备寿命周期费用评价。

3. 管理方面

管理方面是从管理等软件的措施方面控制，即从人的角度控制管理活动。其主要组成因素有：

1）设备规划购置管理系统。

2）设备使用维修管理系统。

3）设备信息管理系统。

其要点是建立设备一生的综合管理。

1.2 设备管理与企业经营活动

设备综合管理是我国现行的设备管理实践模式。设备综合管理的思想集中体现在国务院发布的《企业设备管理条例》（见附录A）中。《企业设备管理条例》规定了我国设备管理工作的基本方针、政策、主要任务和要求，并明确了政府有关部门的职责、设备资产管理、设备安全运行管理、设备节约能源管理、设备环境保护管理、设备资源市场管理、设备规范管理、法律责任等方面的要求。《企业设备管理条例》是我国设备管理工作的法规性文件，是指导企业开展设备管理工作的纲领，也是搞好企业设备管理工作的根本措施。

1.2.1 设备管理的方针、原则与任务

1. 设备管理的方针

《企业设备管理条例》规定：“企业设备管理应当遵循依靠技术进步、促进生产经营活动和预防为主的方针”，这是我国设备管理的三条方针。

（1）设备管理要坚持“依靠技术进步”的方针　设备是技术的载体，只有不断用先进的科学技术成果注入设备，提高设备的技术水平，才能保证企业生产经营目标的实现，保持企业持久发展的能力。

设备管理依靠技术进步，首先，要提高设备本身的技术素质。一方面要用技术先进的设备替换技术落后的陈旧设备，实行技术更新；另一方面，采用新技术对现有设备进行技术改造，提高技术水平，延长技术寿命。其次，在提高设备技术水平的同时，还要重视教育培训，不断提高设备管理人员和维修人员的技术水平与业务能力，采用先进的管理方法和维修技术、状态监测和诊断技术，不断提高设备管理和维修的现代化水平。

（2）设备管理要贯彻“促进生产经营活动”的方针　企业生产活动与设备管理是矛盾

的统一体，相互依赖，相互制约，产品的质量、产量、交货期及成本都依赖于所使用的设备。设备出现故障停机、零件磨损严重、腐蚀以及材料老化，都会对生产造成损失，尤其是连续生产时造成的损失更大。从这个意义上讲，设备管理工作不仅是对设备性能的维持，而且是对整个生产系统的维持。因此，企业应当提高对生产活动和设备管理之间辩证关系的认识，把设备管理工作放在重要的地位。尤其应注意，所谓促进生产，不仅仅是为了完成当前的生产经营计划，更是要推动企业的资产保值、增值、提高技术水平，保持“后劲”，为企业的长远发展目标服务。可见，那种放松设备管理，忽视设备维修，拼设备的短期行为，只会导致设备故障停机、机器零件性能劣化，最终使生产损失巨大。

（3）设备管理要执行“预防为主”的方针　一方面，对于使用设备的企业及其主管部门，在设备管理工作中要树立“预先防止”“防重于治”的指导思想，在购置设备阶段就要注重设备的可靠性与可维修性。在使用中严格遵守设备操作规程，加强日常点检，防止设备非正常劣化。开展预防性的定期点检和设备状态管理，掌握设备故障征兆与发展趋势，及时制定有效的维修对策，尽可能地把无计划的事后修理变为有计划的预防性修理，消灭隐患、减少意外停机，充分发挥设备效能。另一方面，对于设备设计制造企业及其主管部门，要主动做好设备的售后反馈，改进设备的设计性能和制造质量。在新设备研制中充分考虑可靠性与可维修性，实行“维修预防”；对于某些产品，则可向“无维修设计”的更高目标努力。

2. 设备管理的基本原则

《企业设备管理条例》规定，我国设备管理要“坚持设计、制造与使用相结合，维护与检修相结合，修理、改造与更新相结合，专业管理与群众管理相结合，技术管理与经济管理相结合的原则。”

（1）设计、制造与使用相结合　设计、制造与使用相结合的原则，是为克服设计、制造与使用脱节的弊端而提出来的。这也是应用系统论对设备进行全过程管理的基本要求。

从技术上看，设计、制造阶段决定了设备的性能、结构、可靠性与可维修性的优劣；从经济上看，设计、制造阶段确定了设备寿命周期费用的90%以上，只有从设计、制造阶段抓起，从设备一生着眼，实行设计、制造与使用相结合，才能达到设备管理的最终目标——在使用阶段充分发挥设备效能，创造良好的经济效益。

（2）维护与检修相结合　这是贯彻预防为主、保持设备良好技术状态的主要手段。加强日常维护，定期进行检查、润滑、调整、防腐，可以有效地保持设备功能，保证设备安全运行，延长使用寿命，减少修理工作量。但是维护只能延缓磨损、减少故障，不能消除磨损、根除故障。因此，还需要合理安排计划检修（预防性修理），这样不仅可以及时恢复设备功能，还可以为日常维护保养创造良好条件，减少维护成本。

（3）修理、改造与更新相结合　这是提高企业装备素质的有效途径，也是依靠技术进步方针的体现。在一定条件下，修理能够恢复设备在使用中局部丧失的功能，补偿设备的无形磨损，它具有时间短、费用省、比较经济合理的优点。但是如果长期原样恢复，将会阻碍设备的技术进步，而且使修理费用大量增加。设备技术改造是采用新技术来提高现有设备的技术水平，设备更新则是用技术先进的新设备替换原来的陈旧设备。通过设备更新和技术改造，能够补偿设备的无形磨损，提高技术装备的素质，推进企业的技术进步。因此，企业设备管理工作不能只搞修理，而应坚持修理、改造与更新相结合。许多企业结合提高质量、发展品种、扩大产量、治理环境等目标，通过“修改结合”“修中有改”等方式，有计划地对设备进行技术改造和更新，逐步改变企业的设备状况，取得了良好的经济效益。

（4）专业管理与群众管理相结合　专业管理与群众管理相结合，有利于调动企业全体职工参与企业设备管理的积极性。只有广大职工都能自觉地爱护设备、关心设备，才能真正把设备管理搞好，充分发挥设备效能，创造更多的财富。设备管理是一项综合工程，涉及的技术复杂——机械、电子、化工、仪表等；环节链多——从设计制造、安装调试、使用维修到改造更新；部门多——牵涉到计划、财务、供应、基建、生产、工艺、质量等部门；人员涉及广——涉及操作工、维修工、技术人员、管理干部等。因此，设备管理必须既有合理分工的专业管理，又有广大职工积极参与的群众管理，两者互相补充，才能收到良好的成效。

（5）技术管理与经济管理相结合　设备存在物质形态与价值形态两种运动。对这两种形态的运动进行的技术管理和经济管理是设备管理不可分割的两个方面，也是提高设备综合效益的重要途径。技术管理的目的在于保持设备技术状态完好，不断提高它的技术素质，从而获得最好的设备输出（产量、质量、成本、交货期等）。经济管理的目的在于追求寿命周期费用的经济性。技术管理与经济管理相结合，就能保证取得最佳的综合效益。

3. 设备管理的主要任务

《企业设备管理条例》规定："企业设备管理的主要任务，是对设备实行综合管理，保持设备性能的完好，不断改善和提高技术装备素质，充分发挥设备效能，降低设备寿命周期费用，使企业获得良好的投资效益。"设备综合管理既是一种现代设备管理思想，也是一种现代设备管理模式；既是企业设备管理的指导思想和基本制度，也是完成上述主要任务的基本保证。

（1）保持设备性能的完好　要通过正确使用、精心维护、适时检修，使设备保持完好状态，以适应企业经营的需要，完成生产任务。设备性能完好是指：设备零部件、附件齐全，运转正常；设备性能良好，加工精度、动力输出符合标准；原材料、燃料、能源、润滑油消耗正常。行业、企业应当制定关于完好设备的具体标准，使操作人员与维修人员有章可循。

（2）改善和提高技术装备素质　技术装备素质是指在技术进步的条件下，技术装备适合企业生产和技术发展的内在品质。改善和提高技术装备素质的主要途径，一是采用技术先进的新设备替换技术落后的陈旧设备；二是应用新技术（特别是微电子技术）改造现有设备。后者通常具有投资少、时间短、见效快的优点，一般是企业优先考虑的方式。

（3）充分发挥设备效能，降低设备寿命周期费用　设备效能是指设备的生产效率和功能。设备效能的含义不仅包括单位时间内生产能力的大小，也包含适应多品种生产的能力。充分发挥设备效能的主要途径有：合理选用技术装备和工艺规范，在保证产品质量的前提下，缩短生产时间，提高生产效率；通过技术改造，提高设备的可靠性与可维修性，减少故障停机和修理停歇时间；加强生产计划、维修计划的综合平衡，合理组织生产与维修，提高设备利用率。

（4）获得良好的投资效益　设备投资效益是指设备一生的产出与其投入之比。取得较好的设备投资效益，是提高经济效益为中心的方针在设备管理工作上的体现，也是设备管理的出发点和落脚点。提高设备投资效益的根本途径在于推行设备的综合管理。首先要有正确的投资决策，选用优化的设备购置方案。其次在寿命周期的各个阶段，一方面加强技术管理，保证设备在使用阶段充分发挥效能，创造最佳的产出；另一方面加强经济管理，实现最经济的寿命周期费用。

1.2.2 市场经济条件下的设备管理

随着市场经济的不断发展，我国逐步建立了现代企业制度。现代企业制度所具有的“产权清晰、权责明确、政企分开、管理科学”等基本特征，使企业设备管理具有一些新的特点。

1）现代企业是拥有法人财产权，企业不再只是生产经营产品，而是经营出资者投入的资本金。设备资产是企业法人财产的重要组成部分，因此对设备不能仅仅将其作为现代化的生产工具来加以管理，而是要把设备资产作为直接的经营对象，进行设备的转让、租赁、抵押等。

2）现代企业对出资者投入的资本金承担保值、增值的责任，企业设备管理，既抓设备价值形态的管理，又抓设备实物形态的管理。因为设备的价值是以其使用价值作基础的，不具有使用价值的设备也就没有价值可言。只有确保设备的完好、有效，充分发挥设备的技术效能，才能有效地实现企业净资产的保值、增值。

3）现代企业按照市场要求组织生产、自主经营、自负盈亏、优胜劣汰。这就要求设备管理不仅要为企业生产计划服务，更要为增强企业的生存、竞争能力，提高企业经济效益服务。

4）现代企业以提高劳动生产率和经济效益为目标，随着全国设备市场体系的完善，设备维修的专业化、市场化也逐步扩大。

5）现代企业加强了内部改革，建立了新的权力、决策、执行、监督机构，形成了规范化的企业领导体制和组织制度，强化科学管理，企业的设备管理也要建立与之相适应的激励机制和约束机制，推进设备管理现代化、科学化，实现企业设备管理的良性循环。

随着企业经济体制改革和市场的不断变化，设备管理工作的内涵也在发生着变化。管理目标已由单一的保证完成生产任务，转变为实现企业总体经营目标和提高经济效益。市场经济对现代企业的设备管理，无论是对设备一生管理的各个阶段，还是对于设备管理的技术、经济、组织管理等各个方面，都产生了深刻而直接的影响，提出了新的要求：

1）随着市场的不断变化，企业经常会有适销的老产品扩大生产和新产品投入生产，从而引起企业发生大量的设备投资。企业有自主经营的权利，要承担自负盈亏的责任，一旦决策失误，必然要由企业来自食苦果。因此，企业必须加强设备的前期管理，进行充分的技术经济论证，严格遵循审批程序，实行科学决策，以确保设备投资取得良好的经济效益。

2）为了把握产品销售时机或者准时履行交货合同，企业必须合理使用设备，强化设备维修管理，应用故障诊断、设备维修新技术，防止故障停机，及时排除故障，保持设备技术状态良好，充分发挥设备效能，保证企业经营目标的实现。

3）为了占领市场，适应新产品开发和提高产品质量的要求，企业必须及时进行设备更新、技术改造，不断改善生产工艺和技术装备的技术水平，增强企业的竞争能力。

4）为了提高企业的经济效益，保证资产保值、增值，企业必须强化设备的经济管理，用好设备的资金，有效使用维修费用，充分利用设备要素市场，开展设备的转让、租赁和资产评估，盘活存量设备资产，优化设备资源配置。

5）在组织管理上要求设备管理系统精简机构设置，精英管理队伍，加强培训，提高人员素质，引入竞争机制，实行科学管理，以设备管理工作的高效率来保证企业生产经营的高效益。

1.2.3　设备管理在企业经营中的地位

设备管理在企业管理中占有十分重要的地位。企业中的计划、质量、生产、技术、物资、能源和财务管理，都与设备管理有着紧密的关联。

1. 设备管理是企业内部管理的重点

生产设备是生产力的重要组成部分和基本要素之一，是企业从事生产经营的重要工具和手段，是企业生存与发展的重要物质财富，也是社会生产力发展水平的物质标志。生产设备无论是在企业资产的占有率上，还是在管理工作的内容上，以及企业市场竞争能力的体现上，都占有相当大的比重和十分重要的位置。管好用好生产设备，提高设备管理水平对促进企业进步与发展有着十分重要的意义。

2. 设备管理是企业生产的保证

在企业的生产经营活动中，设备管理的主要任务是为企业提供优良而又经济的技术装备，使企业的生产经营活动建立在最佳的物质技术基础之上，保证生产经营顺利进行，以确保企业提高产品质量和生产效率，增加规格品种，更新产品，降低生产成本，进行安全文明生产，使企业获得最高经济效益。设备管理是企业产量、质量、效率和交货期的保证。

3. 设备管理是企业提高经济效益的基础

企业进行生产经营的目的，就是获取最大的经济效益，企业的一切经营管理活动也是紧紧围绕着提高经济效益这个中心进行的，设备管理是提高经济效益的基础。提高企业经济效益，简单地说，一方面是增加产品产量，提高劳动生产效益；另一方面是减少消耗，降低生产成本。在这一系列的管理活动中，设备管理占有特别突出的地位。企业的劳动生产率不仅受员工技术水平和管理水平的影响，而且取决于所使用的设备和工具的完善程度，设备的技术状态直接影响企业生产的各个环节。加强设备管理，提高设备运转效率，降低设备能耗，降低设备维修维护成本，可以为降低生产成本打下基础。

4. 设备管理是搞好安全生产和环境保护的前提

设备技术落后和管理不善，是导致设备事故和人身伤害的重要原因之一，也是导致有毒、有害废弃物污染环境的重要原因。消除事故、净化环境，是人类生存、社会发展的长远利益所在。做好设备管理是企业安全生产的保证，安全生产是企业搞好生产经营的前提，没有安全生产，一切工作都可能是无用之功。

1.2.4　企业设备管理的组织机构

1. 影响设备管理组织机构设置的有关因素

影响设备管理组织机构设置的因素很多，主要有：

1）企业规模。大型企业，尤其是特大型企业，生产环节多，技术与管理专业跨度大，设备管理业务内容繁杂，工作量大。通常公司（或总厂）一级设置主管设备的副经理（或副厂长）；在其领导下，分别设置总机械师与动力师直接领导设备部、处等机构。各分厂设立相应的设备主管人员和职能机构。

小型企业生产环节少，技术与管理专业跨度小，设备管理业务内容较简单。工作量小，可由厂长直接领导或授权副厂长领导设备系统的工作。

2）机械化程度。一般说来，生产机械化程度高、设备拥有量多的生产单位，由于设备管理与维修工作量大、技术复杂，设备管理机构分工细，机构设置要多一些。

3）生产工艺性质。化工、冶炼企业，由于高温、高压、连续生产、腐蚀性强等原因，对设备运行与完好要求十分苛刻，设备管理与维修工作量大，设备管理机构相应要齐全。对于一般的加工企业，设置的机构可相应少一些。

4）协作化程度。设备维修、改造、备件制造等的专业化、协作化、社会化程度，对于企业设备管理组织机构的设置具有重要影响。在某些大中城市，上述各项的专业化、社会化程度较高，围绕企业设备维修的社会服务体系较完善，大大减轻了企业自身的设备维修、技术改造、备件制造等工作量，企业的设备管理机构得以精简。

5）生产类型。在加工装配行业中，例如机器制造、汽车、家用电器等行业，由于生产类型（大量生产、成批生产、单件小批量生产）不同，设备管理机构的设置也有较大的差别。

2. 设备管理的组织结构

对于生产规模不大的中小型生产制造企业而言，可在分管副总经理（或分管副厂长）的领导下，设立设备部，设备的规划选型、采购订货、安装验收与调试、设备台账、维护保养、检修维修、改造更新等，均由设备部归口管理。在设备部内部，可设若干专员负责具体的事宜。中小型生产制造企业设备部组织结构如图1-8所示。

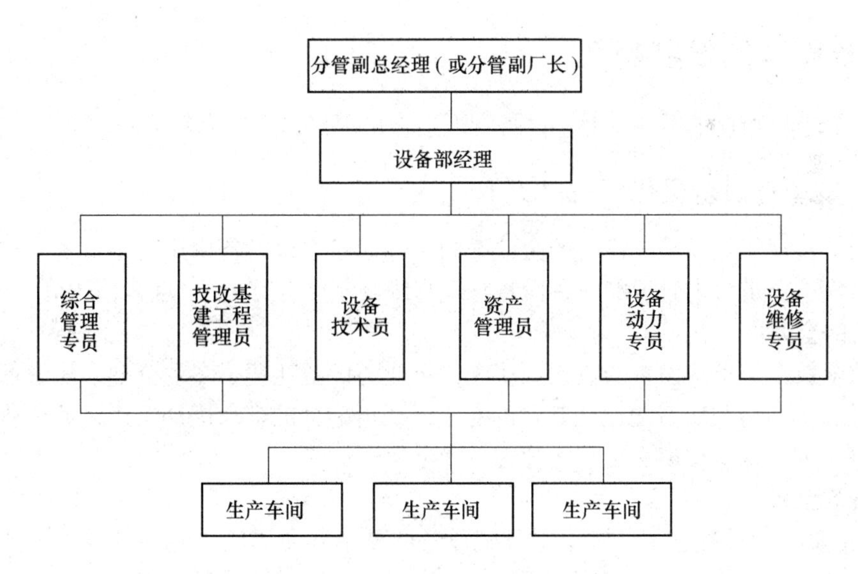

图1-8　中小型生产制造企业设备部组织结构

对于生产规模较大的大型生产制造企业而言，一般会设置二级设备管理机构，即总公司（或总厂）设备部与分公司（或分厂）设备办公室。大型生产制造企业设备部组织结构如图1-9所示。

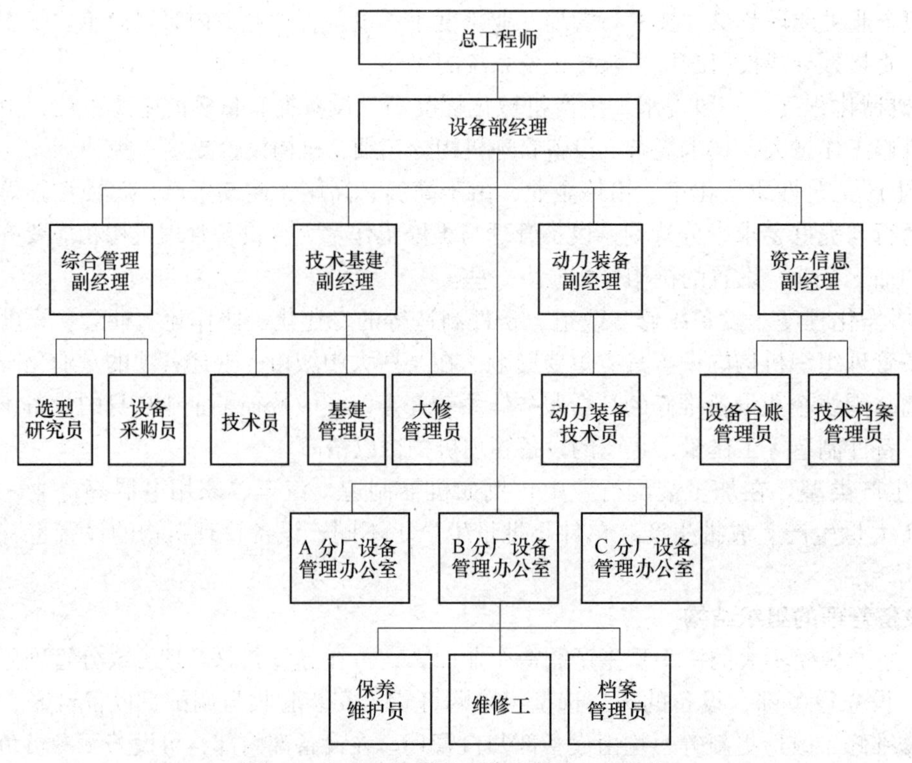

图1-9　大型生产制造企业设备部组织结构

1.3　设备管理的发展趋势

随着社会进步和技术不断发展，设备管理工作呈现出以下发展趋势：

1.3.1　设备管理全员化

设备全员管理就是以提高设备的全效率为目标，建立以设备使用的全过程为对象的设备管理系统，实行全员参加管理的一种设备管理与维修制度。其主要包括以下内容。

1. 设备的全效率

设备的全效率是指从设备的投入到报废，企业为设备耗费了多少资源，从设备那里得到了多少收益，其所得与所费之比。其目的在于以尽可能少的寿命周期费用，使企业做到产量高、质量好、成本低、按期交货、无公害、安全生产。

2. 设备的全系统

1）设备实行全过程管理。这一过程把设备的整个寿命周期，包括规划、设计、制造、安装、调试、使用、维修、改造直到报废、更新等全部环节作为管理对象，打破了传统设备管理只集中在设备使用过程的维修管理上的做法。

2）设备采用的维修方法和措施系统化。在设备的研究设计阶段，要认真考虑预防维修，提高设备的可靠性和维修性，尽量减少维修费用。在设备的使用阶段，应采用以设备分类为依据、以点检为基础的预防维修和生产维修。对那些重复性发生故障的部位，应针对故障发生的原因采取改善维修，以防止同类故障的再次发生。这样，就形成了以设备一生作为管理对象的完整的维修体系。

3. 全员参加

全员参加是指发动企业所有与设备有关的人员都来参加设备管理。

1）从企业最高领导到生产操作人员都参加设备管理工作，其组织形式是生产维修小组。

2）将所有与设备规划、设计、制造、使用、维修等有关的部门都组织到设备管理中来，使其分别承担相应的职责。

1.3.2 设备管理信息化

设备管理的信息化应该以丰富、发达的全面管理信息为基础，通过先进的计算机和通信设备及网络技术设备，充分利用社会信息服务体系和信息服务业务为设备管理服务。

设备管理信息化趋势的实质是对设备实施全面的信息管理，其主要表现在以下三个方面。

（1）设备投资评价的信息化　企业在投资决策时，一定要进行全面的技术经济评估，设备管理的信息化为设备的投资评估提供了一种高效可靠的途径。通过设备管理信息系统的数据库，可以获得投资决策所需的统计信息及技术经济分析信息，为设备投资提供全面、客观的依据，从而保证设备投资决策的科学化。

（2）设备经济效益和社会效益评估的信息化　设备信息系统的构建，可以积累设备使用的有关经济效益和社会效益评价的信息，利用计算机能够在短时间内对大量信息进行处理，提高设备效益评价的效率，为设备的有效运行提供科学的监控手段。

（3）设备使用的信息化　信息化管理使得记录设备使用的各种信息更加容易和全面，这些使用信息可以通过设备制造商的客户关系管理反馈给设备制造厂家，提高机器设备的实用性、经济性和可靠性。同时设备使用者通过对这些信息的分享和交流，可以强化设备的管理和使用。

1.3.3 设备管理社会化和市场化

1. 设备管理的社会化

设备管理社会化是指适应社会化大生产的客观规律，按照市场经济发展的客观要求，组织设备运行各环节的行业化服务，形成全社会的设备管理服务网络，使企业设备运行过程所需要的各种服务由自给转变为社会提供的过程。

设备管理的社会化是以组建中心城市（或地区）的各专业化服务中心为主体，小城市的其他系统形成全方位的全社会服务网络。其主要内容为：①设备制造企业的售后服务体系。②设备维修与改造专业化服务中心。③备品配件服务中心。④设备润滑技术服务中心。⑤设备交易中心。⑥设备诊断技术服务中心。⑦设备技术信息中心。⑧设备工程教育培训中心。

2. 设备管理的市场化

设备管理市场化是指通过建立完善的设备要素市场，为全社会设备管理提供规范化、标准化的交易场所，以最经济合理的方式为全社会设备资源的优化配置和有效运行提供保障，促使设备管理由企业自我服务向市场提供服务转化。

设备管理市场化包括：设备维修市场、备品配件市场、设备租赁市场、设备调剂市场和设备技术信息市场等。

1.3.4　设备由定期维修转向预知维修

设备的预知维修管理是企业设备科学管理的发展方向，为减少设备故障、降低设备维修成本、防止生产设备的意外损坏，通过状态监测技术和故障诊断技术，可以在设备正常运行的情况下进行设备整体维修和保养。

设备状态监测技术，是指通过监测设备或生产系统的温度、压力、流量、振动、噪声、润滑油黏度、消耗量等各种参数，与设备生产厂家提供的标准数据相比较，分析设备运行的好坏，对设备故障做早期预测、分析诊断与排除，将设备事故消灭在"萌芽"状态，降低设备故障停机时间，提高设备运行可靠性，延长设备运行周期。设备故障诊断技术是一种通过了解和掌握设备在使用过程中的状态，确定其整体或局部是否正常，在早期发现故障及其原因，并预测故障发展趋势的技术。

预知维修的发展是和设备管理的信息化、设备状态监测技术、故障诊断技术的发展密切相关的。预知维修所需的大量信息是由设备管理信息系统提供的，通过对设备进行状态监测，得到关于设备或生产系统的温度、压力、流量、振动、噪声、润滑油黏度、消耗量等各种参数，并由专家对各种参数进行分析，进而实现对设备的预知维修。

随着科学技术与生产的发展，机械设备工作强度不断增大，生产效率、自动化程度不断提高，设备越来越复杂，各部分的关联也更加密切，往往某处微小故障就会引发连锁反应，导致整个设备乃至与设备有关的环境遭受灾难性的毁坏，不仅造成巨大的经济损失，而且会危及人身安全，后果极为严重。采用设备状态监测技术和故障诊断技术，就可以事先发现故障，避免发生较大的经济损失和事故。

通过预知维修降低事故率，使设备在最佳状态下正常运转，这是保证生产按预订计划完成的必要条件，也是提高企业经济效益的有效途径。

思考与练习

1. 选择题（单选或多选）

（1）机电设备按工艺性质分为10个大类，其中有（　　）。

A. 金属切削机床　B. 锻压设备　C. 仪器仪表　D. 动力设备　E. 电气设备

（2）现代设备正在朝着（　　）等方向发展。

A. 大型化　B. 高速化　C. 精密化　D. 电子化　E. 自动化

（3）我国现行的设备管理模式是（　　）。

A. 设备综合管理　B. 设备预防维修制度　C. 设备综合工程学

（4）现代企业制度具有（　　）等基本特征。

A. 产权清晰　B. 权责明确　C. 政企分开　D. 管理科学

（5）按设备的适用范围分类，可分为（　　）。

A. 机械设备　B. 电气设备　C. 通用设备　D. 专用设备

2. 简答题

（1）简述设备及设备管理的含义。

（2）简述设备管理的发展趋势。

（3）简述搞好设备管理工作对企业经营生产的重要意义。

（4）简述我国设备管理的方针、原则和任务。

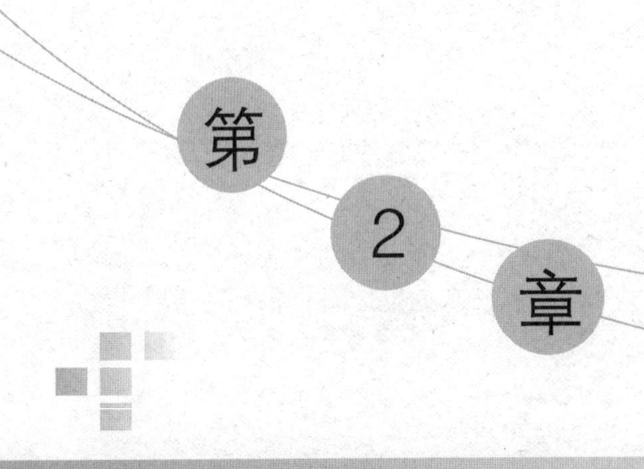

设备前期管理

设备前期管理是指从设备规划、决策开始直到投入生产使用为止期间，对设备进行技术和经济的全面管理，它包含设备需求策划、设备采购计划、设备采购评审、设备招标、签订技术协议和合同、设备到厂检验、设备安装、设备调试、设备完工验收、设备移交投入使用前的全部过程。

2.1 设备前期管理的职责分工

企业设备前期管理是一项系统工程，企业各个职能部门应有合理的分工和协调的配合，否则前期管理会受到影响和制约。设备前期管理涉及企业的规划和决策部门、工艺部门、设备管理部门、动力部门、安全环保部门、基建管理部门、生产管理部门、财务部门以及质量检验部门。

各部门具体的职责分工如下：

（1）规划和决策部门　企业的规划和决策部门，一般都要涉及企业的董事会和经理、总工程师、总设计师。企业应根据市场的变化和发展趋向，结合企业的实际状况，在企业总体发展战略和经营规划的基础上，委托规划部门编制企业的中长期设备规划方案，并进行论证，提出技术经济可行性分析报告，作为领导层决策的依据。在中长期规划得到批准之后，规划部门再根据中长期规划和年度企业发展需要制定年度设备投资计划。企业应指定专门的领导负责各部门的总体指挥和协调工作，规划部门加以配合，同时组织人员对设备和工程质量进行监督评价。

（2）工艺部门　从新产品、新工艺和提高产品质量的角度，向企业规划和高级决策部门提出设备更新计划和可行性分析报告，编制自制设备的设计任务书，负责签订委托设计技术协议，提出外购设备的选型建议和可行性分析。负责新设备的安装布置图设计、工艺装备设计、制定试车和运行的工艺操作规程，参加设备试车验收等。

（3）设备管理部门　负责设备规划和选型的审查与论证，提出设备可靠性、维修性要求和可行性分析，协助企业领导做好设备前期管理的组织、协调工作。参加自制设备设计方案的审查及制造后的技术鉴定和验收、外购设备的试车验收。收集信息，组织对设备质量和工程质量进行评价与反馈。

（4）设备采购部门　负责设备的外购订货和合同管理，包括订货、到货验收与保管、安装调试等。对于一般常规设备，可以由设备管理和生产部门派专人共同组成选型与采购小组，按照设备年度规划和工艺部门、能源部门、环保部门、安全部门的要求进行选型、采购。对于精密、大型、关键、稀有、价值昂贵的设备，应以设备管理部门为主，由生产、工艺、基建管理、设计及信息部门的有关人员组成选型决策小组，以保证设备引进的先进性、经济性。

（5）动力部门　根据生产发展规划、节能要求、设备实际动力要求，提出供电站机房技术改造要求，做出供电配置设计方案并组织实施，参加设备试车验收工作。

（6）安全与环保部门　提出新设备的安全环保要求，对于可能对安全、环保造成影响的设备，提出安全、环保技术措施的计划并组织实施。参加设备的试车和验收，并对设备的安全与环保实际状况做出评价。

（7）基建管理部门　负责设备基础及安装工程预算，负责组织设备的基础设计、施工，配合做好设备安装与试车工作。

（8）生产管理部门　负责新设备工艺装备的制造，新设备的试车准备，例如人员培训、材料、辅助工具等，负责自制设备的加工制造。

（9）财务部门　筹集设备投资资金。参加设备技术经济分析，控制设备资金的合理使用，审核工程和设备预算，核算实际需要费用。

（10）质量检测部门　负责自制和外购设备质量、安装质量和试生产产品质量的检查，参加设备验收。

以上介绍了企业各职能部门对设备前期管理的责任分工。这项工作一般应由企业领导统筹安排，指定一个主要责任部门，例如设备管理部门作为牵头单位，明确职责分工，加强相互配合与协调。

2.2　设备规划制定

设备的规划是设备前期管理遇到的首要问题，其重要性显而易见。规划的错误往往会导致资金的巨大浪费，甚至会造成企业破产。设备前期管理的其他内容，例如设备的选型、安装、试车、验收以及初期管理不善，虽可能对企业造成不良影响，但一般是可以补救的，而规划的错误对企业的影响是致命的。

2.2.1　设备规划的内容

设备规划的主要内容是：

1）设备规划的依据。

2）设备规划表，包括设备名称、主要规格、数量、随机附件、投资计划额度、完成日期、使用部门、预期经济效益等。

3）设备投资来源及分年度投资计划。

4）可行性分析及批准文件。

5）引进国外设备申请书及批准文件。

6）实施规划的说明及注意事项。

2.2.2　编制设备规划的依据

编制设备规划的主要依据是：

1）提高企业竞争能力的需要。根据企业经营策略，新产品的开发计划，围绕提高质量、产品更新换代、扩大增加品种、改进包装、改进加工工艺以及提高效率、降低成本等要求，提出设备更新的建议。

2）设备有形磨损和无形磨损的实际情况。若原生产设备技术状况劣化，无修复价值；或者虽然仍可利用，但设备无形磨损严重，造成产品质量低、成本高、品种单一，失去市场竞争力，则应加以更新。

3）安全、环保、节能、增容等要求。为解决安全隐患、环保危害、能源浪费、扩大能源容量等带有总体性的问题需要增加的设备。

4）大型改造或设备引进后的配套设施需求。在新增设备或生产线的重大改造后，从场地、平面布置改变到配套设施的增加。

5）资金能力。从可能筹集的资金及还贷能力的角度综合考虑。

2.2.3 设备规划的编制程序

设备规划的编制，应在分管设备副厂长或总工程师领导下，由总师办或设备规划部门负责，自上而下地进行。

设备规划的编制一般遵循以下程序：

1）由相关主管部门提出。产品营销部门根据市场状况，生产主管部门或工艺部门根据提高产量、质量、降低成本、改进工艺、扩大品种的要求提出设备更新建议；动力、安全、环保部门会同设备管理部门提出设备改造、增容及添置的建议；科研部门提出为科学研究需要而增置设备的建议。

2）由规划部门论证与综合平衡。规划部门对各个主管部门的建议进行汇总，对重要的设备引进建议进行论证和可行性分析。根据企业资金实际情况做出综合平衡。对于重要规划举措可以提出多种方案，进行综合评价，供领导决策参考。

3）报领导和主管部门批准。规划草案上报主管领导和主管部门批准。设备规划应具备供领导决策的足够依据，应该严肃、客观，严禁欺骗、误导。

4）由规划部门制定年度设备规划。经领导批准的设备规划草案反馈回规划部门。规划部门再依此制定年度设备规划，然后下达设备管理部门组织实施。编制程序如图2-1所示。

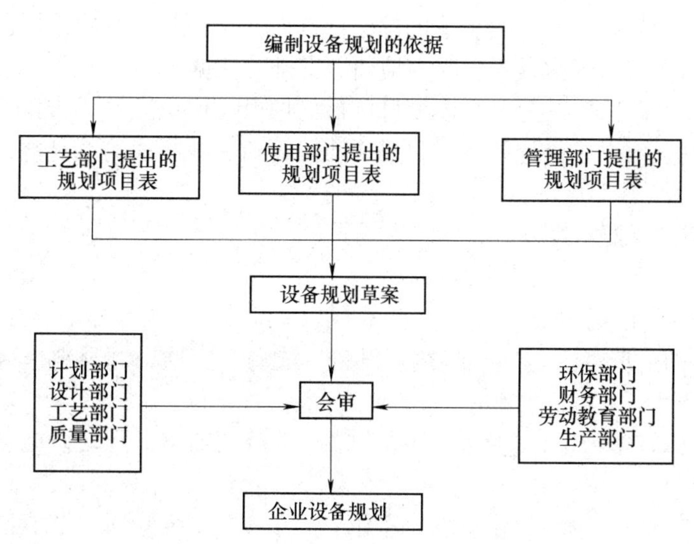

图2-1 设备规划编制程序示意图

2.2.4 编制设备规划应注意的问题

设备的规划是企业整个经营规划的重要组成部分。设备规划的成败，首先取决于企业经营策略的正确与否。企业根据市场预测制定出一个切合企业实际的发展规划或经营策略，是保证设备规划成功的先决条件。在企业总体规划的基础上，设备规划才可以进行。设备规划要服从企业总体规划的目标。为了保证企业总体目标的实现，设备规划要把设备对企业竞争能力的作用放到首要地位，同时还应兼顾企业节约能源、环境保护、安全、资金能力等各方面的因素进行统筹平衡。

编制设备规划应注意的问题有：

1）成套、流程设备主机与辅机到位的同步性。为了提高设备效率，尽快形成生产能力，应在资金、到货周期方面保证到位的同步，争取尽早投产。

2）在不影响产品性能的前提下，尽可能考虑利用国产设备。需要进口的设备，应有报批程序并预留适当的时间周期。

3）引进设备应与原有设备的技术改造相结合。在旧设备淘汰时尽可能减少企业的损失，同时保证新设备按时投产。

2.2.5 设备规划的可行性分析

对于一般设备，可不必进行可行性分析，但对于重大设备引进和生产线的改造，可行性分析则是必需的，它是重大投资项目规划的核心。可行性分析就是对拟建项目的重大问题事先进行的详细调查研究和系统分析比较，从技术、经济上全面论证各种方案的可行性，从中选出最优方案。通过可行性研究，减少企业投资的盲目性，避免由于事先考虑不周而出现重大的方案变动或返工所造成的损失，加强投资的可靠性。投资额较大的项目，必须在可行性报告经过权威部门审查批准后才能正式实施。

可行性分析报告，一般应对产品方案、建设规模、工艺流程、重要设备选型、总体布置等进行比较、论证，并推荐出可供领导决策的建议方案。可行性分析报告还是各种评估的依据，例如向银行申请贷款，银行对企业的评估依据；环保部门审查项目评价对环境影响的依据；企业未来组织管理、机构设置、职工培训等安排的依据。

可行性分析报告，虽然是为了阐述项目可行的理由，但也应注意防止避实就虚，掩盖弊端的现象。应客观、实事求是地陈述项目是否实际可行，分析引进的利弊，要有比较，有优化的过程。

1. 可行性分析的主要内容

1）项目内容、总体方案和建设规模。

2）产品的国内外市场预测。

3）原有条件的适应性，包括：建筑、设备、能源、交通、原材料供应、技术力量和劳动力资源等。

4）项目的具体技术方案，包括：产品工艺、主机、辅机、配套设施、软硬件以及其他辅助设施等。

5）项目技术特性，包括：先进性、适用性、可靠性、维修性、节能性、环保性等，应对同类设备的不同方案进行比较。

6）对安全、环保的影响及对策。

7）投资经济分析，包括：总费用、资金来源、生产成本预测、销售收益、投资回收期预测等。

8）项目实施计划。

9）项目的负面影响，包括：产品和设备风险、维护费用、还贷压力、环境污染等，这一项内容必不可少且不容忽视。

10）结论：综合各种数据，论述技术、经济的总体可行或不可行，并指出项目实施的利弊、风险。

以上的可行性分析，规划部门应该委托具备专业知识的专家小组进行。

2. 项目可行性分析应该注意的问题

（1）市场需求预测　首先，应了解当前国内外有无同类产品生产厂家，市场占有率如何，产品质量如何，企业信誉、效益好坏等。同时，还应对以下几个方面进行预测：

1）未来市场对该产品的需求分析。市场预测方法很多，例如德尔菲法、对数趋势法等。

2）该产品是否填补当前产品空白，在性能、质量上能否满足客户需求。

3）企业的产品在国际市场是否仍具有较强竞争力。

4）新产品是否会在近期内被采用新材料、新工艺的类似产品所替代。

5）新产品生产所需的原料、燃料市场前景如何，原料、燃料价格是否会大幅度上涨。

（2）项目技术研究　项目技术研究包括企业规模研究、原料和能源研究、工艺方案研究、公用设施研究等。

1）企业规模研究是指企业在正常工作条件下可以达到的生产能力，其内容包括起始规模和经济规模。起始规模是指在经济合理的条件下，企业的最小规模。在市场潜力较大时，适当在原起始规模的基础上扩大企业的经济规模，有利于形成规模效益，即降低成本，提高生产率。

2）原料和能源研究。原料与能源是生产的要素。企业设备投产后，一定要保证充分、持续、价格稳定的原料和能源供应。否则，规划项目就失去了稳固的来源和基础。

3）工艺方案研究。在产品方案确定之后，随之要确定工艺方案，最后再确定设备方案。所以，工艺方案是确定设备方案的前提。工艺方案研究应注意：结合企业生产规模和产品性能、质量要求综合考虑；选用先进且经过试验成功的工艺方法；采用的工艺方法应与原材料相适应；选择工艺方案时还应对企业人才素质有所估计，制定相应对策；同类型企业的成功工艺方法和经验也应该学习和借鉴。

（3）企业经济评价　企业经济评价主要分析项目可能给企业带来的经济效益情况，它是从企业的利益角度来论证项目的可行性。

（4）投资估算与资金筹措　投资估算的方法分详细估算和概略估算。资金筹措的途径主要有银行贷款、自筹资金和利用外资。其中，自筹资金可通过发行债券、股票等办法募集。利用外资要推敲利率和相关的附加条件，应有利于企业的发展，而不应损害企业的利益和企业的自主经营权。

（5）环境保护　环境保护是当前企业建设的重要课题，也是政府部门监督企业运行状况的重要标准之一。设备投产后所排放的废水、废气、废物的成分、种类、数量、对环境的影响范围和程度以及企业采取的环保对策，为实施此对策所需要的资金，企业的噪声污染、消除办法以及相应的投资，都应在可行性报告中加以论述。21世纪是知识经济加环境经济的世纪。所谓的环境经济，是指人类对环境的改善，对环境的保护以及无污染、无危害，无健康危害产品的生产将成为这个世纪重要的内容。在这样的经济构架下，设备的引进首先要考虑对环境的影响、不利因素的消除以及相应的环境补偿投资。

2.2.6 设备规划的决策

设备规划的决策一般是由企业主管领导讨论决定。但决策的依据是由规划部门根据专家小组的可行性分析及决策模型提供的。决策时应充分考虑市场预测的数据。在适应未来发展趋势的基础上，要对至少三种以上设备规划方案进行比较评价，可以采用投资回收期法或综合评判决策法。在采用后者时也要把技术经济分析的结果放到主要位置。设备寿命周期费用评价可以作为参考，但因为不能和设备效益挂钩，因此不能作为评价的主要根据。

2.3 设备选型与购置

2.3.1 设备选型原则

设备选型问题是设备综合管理中的重要问题。选型是否合理，不仅关系到设备效能是否能充分发挥，还会直接影响设备投资的经济效益。

1. 设备选型的基本原则

1）生产适用性。所选购的设备应与本企业生产及扩大再生产规模相适应。

① 在工作对象固定的条件下，设备能够适应不同的工作条件和环境，操作使用方便。

② 工作对象可变的加工设备，要求能适应多种加工性能，通用性强，以便减少购置新设备的费用。

③ 结构紧凑，重量轻，体积小，价格便宜，占地面积小，便于搬迁。

2）技术先进性。在满足生产需要的前提下，要求设备的技术性能指标保持先进水平，以利于提高产品质量和延长设备技术寿命，并满足国家、行业、企业标准的要求。

3）经济合理性。要求设备价格合理，在使用过程中能耗低、维护费用低，并且投资回收期较短。

2. 设备选型应注意的问题

1）生产性。生产性就是设备的生产效率。通常表示为设备在单位时间内生产的产品数量。企业在进行设备选型时，要根据自身条件和生产需要，选择生产效率较高的设备。

2）可靠性。可靠性主要包括两个指标：设备的可靠度以及生产的产品精度。可靠度指设备在规定的使用条件下，一定时间内无故障地发挥机能的概率。企业应选择能生产高质量产品的可靠度高的设备。

3）安全性。安全性是指设备对生产安全的保障能力，企业一般应选择安装有自动控制装置的设备。

4）维修性。维修性是指设备维修的难易程度。企业选择的设备要便于维修，为此应尽可能取得设备的有关资料、数据，或取得供货方维修服务的保证。

5）成套性。成套性是指设备在性能方面的配套水平。成套设备是机械、装置及其有关的其他要素的有机组合体。大型企业特别是自动化程度较高的企业越来越重视设备的成套性，选择配套程度高的设备有利于提高生产效率。

6）节能性。节能性是指企业设备节约能源的可能性，企业在选择设备时应购进能耗较低的设备。

7）环保性。环保性是指设备的环保指标达到规定的程度。企业选用设备时应选择噪声与“三废”排放较少，并符合国家有关法规性文件规定的环保要求的设备。

8）灵活性。灵活性是指设备的通用性、多能性及适应性。工作环境易变、工作对象可变的企业在设备选型时应重视这一因素。

9）时间性。时间性是指设备的自然寿命、技术寿命较长。优良的设备因其使用期长、技术上较先进，不会很快被淘汰，企业应尽可能选用。

综上所述，设备选型是设备管理工作的前期工作，具有十分重要的地位。选型合理、适用，无形中就为设备的后期管理奠定了可靠基础。

2.3.2 设备选型步骤

设备选型步骤如下：

1）组织一个设备专业知识丰富、结构合理的选型决策班子。由设备管理部门负责，从企业内外挑选对此类设备了解、信息灵通、责任心强的专家，要充分吸收设备使用部门中有管理设备经验的技术人员组成选型决策班子。如果是简单设备的选型，只需选择一个熟悉业务的人员即可。

2）信息搜集和预选。将国内外相关设备产品目录、样本、广告、说明书以及相关专业人员提供的信息汇总，从中筛选出可供选择的机型和生产厂或供应商，这也是预选过程。

3）书面联系和调查。对预选机型的生产厂或供应商进行书面查询或者访问，详细了解产品技术参数、随机附件、价格、供货周期、付款方式、软件及随机技术资料与图样供应、人员培训、保修年限和售后服务等情况。书面或直接访问此产品用户，听取用户意见。从中选择若干候选机型和厂家。

4）接触—协商—谈判。与候选机型的厂家或供应商进行直接接触，就上述问题详细谈判，做好记录。

5）专家小组在充分研究资料并充分征求使用、工艺等部门的意见后，通过综合评判，对候选机型和厂家做出最后的选择决策，报请主管领导审查批准。

6）与选定的机型供应商或生产厂签订供货合同，进入合同管理阶段。

以上六个步骤对于重要设备的选型必须遵循，但对于简单设备、一般设备可以适当简化。对于重要设备，可以采用国际上惯用的招标方式，保证以最有利的条件获得理想的设备。国外引进设备的选型应注意不同国家的商业习惯。可以向已进口此设备的企业了解情况，避免谈判中的误解。国外厂家习惯于按照用户工艺要求配置主机和附件，提出报价书，对此应加以分析。另外，国外设备一般更新较快，应定购足够的易损备件和维修技术资料。

2.3.3 设备选型的论证和决策

1. 设备选型的论证

设备选型论证是设备选型的前期工作，科学、合理、合法、先进、适宜的设备选型论证，为设备的选型提供了科学、合理、有力的基础保证。论证是设备购置和选型计划决策前，进行技术、经济讨论的科学方法，有其科学性和实用性。论证是对设备计划以及所涉及的各个方面进行系统和综合分析，为决策者提供科学、正确的技术依据。

（1）论证的原则　论证是以提出的申请计划为依据，主管部门有关人员进行考察，全面系统地就其技术上的先进性、功能上的适用性、经济上的合理性和有效性、财务上的承受力等，综合分析做出结论。

（2）论证的方法和内容　确定目标，建立体系，对计划进行论证，从备选计划中选优。同时对单台设备计划也要论证。

1）对所购置和选型的设备的重要技术指标进行论证。不同的方案可产生不同的效益，在技术上是先进的，在经济上不一定是合理的，论证时应综合比较。设备不是越高档越好，也不是越精密越好，更不是价格越高越好。目前，机电设备的功能朝着自动化、智能化、高速度、安全、节能环保方向发展，不同厂家、不同档次的设备功能差别很大，这就应以实际情况和必要性为选择依据，并要对不同厂家设备的使用寿命、可靠性、适应性、安全性、节能性、维修性、经济技术指标进行综合分析。此外，还要掌握机电设备的技术发展前沿动态，是国际领先水平、先进水平，还是一般水平、低于国际水平；是国内领先水平、先进水平，还是一般水平。

2）对设备的使用寿命与可靠性、维修性进行论证。这三者有密切关系，设备的可靠性有一个条件，即规定的时限，这个时限就是设备的使用寿命，因此，使用寿命与可靠性有内在联系。可靠性与维修性又密切相关，维修性要考虑多方面因素，例如厂商的信誉及售后服务、能否长期供应零配件、消耗品及维修技术资料、有无维修站等。

3）对设备的环保性能与安全性必须论证。设备是属于无危害、基本无危害，还是有一定危害但能消除，或有危害但无法消除。设备的噪声、排放的废弃物对工作人员及周围环境的影响如何等，均不可忽视。

4）设备的节能性是指电能、燃料、试剂、制冷剂的消耗水平及费用。

5）设备的配套性是指设备应配什么辅助备件、配多少。如果只注意主机的论证，而忽略备品，该配的未配，就会影响功能发挥，配多了不用，则会造成浪费。

6）财务是论证中的重要条件，首要的是有无力量承担设备的购置费用；其次在计划执行中以全周期核算，财务上的收支至少要达到平衡；再次是从上级部门来核算，在项目执行周期内，可否还清，否则向国家贷款很难得到批准。

7）设备对环境的适应性，即使用环境，例如房屋面积、水电供应、空调器、除湿器、防护屏蔽及抗干扰等条件，能否达到设备的要求。同时要求设备在使用条件上，例如电源波动范围和温度的适应性，要宽些，而对设备的防湿度、防振动、抗磁等条件却要严格。

8）维修保障能力，即对操作人员的技术水平、维修人员的技术水平、维修工具仪表及零配件的配备、管理人员的管理能力、设备运行及维修经费等都要论证。

2. 设备选型决策

设备选型决策有多种方法，一般可分为以下几种。

（1）领导、业务负责人决策　对于一些常规、简单设备，在本企业有使用经验和使用历史的情况下，可根据生产厂的一贯信誉，由相关领导、业务主管直接决策批准购置。对专门化设备，企业领导或业务主管可在仔细研究专家组可行性分析、论证的基础上，直接做出选型决定。

（2）会议讨论决策　为了避免个人决策的片面性，可以在专家组可行性分析报告的基础上，召开企业决策层会议，对专家组可行性报告提出的不同方案进行讨论，最后由企业最高领导汇总、综合大家的意见，或以投票表决方式进行决策。

（3）领导和专家组的综合决策模型　设备选型涉及各种因素，可由熟悉设备的各专业专家和领导，在对各种设备选型方案充分研究的基础上，通过多级综合决策来进行评判。这种评判方法使每个评判者从不同角度来考虑问题，最后加以统计综合，得到总的评价决策值，评价决策值最大者为首选方案。

2.3.4 设备购置

一般来说，企业确定了设备选型方案后，就进入设备的采购环节。通常由设备管理部门协助采购部门进行采购。设备的采购又是一个影响设备寿命周期费用的关键控制点，采购做得好，不仅可以为企业节约采购资金，而且能为获得良好的投资效益创造重要的物质技术条件。设备采购的好坏与多种因素有关，其中一个重要的因素是采购方式。

设备的采购分为两种情况，一是对于单台设备价值较低的设备，通过调研、选型分析后，直接与制造商或经销商签订合同；二是对于价值较高的设备（其价格的高低视企业情况而定，不能一概而论），要求采用招标的方式，进行采购。近些年来，随着市场主体和市场规则的不断完善，以及招标在节约资金、保证质量方面的作用日益显现，招标采购被越来越多的企业所采用。

1. 设备招标

招标是指在一定的范围内公开货物、工程或服务采购的条件和要求，邀请众多投标人参加投标，最后由招标人通过对投标人所提出的价格、质量、交货期限和该投标人的技术水平、财务状况、服务能力等因素进行综合比较，并按照规定程序确定最佳中标人，最终与之签订合同的过程。我国的《机电产品国际招标投标实施办法（试行）》（见附录B）、《机电设备招标投标管理办法》（见附录C）对设备的招标范围、招投标文件、招投标过程等均有明确的管理规定。

设备的招标分为三种方式：

1）公开招标。公开刊登招标广告，含国际竞争性招标和国内竞争性招标。

2）邀请招标。即不公开刊登招标广告，根据事前的调查，对国内有资格的经销商或制造商直接发出投标邀请。

3）议标（又称谈判招标）。它是非公开、非竞争性招标，由招标人物色若干家厂家直接进行合同谈判。

下面主要介绍设备的公开招标。设备公开招标具有组织性、公开性、公平公正性、一次性和规范性等特征，其基本程序包括招标、投标、开标、定标和签订合同等环节。

（1）设备招标采购程序　设备招标采购程序如图2-2所示。

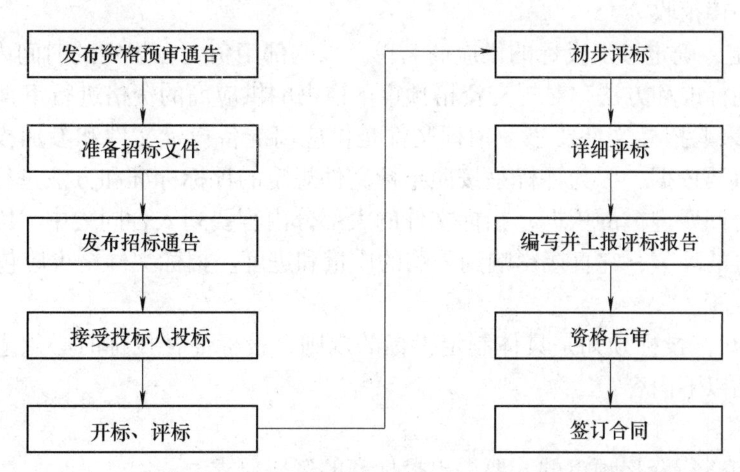

图2-2　设备招标采购程序示意图

（2）设备采购资格预审内容　对于大型的、复杂的设备或成套设备，在正式组织招标以前，一般都需要对其供应商的资格和能力进行预先审查，即资格预审。它主要包括基本资格预审和专业资格预审。

1）基本资格预审。基本资格是指供应商的合法地位和信誉，包括是否注册、是否破产、是否存在违法违纪行为等。

2）专业资格预审。专业资格是指已具备基本资格的供应商履行拟定采购项目的能力，具体包括：

① 经验和以往承担类似合同的业绩和信誉。

② 为履行合同所配备的人员情况。

③ 为履行合同任务而配备的机械、设备以及施工方案等情况。

④ 财务情况。

⑤ 售后维修服务的网点分布、人员结构等。

3）设备采购资格预审程序。设备采购资格预审程序如图2-3所示。

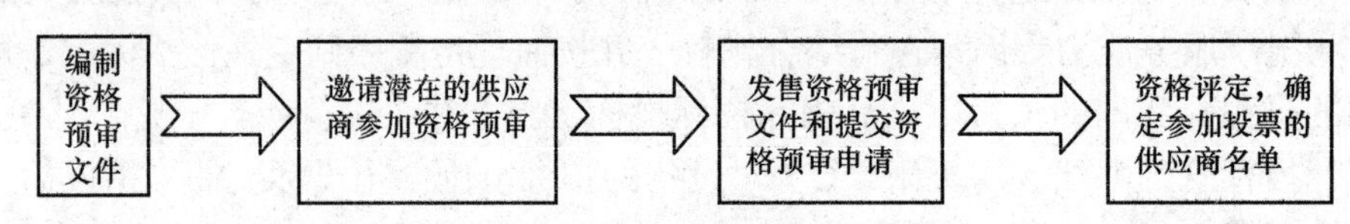

图2-3　设备采购资格预审程序示意图

① 编制资格预审文件。资格预审文件可以由采购部门编写，也可以委托研究、设计或咨询机构协助编写。

② 邀请潜在的供应商参加资格预审。邀请潜在的供应商参加资格预审，一般是通过在官方媒体上发布资格预审通告进行的。通告的内容一般包括：采购企业名称，采购项目名称，采购规模，计划采购开始日，交货日期，发售资格预审文件的时间、地点和售价，以及提交资格预审文件的最迟日期。

③ 发售资格预审文件和提交资格预审申请。资格预审通告发布后，采购部门应立即开始发售资格预审文件，资格预审申请的提交必须按资格预审通告中规定的时间。对截止期后提交的申请书应一律拒收。

④ 资格评定，确定参加投标的供应商名单。采购部门负责在规定的时间内，按照资格预审文件中规定的标准和方法，对提交资格预审申请书的供应商的资格进行审查。

（3）设备采购招标文件要求　招标文件是供应商准备投标文件和参加投标的依据，同时也是评标的重要依据，因为评标是按照招标文件规定的评标标准和方法进行的。此外，招标文件是签订合同所遵循的依据，招标文件的大部分内容要列入合同之中。因此，准备招标文件是非常关键的环节，它直接影响到采购的质量和进度。招标文件至少应包括以下内容：

1）招标通告。

2）投标须知。投标须知是具体制定投标的规则，投标商在投标时必须遵循。投标须知的主要内容包括以下内容：

① 资金来源。

② 如果没有进行资格预审的，要提出投标商的资格要求。

③ 货物原产地要求。

④ 招标文件和投标文件的澄清程序。

⑤ 投标文件的内容要求。

⑥ 投标语言。尤其是国际性招标，由于参与竞标的供应商来自世界各地，必须对投标语言做出规定。

⑦ 投标价格和货币规定。对投标报价的范围做出规定，即报价应包括哪些方面，统一报价口径，便于评标时计算和比较最低评标价。

⑧ 修改和撤销投标的规定。

⑨ 标书格式和投标保证金的要求。

⑩ 评标的标准和程序。

⑪ 国内优惠的规定。

⑫ 投标程序。

⑬ 投标有效期。

⑭ 投标截止日期。

⑮ 开标的时间、地点等。

3）合同条款。合同条款包括一般合同条款和特殊合同条款。

4）技术规格。货物采购技术规格一般采用国际或国内公认的标准，除不能准确或清楚地说明拟招标项目的特点外，各项技术规格均不得要求或标明某一特定的商标、名称、专利、设计、原产地或生产厂家，不得有倾向某一潜在供应商或排斥某一潜在供应商的内容。

5）投标书的编制要求。投标书是投标供应商对其投标内容的书面声明，包括投标文件构成、投标保证金、总投标价和投标书的有效期等内容。

① 投标书中的总投标价应分别以数字和文字表示。

② 投标书的有效期是指投标有效期，使投标商确认在此期限内受其投标书的约束，该期限应与投标须知中规定的期限一致。

6）投标保证金。投标保证金是为了防止投标商在投标有效期内随意撤回其投标，中标后不签订合同或不交纳履约保证金，而使采购企业蒙受损失。

① 投标保证金可采用现金、支票、不可撤销的信用证、银行保函、保险公司或证券公司出具的担保书等方式交纳。

② 投标保证金的金额不宜过高，可以确定为投标价的一定比例，一般为投标价的1%～5%，也可以确定一个固定数额。

③ 国际性招标采购的投标保证金的有效期一般为投标有效期加上30天。

7）供货一览表、报价表和工程量清单。供货一览表应包括采购设备品名、数量、交货时间和地点等。对于在境内提供的设备和在境外提供的设备，在报价时要分开填写。

① 对境内提供的设备，要填写设备品名、设备简介、原产地、数量、出厂单价、出厂价境内增值部分占的比例、总价、中标后应缴纳的税费等。

② 对境外提供的设备，要填写设备品名、设备简介、原产地、数量、离岸价单价及离岸港、到岸价单价及到岸港、到岸价总价等。

（4）发布招标通告

1）招标通告的内容。招标通告的内容因项目而异，一般应包括：采购实体的名称和地址，资金来源，采购内容简介，获取招标文件办法和地点，采购实体对招标文件收取的费用及支付方式，提交投标书的地点和截止日期，投标保证金的金额要求和支付方式，开标日期、时间和地点。以下是招标通告的一个范例。

招标通告

1. 招标编号:
2. 招标项目:
3. 领取招标文件时间:
4. 领取招标文件地点:
5. 接收投标文件截止时间:
6. 投标书送达地点:
7. 开启投标文件时间:
8. 开启投标文件地点:
9. 投标保证金:

全称:

开户银行:

账号:

地址:

10. 招标机构:

地址:

联系人:

电话:

传真:

2）发布方式方法。

① 如果经过资格预审程序，招标文件可以直接发售给通过资格预审的供应商。

② 如果没有资格预审程序，招标文件可以发售给任何对招标通告做出反应的供应商。

③ 招标文件的发售可采取邮寄的方式，也可以让供应商或其代理前来购买。如果采取邮寄方式，则要求供应商在收到招标文件后要告知招标机构。

（5）开标须知

1）开标应按招标通告中规定的时间、地点公开进行，并邀请投标商或其委派的代表参加。

2）开标前，应以公开的方式检查投标文件的密封情况，当众宣读供应商名称，有无撤标情况，提交投标保证金的方式是否符合要求，投标项目的主要内容、投标价格以及其他有价值的内容。

3）开标时，对于投标文件中含义不明确的地方，允许投标商作简要解释，但其所做的解释不能超过投标文件记载的范围，或实质性地改变投标文件的内容。

4）以传真、电话方式投标的，不予开标。

5）开标要做开标记录，其内容包括：项目名称、招标号、刊登招标通告的日期、发售招标文件的日期、购买招标文件单位的名称、投标商的名称及报价、截标后收到标书的处理情况等。

（6）设备采购评标方法　评标必须以招标文件为依据，不得采用招标文件规定以外的标准和方法进行评标，凡是评标中需要考虑的因素都必须写入招标文件之中。以下介绍几种常用评标方法：

1）综合评标法。综合评标法是指以价格另加其他因素为基础的评标方法。在采购耐用货物，例如车辆、发动机以及其他设备时，可采用这种评标方法。在采用综合评标法时，评标中除考虑价格因素外，还应考虑例如运费、保险费、交货期、付款条件等其他因素。以下是××设备招标投标评分方法及标准的一个范例。

××设备招标投标评分方法及标准

一、评标办法

1. 本次招标评标采用综合评标法，即在满足招标文件实质性要求前提下，按照招标文件中规定的评分标准和各项因素进行综合评审后，以评标总得分最高的投标人作为相应标段的中标候选人。

2. 评标委员会各成员独立对每个进入打分程序的有效投标人的标书技术部分以打分的形式进行评审和评价（计算结果均四舍五入保留两位小数）。

对评委的评分（除价格分外）进行统计汇总，评委人数在5人以下（含5人）的，直接算术平均计算得分；评委人数在5人以上的，则去掉一个最高分、一个最低分后按算术平均计算得分。

3. 如某标段出现评标总得分最高的投标人有两个或两个以上的，以投标报价较低者优先作为该标段中标候选人。如果投标报价也相同的，则由公证机构组织以抽签方式确定中标候选人。

二、价格（价格权值36分）

以进入评标程序、满足招标文件要求且报价最低的投标报价为评标基准价（不能超过采购预算价），其价格分为满分30分。其他投标人的价格分统一按照下列公式计算：

投标报价得分=（评标基准价/投标报价）×价格权值×100（价格权值为30%）

注：① 超过采购预算价格的投标报价不进入标书，综合评审也不得标。

② 投标报价超过第二低报价2倍以上的其投标报价得分为0。

三、产品及材料质量（42分）

1）主要材料的品牌（至少包括板材、五金件、油漆等）；由评委在4~10分内打分。

2）产品和主要原材料、钢板、粉末等的检测报告（须在有效期内）：每提供一项得1分，最高6分。

3）生产水平的先进性比较（生产、制造工艺、检测手段等）4分。

4）样品20分，主要从外观、材料、工艺等方面由评委在2~20分内评定。

5）供货及交付使用期：满足招标文件的得2分。

四、公司综合评定（13分）

1. 公司信誉度比较（8分）

1）投标产品品牌的国家注册商标证书（1分）。

2）2005年至今经第三方会计师事务所认证的年度财务审计报告（1份1分，2份2分）最高2分。

3）钢制品行业标准制定企业（1分）。

4）地级以上（含地级市）名牌企业（1分）。

5）省级以上（含省级）名优家具企业（1分）。

6）为职工交纳三金的证明（0.5分）、企业工程师证书（三人以上）（0.5分），最高1分。

2. 销售业绩比较（5分）

1）在2005年至今投标单位每独立完成一个合同金额≥100万人民币的项目得0.5分，最高3分（投标书中须提供销售合同的原件，否则不得分）。

2）在2005年至今市级以上（含地级市）审计部分出具的密集架类产品年销售2000万以上证明（1分）。

3）投标文件的规范性、完整性比较（1分）（投标文件封面未注明正、副本的将被扣0.5分）。

3. 投标商注册资金≥500万人民币（1分）

五、售后服务（最高得分9分）

1）服务体系的完备性、技术力量比较（1分）。

2）质保期：≥5年，2分；≥3年，1分；其他不得分（2分）。

3）安装计划、维修队伍介绍（1分）。

4）维修响应时间及完成维修时间、保障质量承诺（时间最短者、且有保障维修质量的得3分，其余相应扣分）3分。

5）优惠条款（最高得分2分）。

比较是否有其他优惠条件及技术优势，有则由评委酌情打分，无则不得分。

2）以寿命周期成本为基础的评标方法。

① 适用范围：采购整套厂房、生产线或设备、车辆等在运行期内的各项后续费用（零配件、油料、燃料、维修等）很高的设备时，可采用以寿命周期成本为基础的评标方法。

② 计算方法：在计算寿命周期内成本时，可以根据实际情况，评标时在标书报价的基础上加上一定运行期年限的各项费用，再减去一定年限后设备的残值，即扣除这几年折旧费后设备的剩余值。在计算各项费用或残值时，都应按标书中规定的贴现率折算成净现值。

（7）设备采购评标程序

1）初步评标。

① 初步评标工作比较简单，但却是非常重要的一步。初步评标的内容包括：确认供应商资格是否符合要求，投标文件是否完整，是否按规定方式提交投标保证金，投标文件是否基本上符合招标文件的要求，有无计算上的错误等。

② 经初步评标，对凡是确定为基本上符合要求的投标，下一步要核定投标中有没有计算和累计方面的错误。在修改计算错误时，要遵循两条原则：如果数字表示的金额与文字表示的金额有出入，要以文字表示的金额为准；如果价格和数量的乘积与总价不一致，要以单价

为准。但是，如果采购单位认为有明显的小数点错误，此时则要以标书的总价为准，并修改单价。如果投标商不接受根据上述修改方法而调整的投标价，可拒绝其投标并没收其投标保证金。

2）详细评标。

① 只有在初评中确定为基本合格的投标，才有资格进入详细评定和比较阶段。

② 具体的评标方法取决于招标文件中的规定，并按评标价的高低，由低到高评定出各投标的排列次序。

③ 在评标时，当出现最低评标价远远高于标底或缺乏竞争性等情况时，应废除全部投标。

3）编写并上报评标报告。评标工作结束后，采购单位要编写评标报告，并上报采购主管部门。评标报告应包括以下内容：

① 招标通告刊登的时间、购买招标文件的单位名称。

② 开标日期。

③ 投标商名单。

④ 投标报价以及调整后的价格，包括重大计算错误的修改。

⑤ 价格评比基础。

⑥ 评标的原则、标准和方法。

⑦ 授标建议。

4）资格后审。

① 如果在投标前没有进行资格预审，在评标后则需要对最低评标价的投标商进行资格后审。

② 如果审定结果认为某投标商有资格、有能力承担合同任务，则应把合同授予该投标商。如果认为其不符合要求，则应对下一个评标价最低的投标商进行类似的审查。

5）授标与合同签订。

① 合同应授予最低评标价的投标商，这一过程应在投标有效期内进行。

② 评标后，在向中标的投标商发中标通知书时，也要通知其他没有中标的投标商，并及时退还其投标保证金。

2. 设备购置合同签订

设备购置合同的签订，要严格遵守《中华人民共和国合同法》和有关规定，对方应有法定代表人的授权委托，经双方签章（加盖合同专用章）、签字后，才具有法律效力。国内合同的主要内容：

1）设备名称、规格型号。

2）数量和质量。

3）合同价格及付款方式。

4）交货期限及交货地点、运输方式及费用。

5）违约责任。

6）未尽事宜的解决方式。

7）附件技术协议及售后服务承诺。

3. 设备监造

设备监造是指承担设备监造工作的单位（以下简称监造单位）受项目法人或建设单位

（以下简称委托人）的委托，按照设备供货合同的要求，坚持客观公正、诚信科学的原则，对工程项目所需设备在制造和生产过程中的工艺流程、制造质量及设备制造单位的质量体系进行监督，并对委托人负责。

如果说供需双方签订的设备购买合同是对双方的一种约定和保障的话，设备监造则是对约定和保障的内容加以监督，更有利于保障购买方的利益。

设备订货合同签订后，设备在制造过程中，要对设备关键部位和关键环节做好监造工作，要求厂家做好设备制造的过程控制。设备的制造质量由与委托人签订供货合同的设备制造单位（以下简称制造单位）全面负责。

设备监造并不减轻制造单位的质量责任，不代替委托人对设备的最终质量验收。监造单位应对被监造设备的制造质量承担监造责任，具体责任应在监造服务合同中予以明确。设备监造的前提是监造方对制造厂的高度控制能力，而完善的监造体系包括完善的管理程序及监督导则、高效的监造管理信息平台以及经验丰富的监造队伍。

2.3.5 设备验收

设备验收包括：设备出厂前的验收和设备到货后的验收两部分。

1. 设备出厂前的验收

设备出厂前的验收，主要是针对重要设备而言，在工程工期非常紧张的情况下，为了保证设备正点投入使用，在设备出厂前，派遣专业技术人员到厂家进行初步验收，并监督发货情况。这样可尽可能避免设备零部件的错发和漏发，尽可能避免因货运装车、封车不规范而造成设备损坏，为设备的正常安装提供保证。

2. 设备到货后的验收

新设备到货后，由设备管理部门，会同购置单位、使用单位（或接收单位）进行开箱验收，检查设备在运输过程中有无损坏、丢失、附件、随机备件、专用工具、技术资料等是否与合同、装箱单相符，并填写设备开箱验收单，存入设备档案。若有缺损及不合格现象，应立即向有关单位交涉处理、索取或索赔。设备到货验收包括设备到货的及时性和设备完整性两方面。

（1）设备到货的及时性

1）不允许提前太多的时间到货，否则设备购买者将增加占地费、保管费以及可能造成的设备损坏。

2）不准延期到货，否则将影响工程的工期。

（2）设备到货的完整性

1）设备到货的交接及保管工作。

2）组织相关部门验收，按照设备装箱单，对设备及设备部件、备件、技术资料进行清点，并做好清点记录，仔细检查设备有无损伤，有损伤的部位要做好损伤检测及记录工作。

3）有损伤的设备要做好索赔工作。

4）填写到货验收记录。

3. 验收前的准备工作

使用单位和供应部门应向验收小组提供以下资料：

1）设备供货合同。

2）大型设备购置的论证报告及批文。

3）装箱清单。

4）标样测试分析报告。

5）配置报告及批文。

6）仪器设备的相关资料。

对于进口仪器设备，除上述资料外还需提供：

1）进口委托协议书。

2）海关免税证明。

3）进出口登记表。

4）技术条款。

5）外商发票。

6）运单。

4. 验收步骤

（1）外观检验

1）对设备及外包装进行拍照记录，检查设备的外包装是否完好，有无破损、浸湿、受潮、变形等情况，对外包装箱的表面及封装状态进行检查。

2）检查设备和附件表面有无残损、锈蚀、碰伤等情况。重点检查主机、主要配件和主要工作面。

3）若发现包装有破损，设备和附件有损伤、锈蚀、使用过的迹象等问题，应做详细记录，并重点拍照留据，及时向供应商办理退换、索赔手续。

（2）数量检验

1）数量检查时应以供货合同和装箱单为依据，检查主机、附件等设备的规格、型号、配置及数量，并逐件清查核对。

2）认真检查随机资料是否齐全，例如说明书、产品检验合格证书、保修单等。计算机的相关技术资料应包括驱动程序等软件在内。

3）要注意检查设备的序列号和出厂编号，必要时可以进行网上核对。

4）认真做好开箱清点记录，写明地点、时间、参加人员、箱号、品名、应到和实到数量。如果发现短缺、错发等问题，要及时做好记录并保留相关材料。

（3）质量检验

1）设备送电测试之前，应检查所接电源，确保和设备电源要求一致。

2）设备应能够正常起动，运行期间无故障、无报错信息，应对设备进行至少48h不间断的送电测试。

3）要严格按照合同条款、国家行业有关标准要求、使用说明书、用户手册的规定和程序进行安装、调试。

4）对照产品说明书、出厂检验报告，检查设备的技术指标和硬件配置是否达到要求。

5）设备试运行验收时要认真做好记录，若设备出现质量问题，应将详细情况书面通知供货单位和负责采购单位。

（4）填写验收记录表

1）若外观验收、数量验收、质量验收结束后，发现任何一项不符合合同文件的要求，须得到供货方代表的认可（签字、盖章）。

2）若设备经过测试，其配置和性能达到合同规定的各项指标要求，应填写设备开箱清点记录表和设备送电试验测试记录表，作为设备验收文件的一部分。

（5）提交验收记录　提交设备开箱清点记录表、设备送电试验检测记录表、设备开箱检验报告、序列号、现场照片等资料，均作为验收的附件提交给有关部门。

（6）进口设备验收　进口设备验收有一定的特殊性，详细介绍如下。

1）第三方监造。进口设备的现场制造监督是为了防止卖方以盈利为目的在制造时偷工减料，偏离原企业设计标准的现象发生，买方可以在合同中写明买方派员或委托第三方监造监理公司派员赴生产现场监督制造的条款。买方在订货后应该派人认真做好监造工作。派出具有高度责任心和专业技术知识且熟悉外语的工程师负责监督。负责监造的人员应从工件加工到装配各个环节的每一工序的加工精度、表面粗糙度、原材料牌号、热处理质量、装配精度等方面进行检验并要求生产厂拿出数据报告，做好记录。如果发现问题应代表买方向生产厂提出。生产厂应遵照合同要求予以改正。否则，不仅会造成买方质量损失，而且在人力、物力、时间等方面造成不必要的损失和影响。如果监造人员与生产厂方有争议，监造人员应及时向买方领导请示解决办法。如果生产厂拒绝按照合同要求改正，则买方有权拒绝验收签字，必要时诉诸法律解决。例如南方某化肥厂曾从美国引进一套耐热转换炉管，合同中的设计要求是一根炉管中间只能有两条焊缝。但该厂派驻美国监造的人员发现每根炉管有三条焊缝，这显然会影响炉管的耐热强度。他立即与卖方联系，将已生产的60多根炉管全部报废，重新按照设计要求生产，造成的一切经济损失由卖方负责。这样不但保证了引进设备的质量，为企业避免了不必要的经济损失，而且赢得了交货时间。对于大型、重要设备，现场监造十分必要。而且现场监造人员应同时具备较高的技术水平和谈判能力，善于在对方无理纠缠时说服对方履行合同，以保证交货期。更重要的一点，监造人员应保持廉洁，坚决维护本企业利益。现场监造的记录和经验，对之后设备的维护保养、诊断和维修，也是难得的宝贵资料。

2）发货口岸的检验。大型成套设备，部件多而复杂，对包装的要求各不相同，装箱时容易出现丢失或混乱现象。为了避免离岸前的失误，买方代表应在设备发货离岸时在口岸现场按照装箱单的数目、规格，清点设备主件、附件。同时，检查每一个零件的包装质量和包装箱的质量。了解运输中出现的问题及责任方（卖方、承运方或保险公司）、相关文件、索赔手续及索赔承办方等。检查合乎要求后，买方代表应及时通知买方领导有关设备装箱和离岸的情况，以便企业抓紧做好承接设备的准备。

3）到货口岸的检验。设备到达买方所在地附近口岸后，企业应派员到口岸申报出关手续，并会同商检部门对照合同和合同附件及装箱单，先对包装箱外观进行检查，查看有无破损、被海水浸蚀或被污染等，然后开箱核对货物是否有遗漏或不符，进行仔细检查，若零件外包装脱落、零件锈蚀或有严重损伤，应做好记录和拍照，并及时通知买卖双方主管。企业派出的监造和离岸检查代表因为熟悉情况，最好也参加到货口岸的检查。

4）到货验收。这部分内容是指到达买方设备安装地点的检查验收过程，前面已做详细论述，这里不再重复。

2.4 设备安装调试与初期管理

2.4.1 设备安装和调试过程

设备的安装、调试及验收工作，就是按照生产工艺所确定的设备平面布置图及安装技术规范的要求，将已到厂并经过开箱检查的外购或自制新设备安装在规定的基础上进行找平、稳固、达到要求的水平精度，并经过调试验收合格后移交生产。安装工作一般由购置单位或受委托单位负责，安装后由购置单位组织安装部门、设备动力部门进行安装质量检查、试车验收并办理移交手续。

设备安装的具体工作，包括基础准备、出库、运输、开箱检查、安装上位、安装检查、灌浆、清洗加油、检查试验、竣工验收等环节。大型设备或成套设备的安装，涉及的部门和人员较多，通常由主管部门提出安装工程计划、安装作业进度及工作号令，经企业主管领导批准后由生产部门作为正式计划下达各部门执行。

1. 设备安装的准备工作

设备安装的准备工作包括以下具体内容：

1）落实安装调试人员。例如技术员、机修工、操作者、起重工等。精、大、稀设备的安装应设一名主管领导进行组织协调和负责现场的安装指挥。

2）准备安装技术资料。安装资料包括设备的使用说明书、安装图、装配图、零件图，安装位置的环境说明资料等。对结构性能不了解的设备，应当向制造厂索取资料。

3）组织安装调试人员学习研究有关技术资料，了解设备有关情况。

4）安排运输。按照设备资料所提供的设备重量、体积、结构，研究设备运输途径的通过可能性、吊装就位的条件和运送方式等。

5）按生产现场设备布局规划设备摆放位置，完善设备运行环境条件，完善设备运转及操作维修所必需的环境、温度、湿度、动力源的供应、采暖、防尘、防振及隔音的特殊要求等，严格按照设备地基图制作设备基础，重型设备基础需按厂家要求进行检验。

2. 设备开箱检查

设备开箱检查由设备采购、设备主管、设备安装、设备使用部门共同参与。如果是进口设备，还有商检部门人员参加。开箱检查的内容有：

1）检查箱号、箱数及外包装情况。发现问题做好记录，及时处理。

2）按照装箱单清点核对设备型号、规格、零件、部件、工具、附件、备件以及说明书等随机技术文件。

3）检查设备在运输过程中有无锈蚀，如果有锈蚀应及时处理。

4）凡属于清洗过的滑动面严禁移动，以防研损。

5）不需要安装的附件、工具、备件等应妥善包装保管，待设备安装完工后一并移交使用单位。

6）核对设备基础图和电气线路图与设备实际情况是否相符，检查地脚螺钉等有关尺寸及地脚螺钉、垫铁是否符合要求，电源接线口的位置及有关参数是否与说明书相符。

7）检查后做出详细记录，填写设备开箱检查验收单。设备开箱检查验收单见表2-1。

表2-1　设备开箱检查验收单

<table>
<tr><td>设备名称</td><td colspan="2"></td><td rowspan="2">规格
型号</td><td colspan="3" rowspan="2"></td></tr>
<tr><td>生产厂家</td><td colspan="2"></td></tr>
<tr><td>出厂日期</td><td></td><td colspan="5">出厂编号</td></tr>
<tr><td>到货日期</td><td></td><td>单价</td><td colspan="2"></td><td>数量</td><td></td></tr>
<tr><td>开箱检查情况</td><td colspan="6"></td></tr>
<tr><td>随机资料及附件情况</td><td colspan="6"></td></tr>
<tr><td>验收结论</td><td colspan="6">检验人员签字：　　日期：　　年　月　日</td></tr>
<tr><td>使用部门负责人签字</td><td colspan="2"></td><td colspan="2">日期</td><td colspan="2"></td></tr>
<tr><td>设备部门负责人签字</td><td colspan="2"></td><td colspan="2">日期</td><td colspan="2"></td></tr>
<tr><td>安装服务供应商代表签字</td><td colspan="2"></td><td colspan="2">日期</td><td colspan="2"></td></tr>
</table>

注：本表一式三份，设备使用部门、设备管理部门、设备档案室各一份。

3. 设备安装与检查

运输、生产、安装等方面人员协调好后可进行设备的就位，按规定位置就位并找正，安装地脚螺栓和垫铁，预调水平，设备基础灌浆，连接水、电、液、气等管路。

待设备基础硬化后精调水平，上紧地脚螺栓，开始进行设备各部位的安装调试。设备现场的安装，应本着从小到大，从简单到复杂的原则，严格按照厂家要求进行，并保证各部件、组件的安装精度。安装时所用的量具及检验仪器的精度必须符合国家计量局规定的精度标准，并定期检验。

设备安装完成后，按有关技术文件所规定的检验项目进行检查并做记录。电气部分按《电气装置安装工程及验收规范》的有关规定进行检查。如果发现问题，应向制造厂家反馈并要求解决。

4. 设备调试和试运转

一般通用设备的调试工作，包括清洗、检查、调整、试车，由使用单位组织进行。精、大、稀、关键设备以及特殊情况下的调试，由设备动力部门会同工艺技术部门共同组织。自制设备由制造部门调试，工艺、设备、使用部门参加。

设备的试运转，可分为空转试验、负荷试验、精度试验三种。试运转前，应按设备说明书要求正确加注润滑油/脂。设备通电前，应确认输入电源电压、频率及相序是否正确。

1）空转试验，是为了检验设备安装精度的保持性、设备稳固可靠性以及设备的传动、操作、控制等系统在运转中状态是否正常。

2）负荷试验，主要检验设备在一定负荷下的工作能力，以及各组成系统的工作是否正常、安全、稳定、可靠。

3）精度检验，一般应在正常负荷试验后，按照厂家提供的合格证明书进行检验并记录。

设备试运转后，应做好各项检验工作的记录，根据试验情况填写“设备试运转记录单”“设备精度检验记录单”等。

设备试运转记录单见表2-2。设备精度检验记录单见表2-3。

表2-2 设备试运转记录单

<table>
<tr><td colspan="2">设备名称</td><td colspan="2"></td><td rowspan="2">规格型号</td><td rowspan="2" colspan="2"></td></tr>
<tr><td colspan="2">生产厂家</td><td colspan="2"></td></tr>
<tr><td>出厂日期</td><td colspan="2"></td><td>出厂编号</td><td colspan="3"></td></tr>
<tr><td>使用车间</td><td colspan="2"></td><td>安装日期</td><td colspan="3"></td></tr>
<tr><td>运转速度</td><td colspan="6"></td></tr>
<tr><td>运转时间</td><td colspan="6"></td></tr>
<tr><td>运转异常情况记录</td><td colspan="6">检验人员签字： 日期： 年 月 日</td></tr>
<tr><td>使用部门负责人签字</td><td colspan="3"></td><td>日期</td><td colspan="2"></td></tr>
<tr><td>设备部门负责人签字</td><td colspan="3"></td><td>日期</td><td colspan="2"></td></tr>
<tr><td>安装服务供应商代表签字</td><td colspan="3"></td><td>日期</td><td colspan="2"></td></tr>
</table>

注：本表一式四份，设备移交部门、设备使用部门、设备管理部门、设备档案室各一份。

表2-3 设备精度检验记录单

<table>
<tr><td>设备名称</td><td colspan="2"></td><td rowspan="2">规格型号</td><td rowspan="2" colspan="2"></td></tr>
<tr><td>生产厂家</td><td colspan="2"></td></tr>
<tr><td>出厂日期</td><td></td><td>出厂编号</td><td colspan="3"></td></tr>
<tr><td>使用车间</td><td></td><td>安装日期</td><td colspan="3"></td></tr>
<tr><td colspan="6">精度检验记录</td></tr>
<tr><td>序号</td><td>检验项目</td><td>标准值</td><td>实测值（试运转前）</td><td>实测值（试运转后）</td><td>备注</td></tr>
<tr><td></td><td></td><td></td><td></td><td></td><td></td></tr>
<tr><td></td><td></td><td></td><td></td><td></td><td></td></tr>
<tr><td></td><td></td><td></td><td></td><td></td><td></td></tr>
<tr><td>检验结论</td><td colspan="5">检验人员签字： 日期： 年 月 日</td></tr>
<tr><td>使用部门负责人签字</td><td colspan="2"></td><td>日期</td><td colspan="2"></td></tr>
<tr><td>设备部门负责人签字</td><td colspan="2"></td><td>日期</td><td colspan="2"></td></tr>
<tr><td>安装服务供应商代表签字</td><td colspan="2"></td><td>日期</td><td colspan="2"></td></tr>
</table>

注：本表一式四份，设备移交部门、设备使用部门、设备管理部门、设备档案室各一份。

5. 设备验收与移交

设备安装验收工作，一般由购置设备部门或主管领导负责组织，由设备提供方、基础安装施工方、检查、使用、财务等部门有关人员参加，根据所安装设备的类别按照《机械设备安装工程施工及验收通用规范》和《设备安装施工及验收规范》的有关规定进行验收。

设备安装工程的验收是在设备调试合格后进行，由设备管理部门、工艺技术部门协调组织安装检查，使用部门有关人员参加，共同鉴定。设备管理部门和使用部门双方签字确认后方为竣工。对于复杂的设备安装工程，验收时除了需具备开箱检验记录、精度检验记录、试运转记录以外，还需要具备竣工图、设计修改的有关文件、主要材料出厂合格证明和检验记录、重要焊接工作的焊接试验和检验记录、重要浇注混凝土强度试验记录等资料。

验收人员要对整个设备安装工程做出鉴定，合格后在各记录单上进行会签，并填写设备安装验收移交单，办理移交生产手续及设备入固定资产手续。

6. 设备使用前的培训

设备使用前的培训包括设备的使用操作、维护保养等方面内容，数控设备还包括数控系统备份与恢复、常见故障的诊断与判别等，有随机软件的设备还应进行软件的使用培训，时间一般在半日到一周不等。

培训一般由生产厂家派人到现场进行。参加现场培训的人员，应包括使用部门设备管理人员或指定人员、维修人员、操作人员等，对于一些特殊或复杂设备还会安排到生产厂家进行进一步的培训。

2.4.2 设备使用初期（磨合期）管理

设备使用初期（磨合期）管理，是指设备安装试车经设备管理部门和生产工艺部门验收之后到稳定生产期间的管理工作。这段时间的长短取决于设备的复杂程度，一般为三个月到半年。这一时期的管理仍以设备购买部门为主，设备安装部门、生产工艺部门、质量检查部门派专人配合。质量检查部门的人员负责设备的安装和产品质量检查；生产部门、工艺部门的人员负责设备的操作和工夹具准备；设备安装部门的人员对安装质量问题及时处理，或反馈给本部门派人集中处理；设备选型和采购部门的人员及时联系生产厂或供应商，解决保修期间出现的设备质量问题。设备使用初期（磨合期）往往出现故障较多，这段时间又恰逢交接过程中的责任不明确阶段。因此，设备使用初期（磨合期）各参与部门的明确分工以及各责任部门的相互配合十分重要。设备初期管理的有效性决定着设备能否早日投入正常使用。设备使用初期（磨合期）管理的主要内容包括：

1）检查记录。检查和记录产品质量、生产效率、设备性能及其稳定性和可靠性。

2）排除故障。排除生产中的小故障，边排除、边调整、边做好故障记录，记录故障的部位、发生次数、原因和排除方法。

3）润滑管理。按照说明书规定，对设备系统进行清洗、加润滑脂或加油润滑、更换冷却介质。

4）紧固调整。对紧固部件定期紧固。对配合部件进行定期间隙调整。

5）评价反馈。对设备问题进行及时分析，对设备性能做客观评价，并反馈给设计部门、生产部门、安装部门予以及时解决。设备的综合评价可采用多种方法，主要有：

① 设备初期管理工作小组的书面评价。由参与设备初期管理的人员经过讨论，对设备的

生产质量、效率、可靠性等指标进行评价，并完成一个综合评价报告。这类评价适用于小型设备、单体设备或一般设备。

② 专家组的综合评价。由企业的规划、工艺、生产、设备管理、质量检查等部门派出高水平的技术人员组成专家组，对设备的相关指标打分，然后按照评价项目的重要性不同进行加权平均，最后得到评价总分。若评价设备不合格，则责成设备订货人员与生产厂交涉解决，无法挽回损失的应追究订货选型人员的责任。专家组在评价前，应该向设备初期管理人员进行调查，以获取各种数据和记录作为根据。

1. 选择题（单选或多选）

（1）编制设备投资规划的依据是（　　）。

A. 生产经营发展的要求　　B. 设备的技术状况

C. 国家政策的要求　　D. 以上说法都不是

（2）设备投资规划的内容不包括（　　）。

A. 企业设备更新规划　　B. 企业设备技术改造规划

C. 企业新增设备规划　　D. 企业设备报废计划

（3）企业的设备投资分析主要内容不包括（　　）。

A. 投资原因分析　　B. 设备的可靠性

C. 技术选择分析　　D. 财务选择和资金来源分析

（4）外购设备选型的原则不包括（　　）。

A. 技术落后　　B. 生产适用

C. 技术先进　　D. 经济合理

（5）外购设备选型应考虑的问题有（　　）。

A. 设备的主要参数选择　　B. 设备的可靠性和安全性

C. 设备的维修性和操作性　　D. 以上都不对

2. 简答题

（1）何谓设备前期管理，其主要内容与工作程序有哪些?

（2）简述设备规划和设备选型的意义。

（3）简述设备招标的几种方式。

（4）何谓设备的试运转试验?

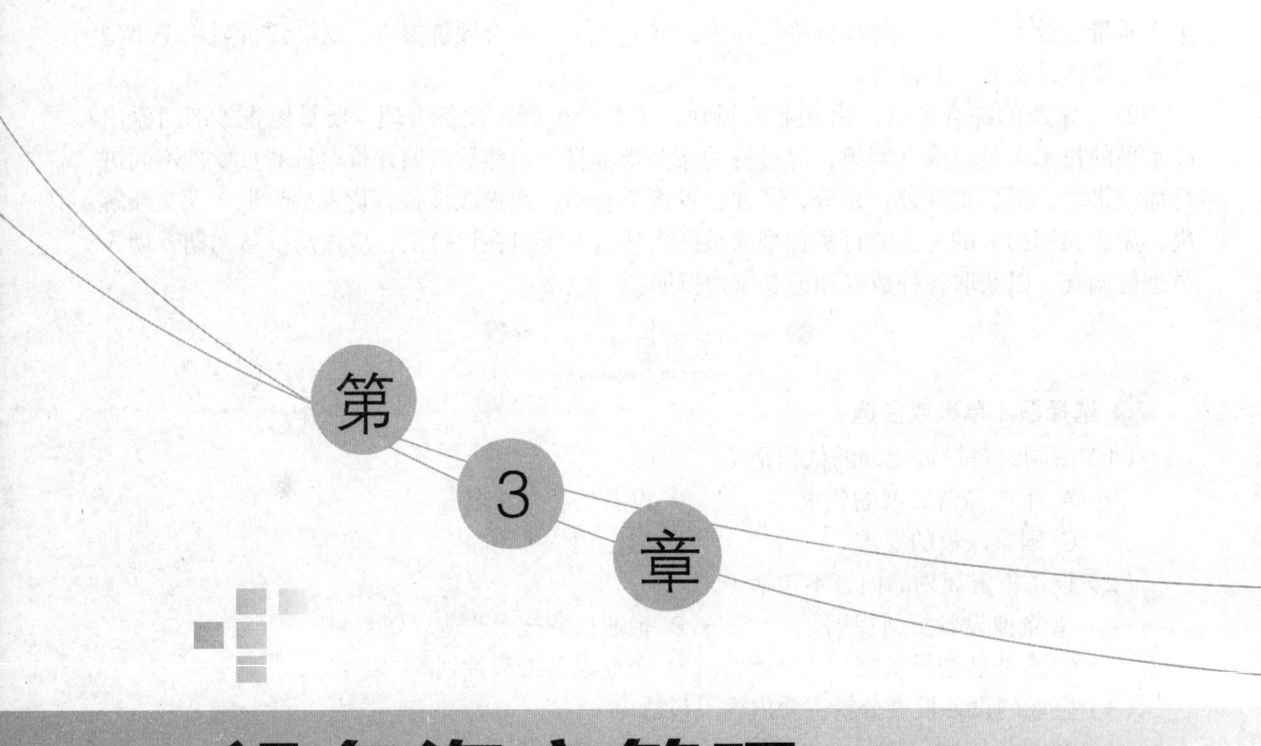

设备资产管理

设备资产是企业固定资产的重要组成部分，是进行生产的技术物质基础。要做好设备资产管理工作，设备管理部门、使用单位和财会部门必须同心协力、互相配合。设备管理部门负责设备资产的验收、编号、维修、改造、移装、调拨、出租、清查盘点、报废、清理、更新等管理工作；使用单位负责设备资产的正确使用、妥善保管和精心维护，并对其保持完好和有效利用直接负责；财会部门负责组织制定固定资产管理责任制度和相应的凭证审查手续，并协助各部门、各单位做好固定资产的核算及评估工作。

本书所述设备资产管理，是指企业设备管理部门对属于固定资产的机械设备、动力设备进行的资产管理。主要内容包括生产设备的分类与资产编号、设备资产的基础管理、设备资产变动的管理等。

3.1 固定资产

供企业长期使用，多次参加生产过程，价值分次转移到产品中去，并且实物形态长期不变的实物，满足下列条件的可称为固定资产。

1）使用期限超过一年的房屋及建筑物、机器、机械、运输工具以及其他与生产经营有关的设备、器具及工具等。

2）与生产经营无关的主要设备，但单位价值在2000元以上，并且使用期限超过两年的物品。

从以上条件可以看出，对与生产经营有关的固定资产，只规定使用时间一个条件，而对与生产经营无关的主要设备，同时规定了使用时间和单位价值标准两个条件。凡不具备固定资产条件的劳动资料，均列为低值易耗品。有些劳动资料具备固定资产的两个条件，但由于更换频繁、性能不够稳定、变动性大、容易损坏或者使用期限不固定等原因，也可不列作固定资产。固定资产与低值易耗品的具体划分，应由行业主管部门组织同类企业制定固定资产目录来确定。列入低值易耗品管理的简易设备，如砂轮机、台钻、手动压床等，设备维修管理部门也应建账管理和维修。

3.1.1 固定资产的特点

作为企业主要劳动资料的固定资产，主要有以下三个特点：

1）使用期限较长，一般超过一年。固定资产能多次参加生产过程而不改变其实物形态，其减少的价值随着固定资产的磨损逐渐地、部分地以折旧形式计入产品成本，并随着产品价值的实现而转化为货币资金，脱离其实物形态。随着企业再生产过程的不断进行，留存在实物形态上的价值不断减少，而转化为货币形式的价值部分不断增加，直到固定资产报废时，再重新购置，在实物形态上进行更新。这一过程往往持续很长时间。

2）固定资产的使用寿命需要合理估计。由于固定资产的价值较高，它的价值又是分次转移的，所以应估计固定资产的使用寿命，并据此确定分次转移的价值。

3）企业供生产经营使用的固定资产，以经营使用为目的，而不是为了销售。例如，一个机械制造企业，其生产零部件的机器是固定资产，生产完工的机器（即准备销售的机器）则是流动资产中的产品。

3.1.2 固定资产的分类

为了加强固定资产的管理，根据财务部门的规定，对固定资产按不同的标准作如下分类：

（1）按经济用途分类　可分为生产用固定资产和非生产用固定资产两类。生产用固定资产是指直接参加或服务于生产方面的在用固定资产。非生产用固定资产是指不直接参加或服务于生产过程，而在企业非生产领域内使用的固定资产，例如用于职工住宅与公用事业、文化教育、医疗卫生、科研实验、农副业生产，以及其他非工业生产的固定资产。

这种分类可用于分析各类固定资产在其总量中所占的比重，研究固定资产结构对资金运用效果的影响，对于合理安排固定资产各要素的比例关系、促进技术进步、提高固定资产利用效果以及建设投资效果都具有重要的意义。

（2）按使用情况分类　可分为使用中的、未使用的、不需用的、封存的、租出的五类。

这种分类可用于分析固定资产的利用程度，促进企业尽快地把未使用的固定资产投入生产，及时处理不需要的固定资产，以提高固定资金的利用率。

（3）按资产所属关系分类　可分为国家固定资产、企业固定资产、租入固定资产、工厂所属集体所有制单位固定资产四类。

这种分类可用于分析企业固定资产中的所有制成分与比重。

（4）按资产的结构特征分类　可分为房屋及建筑物、机械及动力设备、传导设备、运输设备、贵重仪器、管理用具及其他。

这种分类便于分工归口管理与实施分类折旧。

在我国现行企业财务管理工作中，固定资产结构见表3-1，供财务会计核算和固定资金结构分析用。按固定资产的原始价值计算各类固定资产占全部固定资金的比重或各类资金的相互比例，形成固定资金的结构。分析固定资金的结构有利于企业改善各类固定资产的配比关系，使资产早日投入使用，不需要的资产早日得到处理，从而使固定资产得到充分利用，提高固定资金的使用效果。

表3-1　企业固定资产结构

企业固定资产	生产用固定资产	房屋（厂房、仓库、办公楼等）
		建筑物（水塔、贮槽、金属结构、运输通廊等）
		机械设备（金属切削机床、锻压机械、铸造机械、木工机械、起重运输及其他机械设备）
		动力设备（动能发生设备、电气设备、工业炉窑、通风采暖及表面处理设备等）
		传导设备（电气线路、热力管道、气体管道、上下水管道等）
		运输设备（工厂交通运输用各种车辆及船舶等）
		工具、仪器和生产用具（计量仪器仪表、分析实验仪器、贵重用具等）
		管理用具（计算机、打字机、保险柜、复印机等）
		其他（不能列入上述各项的其他生产用固定资产）

（续）

企业固定资产	非生产用固定资产	住宅及公用事业用固定资产
		生活、福利用固定资产
		文化教育用固定资产
		医疗卫生用固定资产
		农副业生产用固定资产
		科研实验用固定资产
		其他非生产用固定资产
	租出固定资产	按照规定出租给外单位使用的固定资产
	未使用固定资产	包括尚未使用的新增固定资产，外单位调入的尚待安装的固定资产，生产任务变更停止使用的固定资产，进行改扩建而停用的固定资产等
	不需要的固定资产	本企业不需要，按照规定准备处理的固定资产
	封存的固定资产	按照规定经批准封存不用的固定资产
	土地	

3.1.3 固定资产的计价

固定资产的核算，既要按实物数量进行计算和反映，又要按其货币计量单位进行计算和反映。以货币为计算单位来计算固定资产的价值，称为固定资产的计价。按照固定资产的计价原则，对固定资产进行正确的货币计价，是做好固定资产的综合核算，真实反映企业财产和正确计提固定资产折旧的重要依据。在固定资产核算中常计算以下几种价值。

（1）固定资产原始价值　原始价值是指企业通过建造、购置或其他方式取得某项固定资产时所支出的全部货币总额，它一般包括购买价、包装费、运杂费和安装费等。企业由于固定资产的来源不同，其原始价值的确定方法也不完全相同。

（2）固定资产重置完全价值　重置完全价值是企业在目前生产条件和价格水平条件下，重新购买或建造固定资产时所需的全部支出。企业在接受固定资产馈赠或固定资产盘盈时无法确定原值，可以采用重置完全价值计价。

（3）净值　净值又称折余价值，是固定资产原值减去其累计折旧的差额。它是反映继续使用中固定资产尚未折旧部分的价值。通过净值与原值的对比，可以一般地了解固定资产的平均新旧程度。

（4）增值　增值是指在原有固定资产的基础上进行改建、扩建或技术改造后增加的固定资产价值。增值额为由于改建、扩建或技术改造而支付的费用减去过程中发生的变价收入。固定资产大修理工程不增加固定资产的价值，但如果与大修理同时进行技术改造，则进行技术改造的投资部分应当计入固定资产的增值。

（5）残值与净残值　残值是指固定资产报废时的残余价值，即报废资产拆除后留余的材料、零部件或残体的价值。净残值则为残值减去清理费用后的余额。按财政部1992年12月30日发布的《工业企业财务制度》规定，净残值按固定资产原值的3%~5%确定。

3.1.4 固定资产的折旧

在固定资产的再生产过程中，同时存在着两种形式的运动：一是物质运动，它经历着磨损、修理改造和实物更新的连续过程；二是价值运动，它依次经过价值损耗、价值转移和价值补偿的运动过程。固定资产在使用中因磨损而造成的价值损耗，随着生产的进行逐渐转移到产品成本中去，形成价值的转移；转移的价值通过产品的销售，从销售收入中得到价值补偿。因此，固定资产的两种形式的运动是相互依存的。

固定资产折旧，是指固定资产在使用过程中，通过逐渐损耗而转移到产品成本或商品流通费中的那部分价值，其目的在于将固定资产的取得成本按合理而系统的方式，在它的估计有效使用期间内进行分摊。应当指出，固定资产的损耗分为有形和无形两种，有形损耗是固定资产在生产中使用和自然力的影响而发生的在使用价值和价值上的损失；无形损耗则是指由于技术的不断进步，高效能的生产工具的出现和推广，从而使原有生产工具的效能相对降低而引起的损失，或者由于某种新的生产工具的出现，劳动生产率提高，社会平均必要劳动量的相对降低，从而使这种新的生产工具发生贬值。因此，在固定资产折旧中，不仅要考虑它的有形损耗，而且要适当考虑它的无形损耗。

1. 计算提取折旧的意义

合理地计算提取折旧，对企业和国家具有以下作用和意义：

折旧是为了补偿固定资产的价值损耗，折旧资金为固定资产的适时更新和加速企业的技术改造、促进技术进步提供资金保证。

折旧费是产品成本的组成部分，计算提取折旧才能真实反映产品成本和企业利润，有利于正确评价企业经营成果。

折旧是社会补偿基金的组成部分，正确计算折旧可为社会总产品中合理划分补偿基金和国民收入提供依据，有利于安排国民收入中积累和消费的比例关系，搞好国民经济计划和综合平衡。

2. 确定设备折旧年限的一般原则

各类固定资产的折旧年限要与其预定的平均使用年限相一致。确定平均使用年限时，应考虑有形损耗和无形损耗两方面因素。

确定设备折旧年限的一般原则如下：

1）正确的折旧年限应该既反映设备有形磨损，又反映设备无形磨损，应该与设备的实际损耗基本符合。例如，精密、大型、重型、稀有设备，由于价值高而一般利用率较低，且维护较好，故折旧年限应大于一般通用设备。

2）应从企业的发展水平来考虑，折旧费的高低影响着企业的发展，应结合实际发展需要，适当缩短或延长设备的折旧年限。

3）折旧是从销售收入中提取出来的，所以没有销售收入，折旧就无从提取。因此，折旧年限必须考虑产品的市场寿命。

4）要考虑企业技术改造和财务承受能力的平衡。折旧年限过长，则折旧基金不足以补偿设备已经消耗的部分，会影响设备正常更新改造的进程，不利于企业技术进步；折旧年限过短，则会使产品成本提高，销售停滞，利润降低，致使企业财力无法承受。因此，必须在两者之间取得平衡。

5）设备制造业采用新技术进行产品换型的周期，也是确定折旧年限的重要参考依据之一。它决定老产品的淘汰和加速设备技术更新。随着工业技术的发展，设备的折旧年限将会进一步缩短。

根据《工业企业财务制度》的规定，机器设备的折旧年限见表3-2。

表3-2 机器设备的折旧年限表

分类	具体设备	折旧年限/年
通用设备	机械设备	10~14
	动力设备	11~18
	传导设备	15~28
	运输设备	6~12
	自动化、半自动化控制设备	8~12
	电子计算机	4~10
	通用测试仪器设备	7~12
	工业窑炉	7~13
	工具及其他生产用具	9~14
	非生产用设备工具	18~22
	电视机、复印机、文字处理器	5~8
专用设备	冶金工业专用设备	9~15
	发电及供热设备	12~20
	输电线路	30~35
	配电线路	14~16
	变电配电设备	18~22
	核能发电设备	20~25
	机械工业专用设备	8~12
	石油工业专用设备	8~14
	化工、医药工业专用设备	7~14
	电子仪表、电信工业专用设备	5~10
	建材工业专用设备	6~12
	纺织、轻工业专用设备	8~14
	矿山、煤炭及森工专用设备	7~15
	造船工业专用设备	15~22
	核工业专用设备	20~25
	公用自来水设备	15~25
	燃气设备	16~25
	消防安全设备	4~8
房屋、建筑物	生产用房	30~40
	受腐蚀生产用房	20~25
	受强腐蚀生产用房	10~15
	非生产用房	35~45
	简易用房	8~10
	水电站大坝	45~55
	其他建筑物	15~25

3. 折旧的计算方法

根据折旧的依据不同，折旧费可以分为按效用计算和按时间计算两种。

按效用计算折旧，就是根据设备实际工作量或生产量计算折旧。这样计算出来的折旧比较接近设备的实际有形损耗。

按时间计算折旧，就是根据设备实际工作的日历时间计算折旧。这样计算折旧较简便。对某些价值大而开动时间不稳定的大型设备，可按工作天数或工作小时来计算折旧，每工作单位时间（小时、天）提取相同的折旧费。对某些能以工作量（例如生产产品的数量）直接反映其磨损的设备，可按工作量提取折旧，例如汽车可按行驶里程来计算折旧。

从计算提取折旧的具体方法上看，我国现行主要采用平均年限法和工作量法。工业发达国家的企业为了较快地收回投资、减少风险，以利于及时采用先进的技术装备，普遍采用加速折旧法。

（1）平均年限法

年折旧额=（固定资产原值-预计净残值）/折旧年限

月折旧额=年折旧额/12

（2）工作量法

1）按照工作小时计算折旧。

工作小时折旧额=（固定资产原值-预计净残值）/规定的总工作小时数

2）按照行驶里程计算折旧。

单位里程折旧额=（固定资产原值-预计净残值）/规定的总行驶里程

（3）加速折旧法　加速折旧法又称递减折旧法，即固定资产每期计提的折旧额，在使用初期计提得多，在后期计提得少，从而加快折旧速度的一种方法。加速折旧法有多种，这里介绍双倍余额递减法。采用该法计提折旧时，是按平均年限法折旧率的两倍计算折旧额。

年折旧额=期初固定资产账面净值×双倍直线折旧率

其中，双倍直线折旧率=（2 /折旧年限）×100%

采用加速折旧法时，主要固定资产的有效使用年限和折旧总额并没有改变，变化的只是在投入使用前期提得多，在后期提得少。加速折旧法在西方国家广泛采用，我国近年来也把加速折旧法从理论开始转向实际应用之中。

3.2　设备资产的基础管理

建立和完善设备资产的基础资料，是企业设备资产管理工作正常开展的重要保障。设备资产管理的基础管理内容包括设备资产编号、设备资产卡片、设备台账、设备档案等。

3.2.1 设备资产编号

设备资产编号直接关系到设备账、卡、物的统一，对于实行资产分类管理起着重要的作用。为便于设备的资产管理，每一台设备都应该有自己的编号。设备编号的方法，应力求科学、直观、简便，有利于统一管理，并便于运用计算机进行辅助管理。

设备资产编号主要应遵循以下原则：

1）系统性。编号要有一定系统性，便于分类和识别。

2）唯一性。设备资产编号必须唯一，否则将无法进行汇总数据计算。

3）通用性。企业设备编号要考虑设备类别和数量，为了便于管理要全面考虑，尽量减少编号位数，使编号的结构简单明了。

4）实用性。编号目的必须是便于使用、容易记忆。

5）可扩展性。进行设备资产编号时要留有扩展余地，一是对设备类别的扩展，二是对设备数量的扩展。编号要便于扩展，且扩展追加后不会引起设备编号体系的混乱。

设备资产编号的方法不同行业有不同的规定，不同企业对设备进行编号时也有不同的方法及要求。现以某汽车企业的设备编号为例，简介如下：

设备编号共分三段，第一段是安装地段或生产线代码，采用汉语拼音字母和数字表示；第二段是设备名称代码，以汉语拼音字母表示；第三段是设备顺序号，采用三位数字表示。其格式为

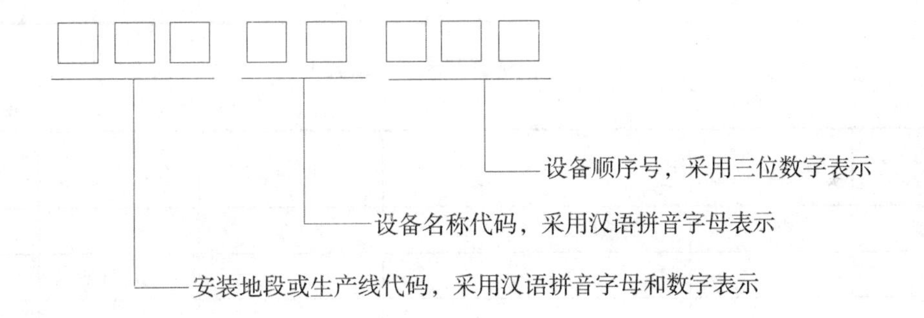

例如CA1-YY-001，表示冲压工段冲压生产线A1线第001台油压机。具体含义为：C——冲压工段；A1——冲压生产线A1线；YY——油压机。

又例如HS1-XH-012，表示焊装商用车M31生产线第012台悬挂点焊机。具体含义为：HS1——焊装商用车M31生产线；XH——悬挂点焊机。

3.2.2 设备资产卡片

设备资产卡片是设备资产的凭证，在设备验收移交时，设备管理部门和财会部门均应单独建立单台设备的资产卡片，登记设备编号、基本数据及变动记录，并按照使用保管单位的顺序建立设备卡片册。随着设备的调动、调拨、新增或报废，卡片位置可以在卡片册内调整、补充或抽出注销。

设备资产登记明细卡式样见表3-3。设备资产卡片（正面）式样见表3-4、设备资产卡片（背面）式样见表3-5。

表3-3　设备资产登记明细卡

资产编号		型号		制造厂		国别		出厂编号	
设备名称		规格		出厂日期		到厂日期		启动日期	
复杂系数	机： 电：		重量（t）		安装地点		原值（元）		
附属电动机总容量：kW									
型号	容量	安装部位	台数	名称	型号规格	数量	名称	型号规格	数量
传动带									
型号规格数量（条）									
大修理完工日期	年月日		年月日		年月日		年月日		

表3-4　设备资产卡片（正面）

年　月　日

轮廓尺寸：长×宽×高				重量：t		
国别		制造厂		出厂编号		
					出厂日期	
					投产日期	
附属装置	名称	型号、规格	数量			
				分类折旧年限		
				修理复杂系数		
				机	电	热
资产原值	资金来源		资产所有权		报废时净值	
资产编号	设备名称		型号		设备分类	

表3-5　设备资产卡片（背面）

电动机	用途	名称	形式	功率/kW	转速	备注
		变动记录				
年月	调入单位	调出单位	已提折旧		备注	

3.2.3　设备台账

设备台账是反映企业设备资产状况、企业设备拥有量及其变动情况的主要依据。一般有两种编制形式：一种是设备分类编号台账，以《设备统一分类及编号目录》为依据，按类组代号分页，按资产编号顺序排列，有利于新增设备的资产编号和分类分型号统计。另一种是按设备使用部门顺序排列编制使用单位的设备台账，这种形式有利于生产、设备维修计划管理和进行设备清点。

建立设备台账，必须先建立和健全设备的原始凭证，例如设备的验收移交单、调拨单、报废表等，依据这些原始单据建立和登载各种设备台账，并要及时了解设备资产的动态，为清点设备、进行统计和编制维修计划提供依据，以提高设备资产的利用率。

以上两种设备台账分别汇总，构成企业设备总台账。这两种台账可以采用同一种表式。表3-6为一般企业设备台账的基本内容。

表3-6　设备台账

序号	资产编号	设备名称	型号	设备分类	电动机功率	制造厂商	轮廓尺寸	出厂编号	生产日期	进厂日期	验收日期	投产日期	安装地点	设备原值	折旧年限	随机附件	备注

3.2.4　设备档案

1. 设备档案的建立

设备档案是指设备从规划、设计、制造、安装、调试、使用、维修、改造、更新直至报废的全过程所形成的图样、文字说明、凭证和记录等文件资料，通过收集、整理、鉴定等工作归档建立起来的动态系统资料。设备档案是设备制造、使用、维修等项工作的一种信息方式，是设备管理与维修过程中不可缺少的基本资料。

企业设备管理部门应为每台主要生产设备建立档案，对精密、大型、稀有、关键设备和重要的进口设备，以及压力容器等建立设备档案，重点进行管理。

2. 设备档案的主要内容

（1）设备前期档案管理　设备前期档案资料，主要有设备选型和技术经济论证方案，设备购置合同（副本），自制（或外委）专用设备设计任务书和鉴定书，检验合格证及有关附件，设备装箱单及设备开箱检验记录，进口设备索赔资料复印件（在发生索赔情况时才应有），设备安装调试记录、精度测试记录和验收移交书，设备初期运行资料及信息反馈资料等。

（2）设备后期档案资料　设备后期档案资料主要有设备资产卡片，设备故障维修记录，单台设备故障汇总单，设备事故报告单及有关分析资料，定期检查和检测记录，定期维修及检修记录，设备大修理资料，设备改装、设备技术改造资料，设备封存（启封）单，设备报废单以及企业认为应该存入的其他资料。

3. 设备档案的管理

（1）资料的收集　收集与设备活动直接相关的资料。例如设备经过一次修理后，更换和修复的主要零部件清单，修理后的精度与性能检查单等，对今后研究和评价设备的活动有实际价值，需要进行系统收集。

（2）资料的整理　对收集的原始资料，要进行去粗取精、删繁就简的整理与分析，使进入档案的资料具有科学性与系统性，提高其可利用价值。

（3）资料的利用　只有充分利用，才能发挥设备档案的作用。为了实现这一目的，必须建立设备档案的目录和卡片，以方便使用者查找与检索。

设备档案资料按单机整理存放在设备档案袋内，设备档案编号应与设备编号一致。设备档案袋由专人进行管理，存放在专用的设备档案柜内，按编号顺序排列，定期进行登记和入档工作。此外还应做到以下几点：

1）明确设备档案的具体管理人员。

2）按设备档案归档程序，做好资料分类、登记、整理、归档工作。

3）非经设备管理人员同意，其他人员不得擅自抽动设备档案，以防失落。

4）制定设备档案的借阅管理办法，规范管理。

5）加强重点设备的设备档案管理工作，使其能满足生产维修的需要。

3.3　设备资产的变动管理

设备资产的变动管理，是指设备由于验收移交、闲置封存、移装调拨、报废处理等情况所引起的资产变动，需要处理和掌握变动情况而进行的管理。

3.3.1　设备的移装与调拨

1. 设备移装

设备在工厂内部的调动或移位称为设备移装。凡已经安装验收移交列入企业固定资产的设备，未经有关部门批准，一律不得擅自拆卸、移装。

若因生产工艺、生产任务变动需要进行设备移装时，应填写设备移装申请单，由工艺生产部门提出，原设备使用部门、设备调入部门会签，待设备管理部门同意，并报请主管厂领导批准后，才能实施移装，并更改设备平面布置图。

2. 设备调拨

列入固定资产的设备进行调拨时，必须按分级管理原则办理报批手续。设备调拨一般可分为有偿调拨和无偿调拨两种。

有偿调拨一般可按设备质量情况，由调出单位与调入单位双方协商定价，按有关规定办理有偿调拨手续。无偿调拨需报企业主管领导部门的财务部门批准，办理相关手续。

企业外调设备一般是闲置多余的设备，企业调出设备时，所有附件、专用备件和使用说明书等，均应随机一并移交给调入单位。由于设备调拨系产权变动的一种形式，在进行设备调拨时应办理相应的资产评估和验证确认手续。

3.3.2 闲置设备的封存与处理

闲置设备是指过去已安装验收、投产使用而目前因生产和工艺上暂时不需要的设备，它不仅不能为企业创造价值，而且占用生产场地，消耗维护费用，产生自然损耗，成为企业的负担。因此，企业应设法把闲置设备及早利用起来，确实不需要的要及时处理或进入调剂市场。

凡停用三个月以上的设备，由使用部门提出封存申请，经批准后，通知财务部门暂时停止该设备折旧。封存的设备应切断电源，进行认真保养，涂上防锈油，盖（套）上防护罩，一般是就地封存。这样能使企业中一部分暂时不用的设备减缓其损耗的速度和程度，同时达到减少维修费用，降低生产成本的目的。

已封存的设备，应有明显的封存标志，并指定专人负责保管、检查。对封存闲置设备，必须加强维护和管理，特别应注意附机、附件的完整性。

凡封存一年以上的设备，在考虑企业发展情况以后，确认是不需要的设备，应填报闲置设备明细表，报上级主管部门参加多余设备的调剂利用。封存后需要继续使用时，应由设备使用部门提出，并报设备管理部门办理启封手续。

3.3.3 设备报废

设备由于严重的有形磨损或无形磨损而退役称为设备报废。设备使用到规定的寿命周期，主要性能严重劣化，不能满足生产工艺要求，且无修复价值，或者经修理虽然能恢复精度，但主要结构陈旧，经济上不如更换新设备划算时，就应及时进行报废处理，以便更换或设置新型设备，适应企业发展的需要。

1. 设备报废条件

企业对属于下列情况之一的设备，应当按报废处理：

1）预计大修后技术性能仍不能满足工艺要求和保证产品质量的设备。

2）设备老化、技术性能落后、能耗高、效率低、经济效益差的设备。

3）大修虽然能恢复精度，但不如更新更为经济的设备。

4）严重污染环境，危害人身安全与健康，无修复、改造价值的设备。

5）其他应该淘汰的设备。

2. 设备报废的审批程序

由设备使用部门提出设备报废申请，写明报废理由，送交设备管理部门初步审核，经企业质量部门鉴定，经工艺、财务部门会签，并由设备管理部门审核后，将使用部门提交的“设备报废申请单”，连同报废鉴定书，送交主管领导（总工程师）批准。

3. 报废设备处理

通常报废设备应从生产现场拆除，使其不良影响减小到最小程度。同时做好报废设备处理工作，做到物尽其用。

一般情况下，报废设备中仍有使用价值的零件可以回收，但绝不可将整台设备再作价外卖，以免落后、陈旧、淘汰的设备再次投入社会。

由于发展新产品或工艺进步的需要，某些设备在本企业不宜使用，但尚可提供给其他企业使用，将这些设备做报废（属于提前报废）处理时，应向上级主管部门和国有资产管理部门提出申请，核准后予以报废。

设备报废后，设备管理部门应将批准的设备报废单送交财务部门注销账卡。

企业出租转让和报废设备所得的收益，必须用于设备更新和改造。

1. 选择题（单选或多选）

（1）固定资产的特点有（　　）。

A. 使用期限较长，一般超过一年

B. 固定资产的使用寿命需合理估计

C. 企业供生产经营使用的固定资产，以经营使用为目的，而不是为了销售

（2）设备资产管理的基础管理包括（　　）。

A. 设备资产编号　B. 设备资产卡片　C. 设备台账　D. 设备档案管理

（3）计提折旧的方法主要有（　　）。

A. 平均年限法　B. 工作量法　C. 评估法　D. 加速折旧法

（4）固定资产的计价主要有（　　）。

A. 原始价值　B. 净值　C. 重置完全价值

D. 残值及净残值　E. 增值

（5）固定资产原始价值一般包括（　　）。

A. 购买价　B. 包装费　C. 运杂费　D. 安装费

2. 简答题

（1）简述计提设备折旧的原则。

（2）设备报废的条件有哪些？

（3）设备档案主要包括哪些内容？

（4）设备资产编号的原则有哪些？

第4章

设备的使用与运行保障管理

正确地使用设备，让设备处于良好的工作状态，能够保障人员安全和减少设备故障，提高企业的生产效率。

本章的主要内容包括设备的使用管理、维护管理、设备工艺布置、制定管理考核指标和进行设备故障分析等。

4.1 设备的使用管理

设备在负荷下运转并发挥其功能的过程，即为使用过程。正确使用设备可以保证设备正常运行，避免设备的不正常磨损或损坏，防止人身事故、设备事故的发生，延长设备的使用寿命和大修周期，降低备件消耗，减少维修费用，确保生产正常进行。

4.1.1 设备安全操作规程

1. 设备安全操作规程的概念

设备安全操作规程是指为了让操作工人正确和安全地操作设备而制定的有关规定和程序。各类设备的结构不同，安全操作设备的要求也会有所不同。

设备在投入使用前，应该编制设备安全操作规程。编制设备安全操作规程时，应该以制造厂提供的设备说明书和设备安全性评价标准为主要依据。

2. 设备安全性评价标准

安全性评价是综合运用安全系统工程理论和方法对系统的安全性进行预测和度量。设备安全性评价是企业设备管理水平的真实反映。不同的设备的安全性评价标准是不同的，根据设备、设施的不同，国家提出了相应的安全评价标准——《机械工厂安全性评价标准》。例如工业气瓶、化学危险品库、压力容器、锅炉、锻造机械、铸造机械、场内机动车辆、机械化运输线、起重机械、防雷装置、接地系统、金属切削机床、电动工具、风动工具等，涉及合计41类设备设施的安全标准在《机械工厂安全性评价标准》中均有描述。下面以金属切削机床为例，介绍金属切削机床的安全性评价标准，见表4-1。

表4-1　金属切削机床安全性评价标准

序号	评价标准	评价细则	备注
1	防护罩、盖、栏等应完备、可靠	以下情形应当有防护栏、防护罩、防护盖等	
		1）外露的旋转部位距操作者站立的地面小于2m	
		2）机床或工件旋转部位的销键等凸出大于3mm的部位	
		3）产生切屑、磨屑、切削液等飞溅可能触及人体或造成设备、环境污染的部位	
		4）产生弧光的部位	
		5）易伤人的机床运动部位	
		6）不加防护罩的旋转部位应小于3mm，并且不许有棱角	
2	防止夹具松动或者脱落的装置应当完好	1）易产生松动的连接部位应有可靠的防松脱装置，例如保险销、反向螺母、安全爪、锁紧块等	
		2）各锁紧手柄齐全有效，例如车床刀架或尾座锁紧后均不能再摇动	
		3）夹具的螺钉齐全完好，无滑牙、拧不紧等现象	

（续）

序号	评价标准	评价细则	备注
3	磨床砂轮合格，旋转时无明显跳动	1）砂轮片的特性应符合磨床的工艺要求	
		2）砂轮运转时无明显的跳动	
		3）磨削工件时，机床无明显跳动	
		4）砂轮磨损量应在规定的尺寸之内	
4	各种限位、联锁等保护装置和操作手柄、开关灵敏可靠	1）主要保护装置：各类行程限位装置、过载保护、顺序动作、机械电气联锁、紧急制动、机械电气自锁、互锁、声光报警指示灯装置完好	
		2）操作手柄档位与标识相符合	
5	机床地线连接规范、可靠	地线颜色、截面大小符合要求；地线无搭接、串接现象	
6	机床照明符合要求	必须采用安全电压；照明变压器外壳接地可靠；不允许只接一根相线后利用床身导电	
7	机床电气柜与线路符合要求	柜内清洁、无积水、无积油，无杂物。防过载、短路、失电压、欠电压、自锁、过电流等保护装置齐全有效。线路无破损、老化。柜门前0.8m内无杂物，柜门开启方便	
8	加工超长料应有防弯、防甩装置	装置可靠、有效，与警示标志配合使用	

安全性评价标准的主要作用有以下几条：

1）机械设备安全评价标准是企业安全建设、安全管理的需要，安全性评价标准中分门别类地介绍设备的评价标准和评价方法，有很强的指导意义。

2）为设备维修人员设备巡检、定期点检和操作人员的日常点检提供安全标准，为设备巡检人员、点检人员提供权威的知识准备和要求。

3）明确设备的危险源和可能造成的伤害，采取有针对性的防范措施和管理制度，为操作规程编制人员和设备、安全管理人员提供规范标准。

金属切削机床是机械工厂中应用最为普遍的加工设备，由于存在危险源，容易发生人身伤害事故，为此在编制操作规程时，应考虑以下危险源：

1）机械传动部件外露，没有可靠的防护装置。

2）机床执行部件，例如工具、夹具等，有脱落松动的情况。

3）砂轮的固有缺陷。

4）各类限位与联锁装置或操作手柄不完善、不可靠。

5）机床的电气部件设置不当、不规范或存在故障。

6）违章操作、违章指挥。

7）夹具、工具、刀具放置不当。

8）机床本体的旋转部分有突出的销、键。

9）加工料超长。

10）切屑、磨屑、切削液等飞溅伤人。

11）管理不善、维护不当等。

3. 设备安全操作规程对人员的安全要求

新工人在上岗前，都要进行安全“三级”教育，即厂级、车间级、班组级的安全教育和厂纪、企业文化、产品等教育。同时，必须经过设备使用技术培训，即培训—教育—考核—颁证—操作的程序。培训内容有安全生产，正确使用设备，设备结构、性能、安全操作规程、维护保养、润滑等相关知识和技能训练。工人经考试合格，获得设备操作证后，才能凭证操作设备。特别是特殊工种的设备使用，例如焊工、电工、行车工、叉车工等，必须经市级安全生产监督管理局培训、考试合格、颁发特种作业操作证后，才能上岗操作设备。对于车间公用设备，也要求工人经车间操作培训，考核合格后才能使用。新设备投入使用前，设备制造厂家要负责培训设备操作人员，主要培训内容是设备操作和设备日常维护。操作人员经考核合格后，才能上岗操作设备。

在制定设备安全操作规程时，对设备操作人员的安全性规定方面主要考虑以下四个方面的因素：

1）有相关的操作证。

2）明确所操作设备的危险源以及可能造成的伤害。

3）正确穿戴劳保用品。

4）保证操作人员有较佳的精神状态。

4. 编制设备安全操作规程的基本内容

1）标题：指明设备安全操作规程所对应的设备或作业的名称。

2）个人防护用品要求：明确设备操作人员的防护用品穿戴要求。

3）负责人：明确区域的设备主管，生产设备维护的负责人。

4）内容和步骤：设备安全操作规程内容，不但要充分体现设备安全性评价标准对该设备的要求，还要体现设备操作者的安全性基本要求和设备安全运行的基本要求。同时，必须包括可能影响人员、设备安全或产品质量的操作步骤。

5）相关设备操作图片或图表：可以附上相关的设备操作图片或图表，增强目视化效果。

6）日期：编制、审核、批准、实施日期。

某企业机械压力机安全操作规程见表4-2。

表4-2　机械压力机安全操作规程

汽车冲压件公司	文件编号：lz/08-8-08
安全操作规程	修　改：第 0 次

机械压力机安全操作规程

一、目的：为了维护设备完好和安全使用，保证机械压力机安全操作。

二、适用范围：本规程适用于所有型号规格的机械压力机。

三、安全操作规程

1. 操作者应熟悉机械压力机的结构、性能、安全操作方法，经过培训合格并取得操作许可。

2. 操作者应按规定穿戴好劳保用品。

3. 操作者应做好交接班工作，认真填写及检查交接班记录。

4. 开机前，检查机械、电气、液压、气路系统、水路系统及安全装置是否正常完好。

5. 检查机台各油箱油位是否正常，自动润滑是否正常，手动润滑点要按润滑图表要求加注润滑油，保证油量充足，润滑状况良好。

6. 一切生产零部件及材料要堆放整齐，并按规定与机台、电气控制箱及消防设施保持一定的距离。

7. 模具安装高度不低于滑块最小闭合高度，也不得高于最大装模高度。

（续）

8. 安装模具时，先固定上模，再固定下模，以上模校正下模，所有压板螺钉均须紧固，需要顶杆的模具须正确地安装顶杆。

9. 开机后，清除工作台面及模具上的杂物，试机空运转2~3min，检查离合器、制动器是否安全可靠，操纵是否灵活，各部位是否正常以及模具工作闭合高度是否正确，确认一切正常后才能进行操作。

10. 正确使用设备上安全保护和操纵控制装置，不得任意拆动。

11. 严禁超性能及偏载过大使用设备，严禁将料重叠冲压。

12. 冲剪时不得使用变钝的冲模。

13. 在生产过程中，要精神集中，不准与他人闲谈。两人以上共同作业时，应特别注意明确分工，协调配合好。设备运转过程中不得将身体的任何部位放入相关危险区域内。

14. 设备运行过程中，要密切注视机台运转部位和制动器的灵活性、可靠性，工模夹具有否不良现象，发现故障必须立即关掉本机台设备电源，停机进行检查或通知相关部门进行修理，请有关工作人员查找原因，待故障排除后，方可继续使用。

15. 移动工作台开出前，应清理机台前方地面。移动工作台开出/开进时，随时观察与之随动的电缆线是否卡在滑轮槽中。

16. 检查模具或制件时，滑块应回到上死点，安全销应处于滑块内正确位置。

17. 工作结束后，将滑块停止在上死点，先停主电动机，等待1~2min后才能停润滑，最后关掉电源、水源、气源。

四、维护保养

1. 清洁清扫机床所有能清洁的地方，做到外表无杂物、无积尘、无油污、无黄袍。

2. 其他内容严格按《设备保养标准作业书》的要求进行。

编制：张甲　　审核：李乙　　批准：陈丙　　日期：××年××月

4.1.2 设备的分类管理

企业拥有大量设备，它们在生产中的作用和重要性各不相同，对这些设备的管理也应该区别对待，以便于集中人力和财力管理重要的设备。重点设备管理法是现代管理方法——ABC管理法在设备管理中的应用。它是按照设备在生产经营中的不同地位，把设备分为ABC三类。A类为重点设备，是设备管理和维修的重点，B类为主要设备，C类为一般设备。设备分类后，对不同类别的设备采取不同管理对策和措施。

1. 重点设备评定方法

对设备的ABC分类可以通过一定的方法进行评分，按设备的综合得分高低来划分设备类别，综合评估高分的为A类设备，综合评估得分中等的为B类设备，综合评估得分较低的为C类设备。

这是在定量分析的基础上，从系统的整体观点出发，综合各种因素的评定方法，它由以下几个部分组成。

（1）评价因素　综合评价法采用多种评价因素。确定重点设备的基本因素是：设备在综合效率（P——产量，Q——质量，C——成本，D——交货期，S——安全，M——劳动情绪）方面的影响程度。在选定重点设备时一般都需要参考成本、质量、安全等因素，具体内容见表4-3。

表4-3 选定重点设备的具体内容

影响因素	选定依据
生产方面	① 单一设备、关键工序的关键设备 ② 最后精加工工序无代用设备 ③ 多品种生产的专用设备 ④ 经常发生故障、对产量有明显影响的设备 ⑤ 产量高、生产不均衡的设备
质量方面	① 影响质量很大的设备 ② 质量变动大、工艺上粗精不易分开的设备 ③ 发生故障后会影响产品质量的设备
成本方面	① 加工贵重材料的设备 ② 多人操作的设备 ③ 发生故障会造成重大损失的设备
安全方面	① 发生故障后严重影响人身安全的设备 ② 发生故障后对周围环境保护及作业有影响的设备 ③ 空调设备
维修方面	① 技术复杂的设备 ② 备件供应困难的设备 ③ 易出故障且不好修理的设备

（2）评分标准　根据重要程度、影响程度，分别给予每个评价因素相应的分数。由于每一个因素情况不同，可以分别规定几个档次及其相应的分数。

（3）设备分类　依据评价因素和评分标准对每台设备进行评定。

2. 不同设备的管理方法

针对不同类型的设备，应采用不同的管理方法，包括规定不同的完好标准要求，不同的日常管理标准、维修对策，以及不同的备件管理、资料档案、设备润滑等标准。

（1）三类设备的不同抽检标准　见表4-4。

表4-4 三类设备的抽检标准

类型	完好标准
A类设备	① 每年进行1~2次精度调整，主要项目的精度不可超差 ② 每月抽查5%~10% ③ 抽查合格率达90%以上
B类设备	① 按规定完好标准每月抽查5%~10% ② 抽查合格率达87%以上
C类设备	① 做到整齐、整洁、润滑、安全，满足生产与工艺要求 ② 每月抽查5% ③ 抽查合格率达87%以上

（2）三类设备的日常管理标准　见表4-5。

表4-5　三类设备的日常管理标准

项　目＼设备类别	A	B	C
日常点检	√	×	×
定期点检	按高标准	按一般要求	×
日常保养	检查合格率100%	检查合格率95%	检查合格率90%
一级保养	检查合格率95%	检查合格率90%	检查合格率80%
凭证操作	严格定人定机检查，合格率100%	定人定机检查，合格率95%	定人定机检查，合格率90%
操作规程	专用	通用	通用
故障率	≤1%	≤1.5%	≤2.5%
故障分析	分析维修规律	分析一般规律	×
账卡物一致	100%	100%	100%

（3）三类设备的维修对策　见表4-6。

表4-6　三类设备的维修对策

项　目＼设备类别	A	B	C
方针	重点预防维修	预防维修	事后维修
大修	√	√	×
预修	√	√	×
精度调整	所有精密大型设备	×	×
改善性维修	重点实施	实施	×
返修率	≤2%	≤2.5%	×
维修记录	100%	98%	90%
维修力量配备	① 应投入维修力量的40% ② 安排技术熟练水平最高的维修人员	① 应投入维修力量的55% ② 安排技术熟练水平较高的维修人员	① 应投入维修力量的5% ② 安排其他维修人员

（4）三类设备的备件管理、资料档案和设备润滑要求　见表4-7。

表4-7　三类设备的备件管理、资料档案和设备润滑要求

项目			A	B	C
备件管理	管理要求		① 建卡，确定最高、最低储备量 ② 供应率100%	① 建卡 ② 供应率50%	① 建卡 ② 供应率50%
	储备方式		按高标准	按一般要求	×
资料档案	说明书		95%	90%	50%
	备件图册		90%	85%	50%
	技术档案		98%	90%	50%
设备润滑	润滑五定	图表	90%	85%	70%
		卡片	100%	100%	100%
	计划换油	完成率	95%	90%	80%
		对号率	95%	90%	80%
		治漏率	95%	90%	80%

注：润滑五定为：定点、定质、定量、定期和定人。

4.1.3　设备档案与设备资料管理

1. 设备档案与设备资料管理的内容与要求

设备档案是在设备管理的过程中形成，并经过整理应归档保存的图样、图表、文字说明、计算资料、照片、录像和录音等科技文件和资料。

设备资料是指设备在安装、调试、使用、维修、改造和更新中所需要的设备样本、图样、规程、技术标准、技术手册，以及设备管理的法规、办法和工作制度等。

设备档案和设备资料都是设备制造、使用和修理等工作的一种信息存储及表示方式，是管理和修理工作过程中不可少的基本资料。设备档案与设备资料的区别是：① 设备档案具有专用特征，设备资料具有通用特征。② 设备档案是从实际工作中积累形成的原始材料，具有失去不可得的特征，设备资料是经过加工、提炼形成的，往往经过正式颁布和出版发行。设备档案也是一种特殊的设备资料。

设备档案与设备资料的管理，是指设备档案与设备资料的收集整理、存放保管、供阅传递和修改更新等环节的管理。

设备档案和设备资料管理的主要内容：

1）确定本企业应建立的设备档案、设备资料明细和分类编码。

2）按设备类别和使用要求，确定主要机型生产设备的设备档案与设备资料明细，建立目录。

3）明确各项资料的来源、收集途径、责任人员、供阅办法、修改补充与获取权限。

4）明确每台设备档案与设备资料的存放地点和保管人员。

5）根据企业生产的发展和现代化管理水平的提高，对设备档案的内容和表格形式应不断改进，对设备资料明细应进行科学分类和编码。

设备档案和设备资料管理的主要要求：

1）有设备档案和设备资料室，并配备相应的管理人员负责设备档案与设备资料的收集、保管和供阅工作。

2）设备档案和设备资料管理人员按要求定期收集、整理有关资料，完善设备档案和设备资料条目，丰富设备档案和设备资料内容。

3）设备档案实行单台保管办法。设备档案应随设备转让而转出。

4）进口设备的图样、资料应及时组织翻译。

5）设备资料供阅要有相应手续。

2. 设备档案的内容

设备档案一般包括设备前期档案与设备后期档案。设备前期档案包括设备订购、随机供给和安装验收等材料。设备后期档案包括使用时的各种管理和维修材料。

设备前期档案包括：① 订货合同；② 装箱单、说明书、资料、附件清单和工具明细表；③ 出厂合格证和出厂前精度检验记录；④ 开箱验收单；⑤ 自制设备的有关说明、图样和资料；⑥ 设备基础和隐蔽工程图样；⑦ 动力管线图样；⑧ 安装、调试验收单；⑨ 二手设备的有关原始材料。

设备后期档案包括：① 设备磨合期状况记录；② 定期保养维护记录；③ 定期检查和测量记录；④ 设备故障分析报告；⑤ 设备检修记录；⑥ 设备封存单；⑦ 设备润滑卡片；⑧ 大修任务书和竣工验收分析报告；⑨ 技术改造申请书和项目技术经济论证报告；⑩ 技术改造说明书、图样和试用效果鉴定；⑪ 设备事故报告单；⑫ 设备报废单。

3. 设备资料的内容

设备资料一般包括各级设备管理部门及企业所制订或编写的法规、制度、规程和标准等资料。

设备综合管理资料有：① 国家、行业和地方有关设备管理文件；② 企业设备管理方针目标；③ 年度工作计划与工作总结；④ 企业设备资产管理规章制度；⑤ 设备资产管理状况年报；⑥ 专项请示、报告和批文。

设备资产管理与技术管理资料有：① 设备分类与编号目录；② 重型、大型、稀有和高精度设备标准；③ 设备完好标准；④ 设备操作、维护和检修规程；⑤ 设备润滑手册；⑥ 设备修理技术标准；⑦ 通用设备易损件目录；⑧ 特种设备试验规程；⑨ 机修手册；⑩ 电修手册；⑪ 设备备品手册；⑫ 电气元件手册；⑬ 机械设计手册；⑭ 设备租赁合同样本；⑮ 相关专业期刊；⑯ 翻译工具书。

4.2 设备的维护管理

设备维护结合了维修与保养。它是为防止设备性能劣化或降低设备失效的概率，按事先规定的计划或相应技术条件的规定进行的技术管理措施。

设备维护工作是设备管理工作中的重要环节，是一种连续的工作，能维持设备在设计的良好状态。科学维护的设备往往可以长期保持良好的性能而不进行大修。如果不进行维护，就很有可能在短期内出现故障，甚至发生事故。所以，要确保设备正常运行，减少修理次数和费用，延长使用寿命，确保生产的顺利进行，就必须有好的设备维护管理。

4.2.1 设备维护的原则与要求

设备维护的原则和要求主要有：

1）设备维护要贯彻“护修并举，以护优先”的原则，做到按时保养、强制进行。

2）各班组必须按设备保养规程、保养类别做好各类设备的保养工作。

3）保养项目、保养质量和保养中发现的问题应做好记录，上报主管部门。

4）设备维护人员和部门要做到“三检一交”（自检、互检、专职检查和一次交接合格），不断总结保养经验，提高保养质量。

4.2.2 设备维护应开展的主要工作

1. 清扫

（1）初期清扫　初期清扫的主要作用，是提高生产操作人员对设备的关心程度和爱护设备的热情。通过清扫和检查，使操作人员习惯设备处于干净整洁的状态，产生不愿把自己辛苦打扫干净的设备再弄脏的意识。同时鼓励操作人员发现并思考以下问题：

1）堆积的垃圾和灰尘有什么坏作用？

2）脏污的发生源在何处？如何预防？

3）有无螺栓松动、部件磨损等不良之处？

4）哪些部件发生故障修起来会费时费力？

5）这些部件的作用是什么？

6）有没有轻松的清扫办法？

通过发现设备的内在问题，大家一起来讨论解决的措施，让设备操作人员明白保持设备整洁的重要性和维护整洁的方法，并通过清扫培养自觉维护设备的意识。

（2）研究发生源、困难点的对策　初期清扫越辛苦，越能珍惜自己的劳动成果，防止设备再脏污，从这样的想法出发，就会对如何改进保养工作产生兴趣。

垃圾、脏污、异物的发生源对策：常用的改进方法是隔绝这些发生源，例如用托板、盖子、防护罩和密封箱等来防止污物的散发和飞扬。

困难清扫场所的对策：在不能完全隔离发生源的地方，有必要改善作业环境和作业方法，从而缩短清扫时间和减轻其难度。

（3）制定基准　从前面清扫活动中取得经验后，操作者明确了自己所分管设备必须具备的基本状态和清扫流程，通过总结制定统一的清扫标准。其制定过程中应注意以下几点：

1）明确必须遵守的事项和方法。

2）确定不遵守的后果或遵守的奖励。

3）个人应掌握一定清扫技能。

2. 润滑

设备润滑是指用液体、气体、固体等将两个摩擦表面分开，避免两个摩擦表面直接接触，实现减少磨损和提供冷却等作用。磨损是机械零部件的主要破坏形式（磨损、腐蚀和断裂）之一。

按规定对设备加润滑油，能使设备相对运动机件之间始终保持良好的润滑状态。但是，由于设备缺少润滑油时往往也能开动，所以生产现场有时也会出现设备缺少必要的润滑和冷却等情况，导致设备磨损加剧或温度升高，诱发多种设备故障。润滑管理中容易出现的问题有：

1）没有向操作者说清楚润滑的原理和加润滑油的重要性，导致操作者没有重视。

2）加润滑油标准（加油点、油种、油量、周期和机具）规定不完全、不具体或条件不具备。

3）加润滑油环境太差。

3. 紧固

设备紧固是指防止设备连接件松动与脱落。在设备中常发现螺栓、螺母连接部位相互松动甚至脱落。松动会将设备振动放大很多倍。如果不经常检查设备的紧固状态，很容易引发多种设备故障。为了减少松动造成的不良后果，在安装时应把主要的螺栓、螺母打上标记，以便在清扫时检查其松动情况。

4. 调整

及时对机件运行动作及其工作环境进行调整，不但能使设备处于最佳运行状态，也能避免设备隐患的扩大和劣化的延伸。例如常见的一些调整有：齿轮间隙调整、轴承松紧度调整、限位开关的距离调整、传动带的打滑调整、运输带的跑偏调整、制动器的制动力大小调整以及设备工作环境的温度、湿度控制等。

4.3 设备工艺布置

设备工艺布置的主要内容，是根据生产工艺合理安排企业内部各种设备及其相关的辅助设施的相对位置与面积，以确保生产中工作流与信息流的畅通，使企业的设备设施有效组合，从而取得更好的经济效益。

传统设备工艺布置模式主要有：

（1）固定式布置（以产品为中心）　固定式布置是指所生产加工的产品较大时，以产品为中心，各加工设备、操作平台围绕着产品有序地布置，例如大型机床等。

（2）功能式布置（以设备为中心）　功能式布置指的是同种设备布置在一起的以设备为中心进行加工生产。

（3）流程式布置（以加工工艺流程为中心）　流程式布置是指按照产品加工工艺进行布置。

（4）混合式布置（结合前三种布置）　混合式布置是指固定式、功能式和流程式三种布置的混合布置。

4.3.1 设备工艺布置的原则

设备布置与产品生产工艺密切相关，设备布置合理与否影响着车间产能、生产效率、产品质量和生产成本。设备布置不合理，可能会导致物料转运距离过长，产生更多的停工等待；也可能转运过多，增加转运过程中发生产品碰撞造成质量问题的可能，同时增加转运人力、物力的消耗，增加生产成本。因此，合理布置设备，对于实现企业或车间的低成本运行和高效生产有着重要的意义。设备布置的原则主要有以下几方面：

1）工艺原则：满足工艺需要，以满足工艺生产出质量合格的产品为前提。

2）统一原则：把工序四要素“人”“机”“材料”“作业方法”有机统一起来，并充分保持平衡。

3）最短距离原则：尽量使产品通过各设备的加工路线最短，成本最低。多设备看管时，工人在设备之间的行走距离最短，辅助动作最少。

4）物流顺畅原则：便于运输。例如加工大型产品的设备，应布置在有桥式起重车的车间里。加工长形棒料的设备，尽可能布置在车间的入口处。

5）安全满意原则：设备布置得使工作人员既能安全又能轻松作业。各设备之间、设备与墙壁、柱子之间应有一定的距离。设备的传动部分要有必要的防护装置。

6）利用空间原则：充分利用车间的生产面积。为有效利用空间，立体利用空间，在一个车间内，可因地制宜地将设备排列成纵向、横向或斜角，不要剩下不好利用的面积。

7）经济原则：工艺能力匹配，尽可能避免“小马拉大车”或者“大炮打蚊子”的浪费。

8）环保节能原则：设备布置时刻关注环保，并尽量避免工序污染。例如，在冲压设备或者精密加工设备旁边最好不要安装、使用污染或者粉尘大的设备。

9）灵活机动原则：柔性化，适应变化，随机应变，采取灵活措施。

4.3.2 设备精益布置

1. 设备精益布置模式

设备精益布置，是以现状布置为基础，通过消除人、机、料、法、环各个环节上的浪费，来实现五者最佳结合的布置。

设备精益布置的目的：① 提高工序能力；② 减少搬运工作量；③ 提高设备使用率；④ 提高空间使用率；⑤ 减少作业量；⑥ 改善作业环境。

五种设备精益布置模式：即串联式布置、并联式布置、U型布置、V型布置以及L型布置，如图4-1所示。

各种设备精益布置模式的特点见表4-8。

表4-8 各种设备精益布置模式的特点

布置模式	特点
串联式布置	① 物流线路清晰；② 方便设备维修；③ 设备配置按物流路线直线配置；④ 扩大时只需增加列数即可；⑤ 回收材料与垃圾可用带传送
并联式布置	① 适合一人操作两台设备；② 步行及搬运距离短；③ 可以随时观察设备运作状态
U型布置	① 进料和出料口一致；② 一人操作三台以上的设备；③ 可以随时观察设备运作状况；④ 工人操作步行距离较近
V型布置	① 一人操作两台以上的设备；② 可以随时观察设备运作状况；③ 工人操作步行距离较近；④ 操作物料流动方向与原物流路线一致
L型布置	① 一人操作两台以上的设备；② 可以随时观察设备运作状况；③ 工人操作步行距离较近；④ 操作物料流动方向与原物流路线一致

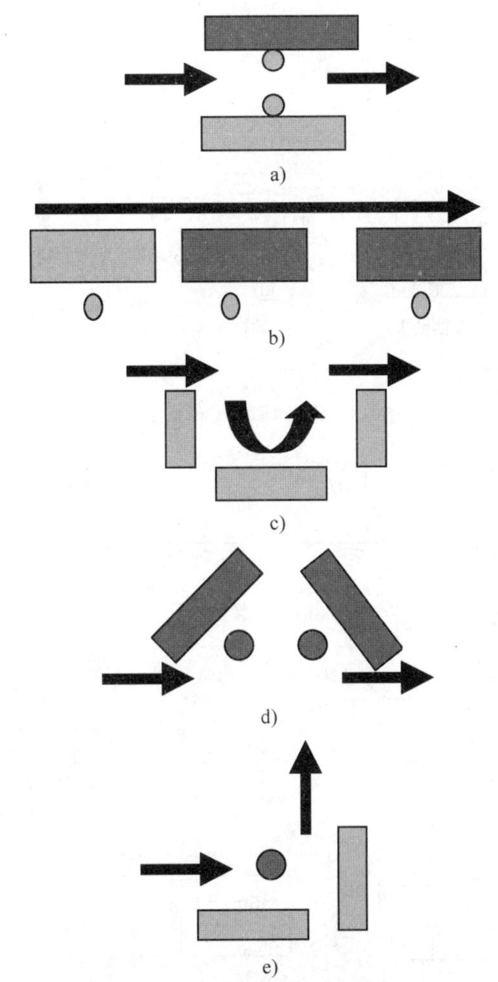

图4-1　设备精益布置模式

a）并联式布置　b）串联式布置　c）U型布置　d）V型布置　e）L型布置

2. 汽车左壳加工设备的布置调整案例

（1）已知条件　汽车左壳在A生产区域加工成半成品，其加工工序为6道，如图4-2所示。

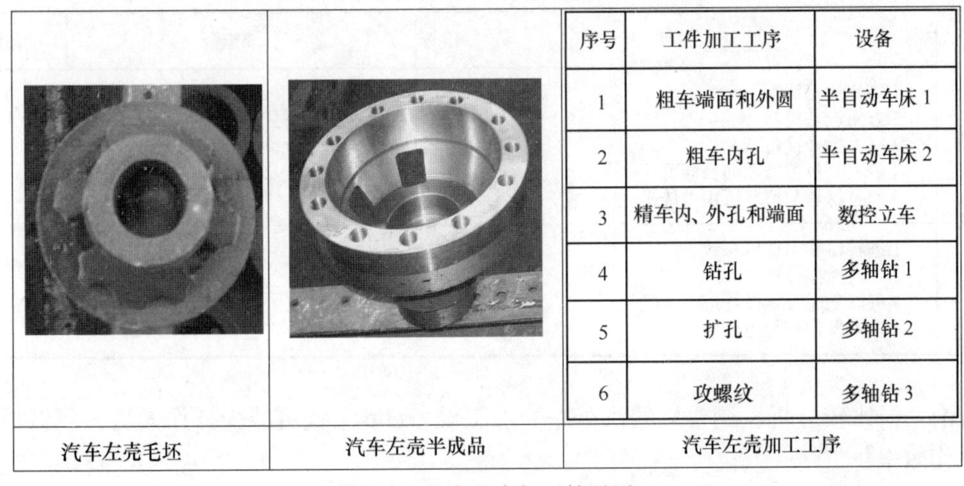

序号	工件加工工序	设备
1	粗车端面和外圆	半自动车床 1
2	粗车内孔	半自动车床 2
3	精车内、外孔和端面	数控立车
4	钻孔	多轴钻 1
5	扩孔	多轴钻 2
6	攻螺纹	多轴钻 3

图4-2　汽车左壳加工情况图

（2）调整前后的设备平面布置

1）设备按串联式布置，如图4-3所示。

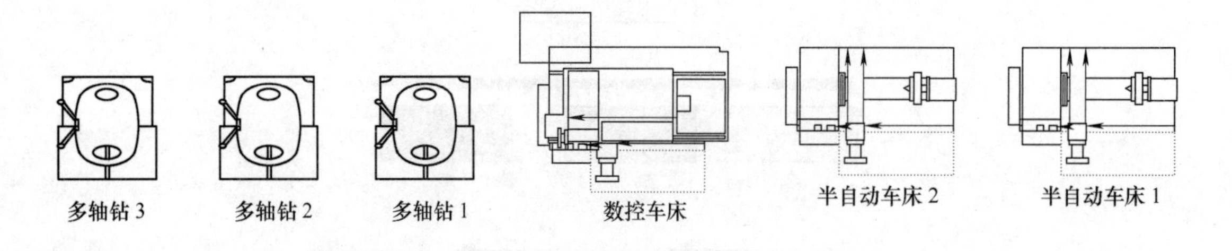

图4-3　设备串联式布置方案

2）按U型调整设备布置，如图4-4所示。

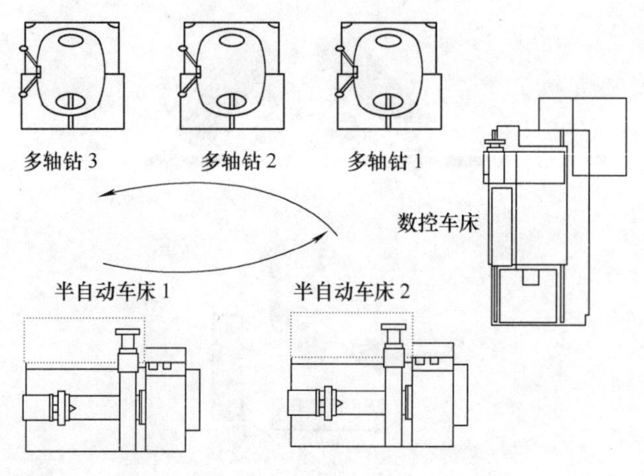

图4-4　设备U型布置图

3）两种布置方案比较见表4-9。

表4-9　汽车左壳设备布置方案比较

方案	优点	缺点	备注
调整前	1.物流线路清晰 2.方便设备维修 3.三人操作设备 4.扩大时只需增加列数即可 5.回收材料与垃圾可用带传送	1.对周转方式考虑较少 2.对工序之间的联系考虑较少 3.场地利用率较低	
调整后	1.进料口和出料口一致 2.一人操作设备 3.可以随时观察设备运作状况 4.工人操作步行距离较近		

结论：经比较分析，调整后的汽车左壳加工设备U型布置可减少操作人员，降低成本，提高工作效率。

4.3.3 车间设备运行环境改善

在设备管理中推行5S管理和可视化管理，不仅可以改善设备操作环境，使作业现场的作业标准化、制度化、提高工作效率和产品质量，还可以使员工养成按标准清扫、点检、紧固、加润滑油的习惯，成长为有高尚情操的优秀员工。

1. 5S管理

5S是一种生产基础管理体系和方式，起源于日本，其含义是5个日语词汇的罗马字拼写单词，即整理（SEIRI）、整顿（SEITON）、清扫（SEISO）、清洁（SEIKETSU）、素养（SHITSUKE）。5S的宗旨是从工作习惯上提高现场工作效率，降低成本，防呆防错，提高质量，追求员工素质的整体优化，又是形成规范的、优秀的、创新的企业文化的前提基础。在设备管理中推行5S，能改善设备操作环境，强化设备维护基础工作，养成按标准进行清扫、点检、紧固、加润滑油的职业行为，提高工作效率和产品质量，努力实现“零浪费”。

5S的精髓是管理标准化、制度化和员工修养，它使我们工作现场的作业标准化、制度化，防止意外事件（安全、质量、设备、物料等）的发生，提高现场管理水平，达到管理标准化、制度化。5S活动的目的不只是希望员工将东西摆好，设备擦干净，最主要的是通过活动潜移默化地改变员工的思想，使其养成良好的习惯，成为一个有高尚情操的优秀员工。5S的主要涵义如下。

（1）整理的涵义　整理的涵义是将必需物品与非必需品区分开，在岗位上只放置必需物品。清理“不要”的东西，可使员工不必每天反复整理、整顿、清扫不必要的东西，减少无价值的劳动时间，腾出空间，消除浪费。

整理就是清理废品，把必要物品和不必要的物品区分开来，不要的物品彻底丢弃，而不是简单地收拾后又整齐地放置废品。5S活动中的整理工作比较难，要克服一种舍不得丢弃而实际又用不上的吝惜观念。要有物品鉴别整理的能力，首先要有丢弃的眼光和智慧。

整理阶段，需要制定“要”和“不要”的基准表，并召集相关部门开会讨论和决议基准表，同时反省不要物品产生的根源。见表4-10。

表4-10　“要”和“不要”的基准

<table>
<tr><th>类别</th><th colspan="2">基 准 分 类</th></tr>
<tr><td>要</td><td colspan="2">1. 用的机器设备、电气装置；2. 工作台、材料架、板凳；3. 使用的工装、模具、夹具等；4. 原材料、半成品、成品等；5. 栈板、周转箱、防尘用具；6. 办公用品、文具等；7. 使用中的看板、海报等；8. 各种清洁工具、用品等；9. 文件和资料、图样、表单、记录、档案等；10. 作业指导书、作业标准书、检验用的样品等</td></tr>
<tr><td rowspan="4">不要</td><td>A. 地板上</td><td>1. 杂物、灰尘、纸屑、油污等；2. 不再使用的工装、模具、夹具等；3. 不再使用的办公用品；4. 破烂的垃圾筒、周转箱、纸箱等；5.滞留物料等</td></tr>
<tr><td>B. 工作台</td><td>1. 过时的报表、资料；2. 损坏的工具、样品等；3. 多余的材料等；4. 私人用品</td></tr>
<tr><td>C. 墙上</td><td>1. 蜘蛛网；2. 老旧无用的标准书；3. 老旧的海报标语</td></tr>
<tr><td>D. 空中</td><td>1. 不再使用的各种挂具；2. 无用的各种管线；3. 无效的标牌、指示牌等</td></tr>
</table>

（2）整顿的涵义　整顿的涵义就是消除无谓的寻找，缩短准备的时间，随时保持立即可取所需要的物品的状态，减少“寻找”时间上的浪费。整顿的消极意义是为防止缺料、缺零件，其积极意义则为控制库存，防止资金积压，使工作场所井井有条、一目了然，消除寻找物品的时间。

整顿的三要素：

① 放置场所原则。物品的放置场所原则上要100%设定，物品的保管要定点、定容、定量，生产线附近只能放置真正需要的物品。

② 放置方法原则。安全，易取放。

③ 标识方法原则。放置场所和物品要一一对应，标识要统一。

目前，整顿已发展成为一门定置管理学科。定置管理是对生产现场中的人、物、场所三者之间的关系进行科学的分析研究，使之达到最佳结合状态的一门科学管理方法。

（3）清扫的涵义　清扫的涵义是将岗位变得无垃圾、无灰尘，干净整洁，将设备保养得锃亮完好，创造一个一尘不染的环境，清除场所内的脏污，防止污染的发生。

清扫的目的就是让员工保持良好的工作情绪，产品有稳定品质，设备达到零故障、零损耗。除了能消除污秽，确保员工的健康、安全卫生外，还能早期发现设备的异常、松动等，以达到全员预防保养的目的。

清扫的步骤是：建立清扫责任区；执行例行扫除，清除脏污；调查污染源，予以杜绝；建立清扫标准，作为规范。

（4）清洁的涵义　清洁的涵义是将整理、整顿、清扫进行到底，并且标准化、制度化，形成企业文化的一部分。

清洁的步骤：落实前3S工作；把前3S的工作标准化；制定目视管理、颜色管理基准；制定稽核方法；制定奖惩制度，加强执行；维持5S意识；高级主管经常带头巡查，带动重视。

“标准”的其中一种定义，是指当前做事情的最佳方法。每一位员工遵照相同的标准、相同的方法去工作，那么工作的质量就会比较稳定，不会有变动和差异波动，使生产制造水平保持衡定。标准化就是把安排成为规定，将前3S实施的做法制度化、规范化，并贯彻执行及维持成果，通过制度化来维持成果，并显现“异常”之所在，它意味着建立相关的制度，规定“整理”“整顿”“清扫”的方法、工具、活动评比的标准等，以及相关活动的制度。只有标准化才能保证达到的水平不会回落。

（5）素养的涵义　对于规定了的事情，大家都按要求去执行，并养成一种习惯。公司应向每一位员工灌输遵守规章制度、工作纪律的意识；此外还要强调创造一个良好风气的工作场所的意义。绝大多数员工对以上要求会付诸行动的话，个别员工和新人就会抛弃坏的习惯，转而向好的方面发展。此过程有助于人们养成制定和遵守规章制度的习惯。

素养的目的就是让员工遵守规章制度，培养良好素质习惯，并铸造团队精神。

素养的步骤：维持推动前4S至习惯化；制定共同遵守的有关规则、规定；制定礼仪守则；教育和培训；推动各种精神提升活动。

在执行“整理”“整顿”“清洁”并将工作标准化、制度化之后，要确保并维护已达到的状态。为了维护、巩固和进一步提高前4S的成果，每一个5S步骤的应用都要监控和审核，让员工养成良好的习惯，让日常的清洁和有序成为公司文化的一部分。

2. 可视化管理

（1）可视化管理的涵义　所谓可视化管理，就是通过视觉导致人的意识变化的一种管理方法，强调使用颜色，达到“一目了然”的目的，是通过人的五感（视觉、触觉、听觉、嗅觉、味觉）能够感知现场的正常与异常状态的方法。例如十字路口的交通信号灯、包装箱上的箭头、显示空调运转的布条，直通率推移图等。

可视化管理是5S活动中重要的管理技巧，能让企业的流程更加直观，使企业内部的信息实现可视化，并能得到更有效的传达，从而实现管理的透明化。可以说，可视化管理的实施情况，在很大程度上反映了一个企业的现场管理水平。

（2）可视化管理的目的　明确告知应该做什么，做到早期发现异常情况，使检查有效；防止人为失误或遗漏，并始终维持正常状态；通过视觉，使问题点和浪费现象容易暴露，事先预防和消除各种隐患和浪费。

（3）可视化管理的原则　视觉化：彻底标示、标识，进行色彩管理；透明化：将需要看到的被遮隐的地方显露出来，情报也如此；界限化：即标示管理界限，标示正常与异常的定量界限，使之一目了然。

（4）可视化管理三个水准　可视化管理有三个水准，即初级水准：有表示，能明白现在的状态；中级水准：谁都能判断正常与否；高级水准：管理方法（异常处置）都列明。

（5）可视化管理的应用范围　可视化管理的应用，见表4-11。

表4-11　可视化管理的应用

可视化管理种类	适用事例
1. 颜色线条	基本颜色标准、常用线条规格、重点工序
2. 空间地名	建筑编号、房间命名、区域名牌
3. 地面通道	通行线、地面导向、门管理
4. 设备电器	流体管道、物流方向、仪表阀门
5. 物品材料	物品原位置、保管柜、定量标示
6. 工具器具	各类工具、手套、绳索、搬运车辆
7. 安全警示	消防设施、安全护栏、危险品
8. 外围环境	车库、市政设施、道路路沿
9. 办公部门	办公桌面物品、抽屉柜子、文件资料
10. 管理看板	方针指标、公告栏、红牌

（6）可视化在设备管理方面的应用　可视化在设备管理方面的应用，见表4-12。

表4-12 可视化在设备管理方面的应用

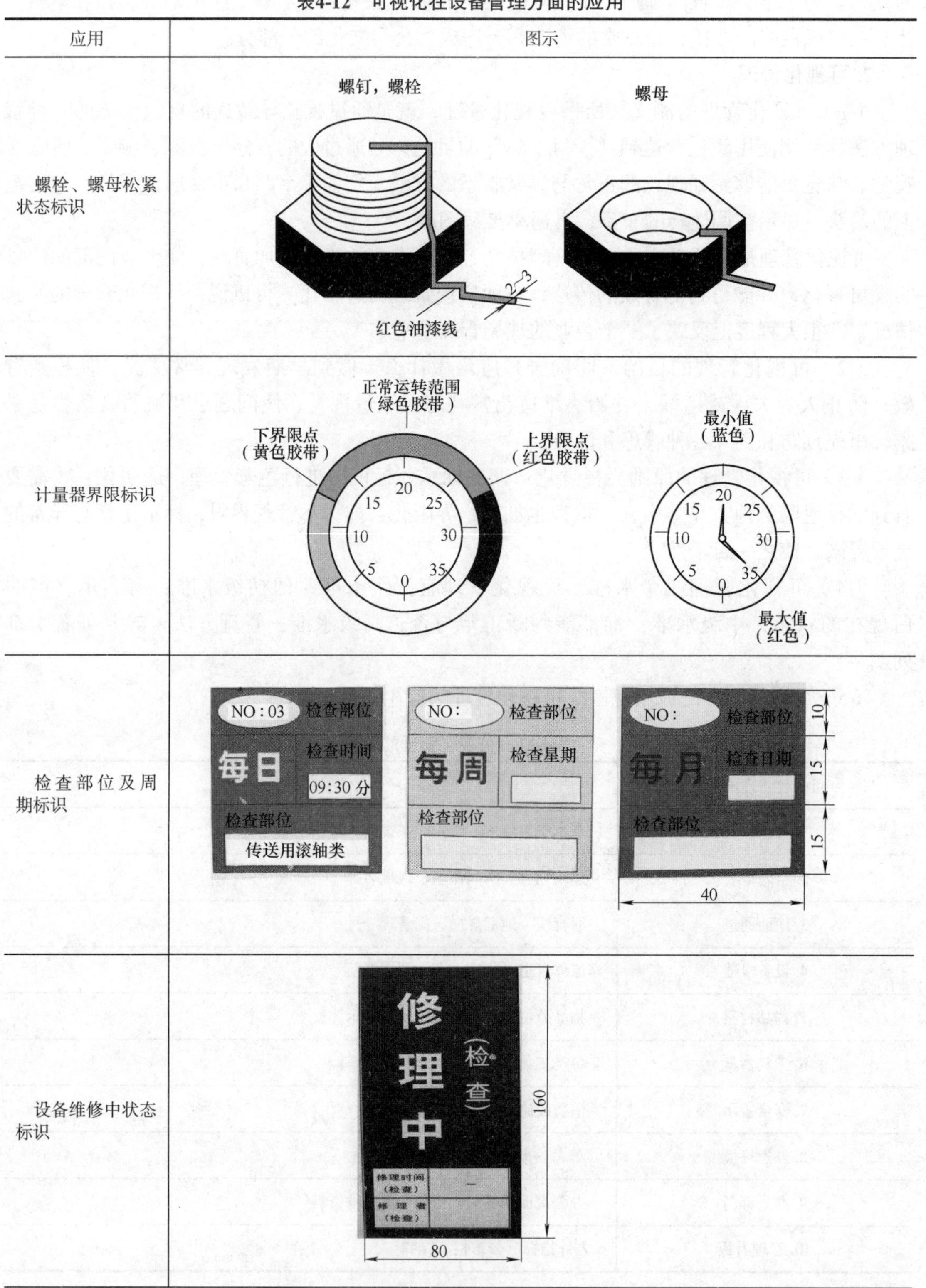

应用	图示
螺栓、螺母松紧状态标识	
计量器界限标识	
检查部位及周期标识	
设备维修中状态标识	

（续）

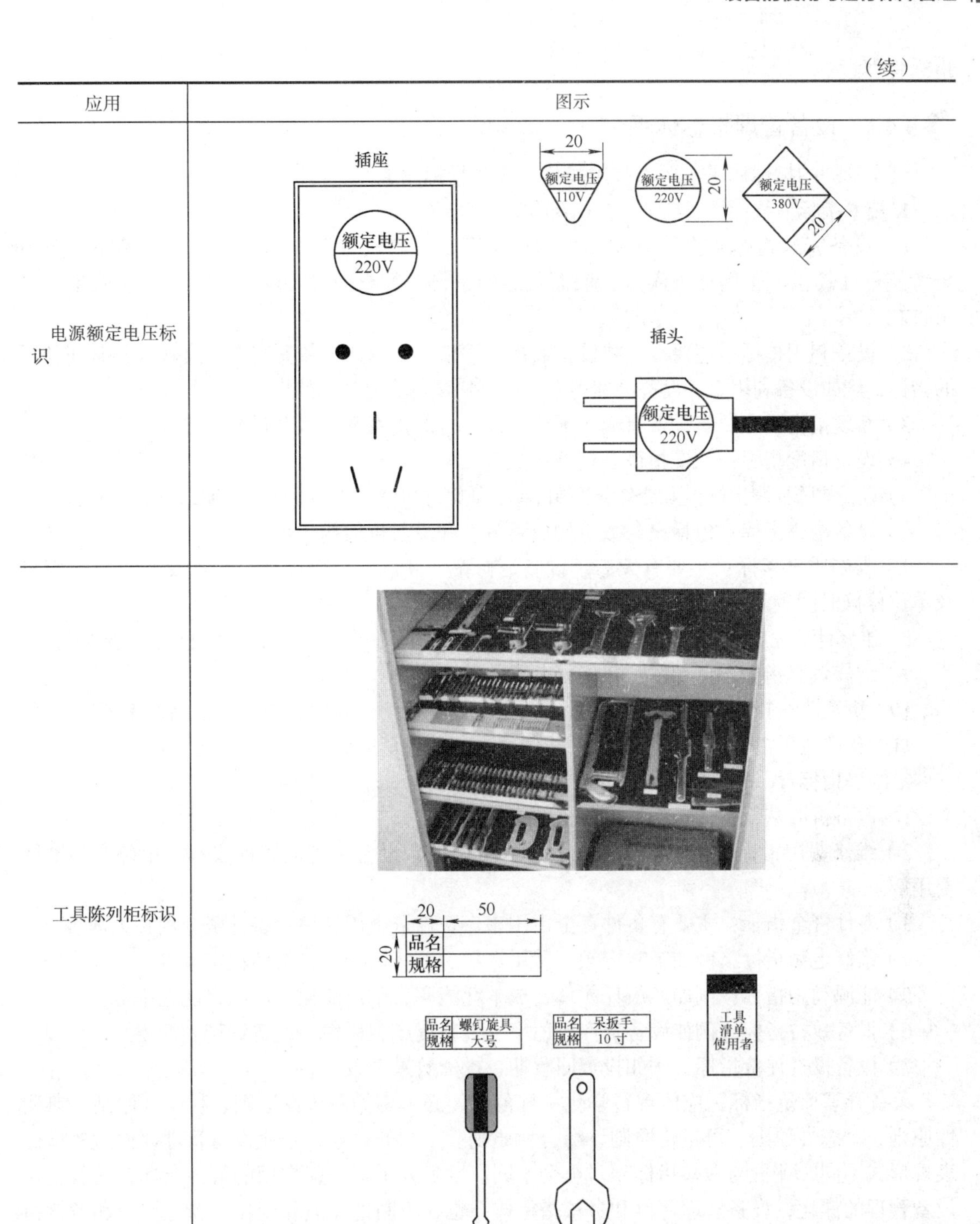

应用	图示
电源额定电压标识	
工具陈列柜标识	

4.4　设备管理考核指标

由于设备管理工作涉及物资、财务、劳动组织、技术、经济和生产计划等诸多方面，要检验和衡量各个环节的管理水平和经济效益，就必须建立和健全设备管理的技术经济指标和指标管理。

4.4.1 设备管理指标体系

设备管理的指标体系主要由技术指标、经济指标构成。

1. 技术指标

1）设备完好指标：主要有主要生产设备完好率和设备泄漏率。目前，设备完好率由于考核标准较粗，正逐渐被淘汰，取而代之的是设备综合效率（OEE）和完全有效生产率（TEEP）等。

2）设备利用指标：主要有反映设备数量利用指标，例如设备安装率；反映设备时间利用的指标，例如设备利用率、设备可利用率等；反映设备能力利用的指标，例如设备负荷率等。

3）新度指标：主要有设备有形、无形以及综合磨损系数，以及设备新度系数等。

4）设备精度指标：主要指设备精度指数。

5）设备故障控制指标：主要有设备故障率、故障停机率、平均故障间隔期以及事故频率等。

6）设备构成指标：包括设备数量构成百分数和设备价值构成百分数。

7）维修质量指标：主要有大修理设备返修率、新制备件废品率、一次交验合格品率以及单位停修时间等。

8）维修计划完成指标：主要有设备大修理计划完成率、设备大（小）修理任务完成率等。

9）维修效率指标：例如钳工年修复杂系数等。

10）更新改造指标：例如设备数量更新率、设备资产更新率、设备资产增产率等。

11）备件适用指标：例如备件品种适用率、备件数量适用率、备件图册满足率等。

2. 经济指标

1）设备折旧基金指标：例如设备折旧率等。

2）维修费用指标：例如净产值设备维修费用率、设备平均大修理成本、单位产品维修费用等。

3）备件资金指标：主要有备件资金占用率、备件资金周转率、备件资金周转天数等。

4）维修定额指标：例如工时定额、费用定额、停修定额、材料消耗定额等。

5）能源利用指标：例如产值耗能率、成本耗能率、单位能耗率、综合能耗率等。

6）设备效益指标：例如设备资产产值率、设备资产利税率、设备资产利润率。

7）设备投资评价指标：例如投资回收期、投资效果系数等。

设备管理评价指标，应体现科学化、规范化，必须遵循系统性原则、科学性原则、典型性原则、动态性原则、可量化原则、综合性原则。不同的行业，企业设备管理评价考核指标表现形式不同，评价与考核指标项目也会不同。以上列举了一些常用的管理指标，随着企业设备管理的深化，设备管理评价和考核指标体系也在不断地发展和变化，新老评价和考核指标的取舍和优化，正沿着科学性、系统性、准确性、公正性等方面发展。

4.4.2 设备综合效率

1. 设备综合效率

设备综合效率（OEE）（Overall Equipment Effectiveness，简称OEE），是把现有设备的时间、速度和合格品率的情况综合起来，用以衡量实际的生产能力相对于理论产能的比率。

设备综合效率（OEE）是国际上评估企业设备管理水平的常用指标。其计算公式为

设备综合效率（OEE）=时间开动率×性能开动率×合格品率

式中，时间开动率反映了设备的时间利用情况；性能开动率反映了设备的性能发挥情况；合格品率则反映了设备的有效工作情况。反过来，时间开动率度量了设备的故障、调整等项停机损失；性能开动率度量了设备短暂停机、空转、速度降低等项性能损失；合格品率度量了设备加工废品损失。

设备综合效率与设备六大损失的关系如图4-5所示。设备综合效率指标用语见表4-13。

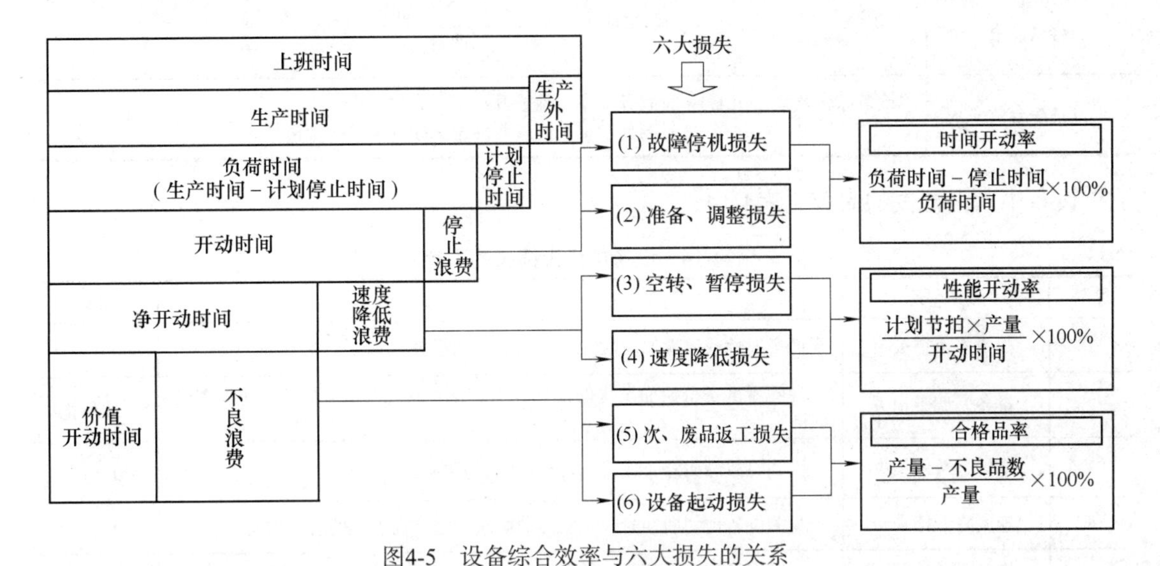

图4-5 设备综合效率与六大损失的关系

表4-13 设备综合效率指标用语

用 语	定 义
上班时间	一般指8h制度工作时间，如果工作时间超过或未满8h，则按实际时间计算。也称日历工作时间
生产时间	是从事生产活动时间 生产时间=上班时间–生产外时间 （生产外时间指日常管理上必要的午休、保养设备、学习等时间）
负荷时间	为了完成生产计划而需要使用设备的时间 负荷时间=生产时间–计划停止时间 （计划停止时间是在生产时间内有计划地停止设备运转的时间，例如早晚会、休息时间、点检时间、试制时间）
开动时间	设备实际开动时间，开动时间=负荷时间–停止时间。停止时间是指因故障、换模、待料和调整等使设备停止运转的时间。
净开动时间	从开动时间中减去因空转、小停工以及生产速度降低等导致的浪费时间 净开动时间=计划节拍×产量
价值开动时间	从净开动时间中减去因不合格品而追加生产的所需时间 价值开动时间=计划节拍×合格品数
时间开动率	是衡量因故障、换模、调整等而发生设备停止运转时间多少的指标 $时间开动率（\%）=\frac{负荷时间-停止时间}{负荷时间}\times100\%=\frac{开动时间}{负荷时间}\times100\%$
性能开动率	是衡量因速度降低以及空转、小停工导致时间浪费大小的指标 性能开动率=速度开动率×净开动率

（续）

用 语	定 义
速度开动率	是衡量因生产速度降低导致时间浪费大小的指标 $$速度开动率（\%）=\frac{计划节拍}{实际节拍}\times 100\%$$
净开动率	是衡量因空转、小停工导致时间浪费大小的指标 $$净开动率（\%）=\frac{实际节拍\times 产量}{开动时间}\times 100\%$$
合格品率	$$合格品率（\%）=\frac{产量-不良品率}{产量}\times 100\%$$
设备综合效率	设备综合效率（OEE）=时间开动率×性能开动率×合格品率 =时间开动率×速度开动率×净开动率×合格品率

设备中六大损失的内容见表4-14。

表4-14　设备中六大损失的内容

序号	损失名称	损失内容	目标
1	故障停机损失	因突发性或慢性发生故障而引起的时间损失	0
2	准备、调整损失	伴随着准备替换而发生的损失，指的是直到生产出合格品为止所需的时间损失	最小化
3	空转、暂停损失	因临时故障而停止或者空转相伴的时间损失	0
4	速度降低损失	相关设备计划周期时间和实际周期时间之差而引起的时间损失	0
5	次、废品返工损失	因错误和修理而产生的物品损失、工时损失以及再生产所需时间的时间损失	0
6	设备起动损失	从开始生产到产品稳定之间所发生的损失，起因主要是加工条件不稳定，模具、辅助夹具维护不良，作业者不熟练等	最小化

一般设备综合效率大于或等于80%为良好，设备综合效率越大越好，表明设备的管理水平越高。许多世界一流的公司可达到85%的OEE，其中时间开动率大于90%、性能开动率大于95%、合格品率大于99%。而我国国内的企业OEE一般较低，为50%左右。

设备综合效率的作用主要有：确定改进目标；确定改进的优先次序；明确改进重点；评价实施TPM（全员生产维修）活动的效果。

【例4-1】某设备1天的数据统计如下：工作时间为8h，休息时间为40min，早会时间为10min，故障停止时间为30min，准备、调整时间为40min，产量为430个，不合格品为5个，计划节拍时间为0.64min/个，实际节拍时间为0.8min/个。请计算设备的综合效率（OEE），并分析说明设备管理状况。

解：根据设备综合效率=时间开动率×性能开动率×合格品率%进行计算。其中

时间开动率=[（负荷时间–停止时间）÷负荷时间]×100 %

={[（480–50）–（30+40）]÷（480–50）}×100 %

=360÷430×100 %=83.7%

速度开动率=计划节拍时间÷实际节拍时间×100% =0.64÷0.8×100% = 80%

净开动率=（实际节拍×产量÷开动时间）×100% =0.8×430÷360×100% = 95.6%

性能开动率=速度开动率×净开动率=80%×95.6% = 76.5%

合格品率=（产量–不合格品数）÷产量×100% =425÷430×100% = 98.8%

设备综合效率（OEE）=时间开动率×性能开动率×合格品率 =83.7%×76.5%×98.8%
= 63.3%。

因为设备综合效率（OEE）= 63.3%<80%，说明设备管理不好，特别是设备性能开动率为76.5%，是改善的重点。

2. 完全有效生产率（TEEP）

完全有效生产率（TEEP）（Total Effective Equipment of Production，简称TEEP）也称为产能利用率，是将所有与设备有关和无关的因素都考虑在内来全面反映企业设备生产效率的一个指标。其计算公式为

完全有效生产率（TEEP）=设备利用率×设备综合效率（OEE）

其中：设备利用率=负荷时间 ÷ 日历工作时间×100%

在实际工作中，会遇到非设备本身因素引起的停机，例如无订单、停水、停电、停气等因素，即设备外部因素停机损失。如果运用OEE来计算与分析，就不能全面体现设备的效率，通过TEEP把非设备因素所引起的停机损失分离出来，作为利用率的损失来度量，是对OEE的补充和完善。如图4-6所示。

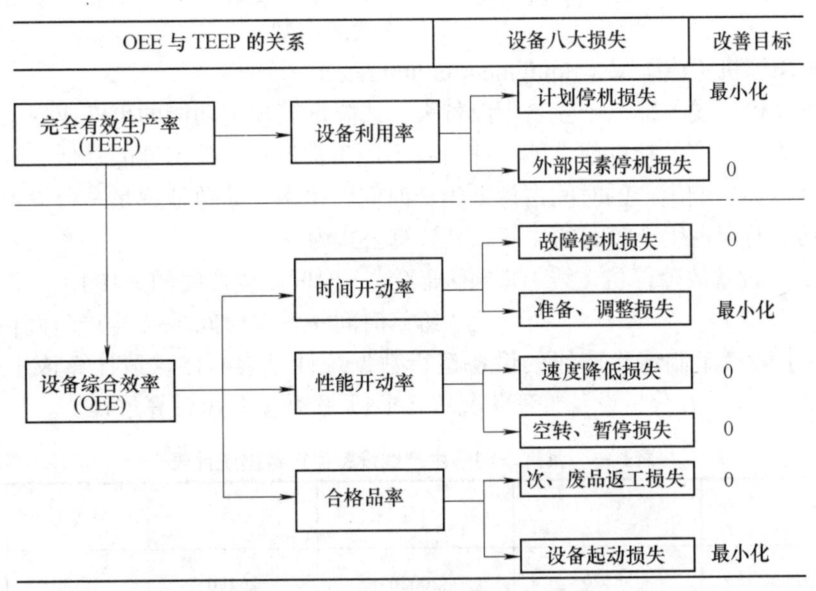

图4-6 TEEP与OEE的关系以及设备八大损失和改善目标

完全有效生产率（TEEP），能把因为设备本身保养不善的损失和系统管理不善、设备产能不平衡、企业经营不善损失全面地反映出来，即能全部反映设备因素造成的停机损失和非设备因素造成的停机损失（八大损失）。而设备综合效率（OEE），则主要反映了设备本身系统维护、保养和作业效率状况，仅反映设备本身因素造成的停机损失（六大损失）。

4.4.3 设备故障控制指标

1. 平均故障间隔时间（Mean Time Between Failure，简称MTBF）

MTBF是生产设备从本次故障到下次故障的平均间隔时间。一般以min为单位。MTBF数

据越大，表示设备利用率越高，设备故障率越低。

2. 平均修理时间（Mean Time To Repair，简称MTTR）

MTTR是生产设备从故障发生起，直至修理结束，能够正常生产为止的平均处理时间。一般以min/ 次为单位。MTTR数据越小越好，表明设备性能恢复越快，维修人员现场故障响应快，维修能力强。

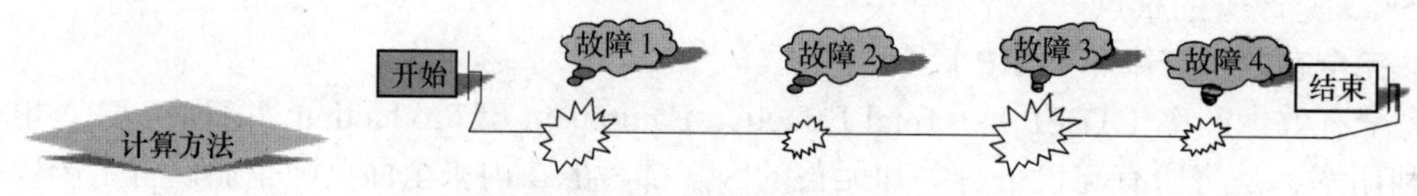

图4-7　MTBF与MTTR的关系

MTBF的计算公式为

$$\text{MTBF}=\frac{\text{整体运转时间}}{\text{整体故障件数}}$$

MTTR的计算公式为

$$\text{MTTR}=\frac{\text{故障1~N修理时间之和}}{\text{N（整体故障次数）}}$$

3. 设备故障停机（线）率（Equipment failure rate）

设备故障停机（线）率，一般是指设备失去或降低其规定功能的事件或现象，表现为设备的某些零件失去原有的精度或性能，使设备不能正常运行、技术性能降低，致使设备中断生产或效率降低而影响生产的时间占计划生产时间的比率。简单地说是一台设备（或一条生产线）丧失功能时间占生产时间的比率。其计算公式为

$$\begin{aligned}\text{设备故障停机（线）率}&=\text{停机（线）时间}\div\text{生产时间}\times 100\%\\&=[\text{（维修时间}+\text{等待时间）}\div\text{生产时间}]\times 100\%\end{aligned}$$

【例4-2】某汽车制造生产线的设备运行数据统计见表4-15。请计算该生产线的停线率、MTTR和MTBF，并分析设备管理状况（要求1月份数据写出计算过程）。

表4-15　某汽车制造生产线设备运行数据统计表

要素	1月	2月	3月	一季度合计	备注
生产时间/min	18820	20020	26490	65330	
停线时间/min	732	1184	670	2586	
故障次数/次	204	243	246	693	

解：1. 计算结果

1月份：停线率=停线时间÷生产时间×100% =732÷18820×100%=3.89%。

1月份：平均故障修理时间（MTTR）=停线时间÷故障次数=732÷204=3.59（min/次）。

1月份：平均故障间隔时间（MTBF）=生产时间÷故障次数=18820÷204=92.25。

2、3月份数据和一季度数据类似进行计算，其结果见表4-16。

表4-16　某汽车制造生产线设备运行情况统计表

要素	1月	2月	3月	一季度平均	备注
故障停线率	3.89%	5.91%	2.53%	4.11%	
MTTR/（min/次）	3.59	4.87	2.72	3.73	
MTBF /min	92.25	82.39	107.68	94.11	

2. 分析数据

1）根据表4-16数据计算分析可知，该汽车生产线一季度的故障停线率平均值为4.11%>1%特别是2月份高达5.91%，说明设备的故障率高，设备利用率低。

2）平均故障间隔时间（MTBF）为94.11min，为1.5h以上，故总体故障频率很高，设备管理工作开展得不好，需要进一步分析原因，改善设备管理，降低设备故障和停线率。

3）平均故障修理时间（MTTR）为3.73min/次，处理故障时间不长，维修人员现场故障响应快，技能较好。

4.5　设备故障分析及处理

4.5.1　设备故障概述

设备故障是设备在运行过程中，丧失或降低其规定功能及不能继续运行的现象。规定功能是指在设备的技术文件中明确规定的功能。失效有时也被称为一种故障，也可能是设备工作中丢失也是一种故障，但这些故障却是可修复的。

设备系统偏离正常功能，其形成原因主要是因为机械系统的工作条件（含零部件）不正常而产生的，通过参数调节或零部件修复又可以恢复到正常功能。

功能失效是指系统连续偏离正常功能，且其程度不断加剧，使机械设备基本功能不能保证。一般零件失效可以更换，关键零件失效往往导致整机功能丧失。

设备故障的发生，可导致损失产能、质量降低、出现安全隐患或影响设备其他使用功能的设备失效问题，扰乱正常的生产次序。

1. 设备故障曲线

设备故障率随着使用时间的推移有明显变化，其形状如图4-8所示。由于典型故障曲线的形状与浴盆相似，故称为浴盆曲线或设备故障率曲线，它共分早期故障期、偶发故障期和耗损故障期三个时期（阶段）。

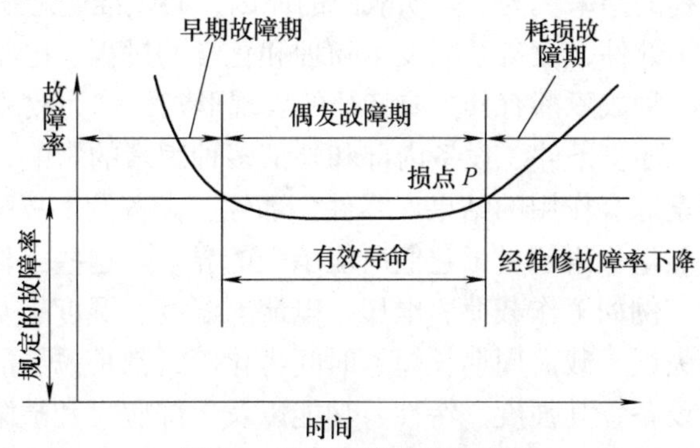

图4-8　设备故障浴盆曲线图

（1）早期故障期　对于机械产品又称为磨合期。在此期间，开始的故障率很高，但随着时间的推移，故障率迅速下降。此期间发生的故障主要是设计、制造上的缺陷所致，或使用不当所造成的。

（2）偶发故障期　是设备故障率大致处于稳定状态的阶段。在此期间，故障发生是随机的，其故障率最低，而且稳定，这是设备的正常工作期或最佳状态期。在此期间发生的故障多为设计、使用不当及维修不力产生的，可以通过提高设计质量、改进管理和维护保养，使故障率降到最低。

（3）耗损故障期　是在设备使用后期，由于设备零部件的磨损、疲劳、老化、腐蚀等，使故障率不断上升。因此，如果在临近损耗故障期时进行大修，可经济而有效地降低故障率。

2. 设备故障种类

设备运行一段时间后，由于某种原因，主要是物理、化学等内在原因或操作失误、维护不良等外部原因会出现故障。设备故障分类见表4-17。

表4-17　设备故障分类

分类方法	故障名称
故障原因	先天性故障（本质故障）、早期故障（设计、制造、材料、安装缺陷造成的故障）、耗损故障（正常故障）、误用故障（操作、作用、维修不当）、偶然故障
故障危险程度	危险性故障、非危险性故障
故障性质	自然故障、人为故障
故障发生速度	突变故障、突然故障、渐变故障、退化故障
故障影响程度	完全故障、部分故障（局部故障）
故障持续时间	持续故障、间歇故障、临时故障
故障发生时间	早期故障（磨合期故障）、正常使用期故障、耗损故障期故障
故障类型	结构性故障、参数性故障（共振、配合松紧不当、过热、温度压力波动等）
故障责任	独立故障
故障外部特征	可见故障、隐蔽故障
故障后果	致命故障、严重故障、一般故障、轻度故障

3. 设备故障模式

当设备发生故障时，人们首先接触到的是故障实物（现场）和故障的外部形态即故障现象。故障现象是故障过程的结果。为了查明故障的原因，必须准确地搞清故障现象。

故障机理是指诱发零部件、设备系统发生物理和化学的过程、电学与机械学的过程，从而引起故障的发生。每一种故障都有其主要特征的表现形式，称为故障模式。

故障的发生受时间、环境条件、设备内部和外部多种因素的影响，有时是一种原因起主导作用，有时是多种因素综合作用的结果。零件、部件、设备发生故障，大多是由于工作条件、环境条件等方面的能量积累超过了它们所能承受的界限。这些工作条件和环境条件称为故障应力。它是广义的，例如工作载荷、电压、电流、温度、湿度、灰尘、放射性、操作失误、维修中安装调整的失误、载荷周期长短、时间劣化等，都是诱导故障产生的外因。作为故障体的零件、部件、设备，其强度、特性、功能以及内部应力和缺陷等内因，在外部应力作用下，对故障的抑制和诱发也起着重要的作用。

因此，设备故障机理与故障模式是密切相关，见表4-18。同一故障可能出自两种以上的故障机理，例如热应力，可使材料力学性能降低，同时又使零件表面腐蚀。不同故障应力，可分别或同时导致不同的故障机理，某一机理又可衍生另一机理，经过一定时间便形成多种故障模式。例如，蠕变破坏可使零件破裂，而疲劳载荷加上热影响也可造成破裂、破断和磨损。磨损引起发热，导致零件磨损、变形、腐蚀和熔融等。有时故障模式相同，造成故障的原因和机理却完全不同。在分析研究设备的故障模式和故障机理时，必须综合考虑故障件本身设计制造过程中各种应力的作用，以及使用、维护保养等。常见设备故障模式（故障表现形式）见表4-19。

表4-18　设备故障机理与故障模式

故障类型	故障机理	故障模式
机械	受力、超重、冲击、振动、摩擦、运动等	变形、裂纹、振动、异声、松动、磨损等
电器	电流、电压、绝缘、触头、电磁、节点等	漏电、短路、断路、击穿、焦味、老化等
剧热	辐射、传导、摩擦、相对运动、无润滑等	泄露、变色、冒烟、温升、异常、有异味等
化学	酸性、碱性、异觉、电化学、化学变化等	腐蚀、氧化、剥落、材质变化、油变质等

表4-19　常见设备故障模式

故障模式类型	设备故障模式
损坏型	断裂、开裂、裂纹、烧结、击穿、变形、弯曲、破损等
退化型	老化、变质、剥落、腐蚀、早期磨损等
松脱型	松动、脱落、脱焊等
失调型	调整上的缺陷，例如间隙过大过小、流量不准、压力过大过小、行程不当、仪表指示不准等
堵渗型	堵塞、不畅、漏油、漏气、漏水、渗油、控制阀打不开（关不上）等
功能型	性能不稳定、功能不正常、功能失效、起动困难、润滑系统供油不足、运转速度不稳定、整机出现异常声响、紧急制动装置不灵活等
其他型	例如润滑不良等

4.5.2　设备故障管理

设备故障管理的目的，是在故障发生前，通过设备状态的监测和诊断，掌握设备有无劣化情况，以及发现故障的征兆和隐患，及时进行预防维修，以控制故障的发生。在设备故障发生后，及时分析原因，研究对策，采取措施，排除故障或改善设备，防止故障的再发生。

设备故障管理的内容，包括设备故障响应、故障信息收集、故障统计、故障分析，制定设备可靠性和可维修性改进措施并组织实施，以及处理效果评价和信息反馈，如图 4-9 所示。

1. 设备故障响应

维修部门的任何人员在接到设备故障信息时，无论是否属于自己负责的范围，都必须立即响应，现场维修人员必须在规定的时间内，准备必需的维修工具到达故障现场进行处理，处理完毕后，填写设备故障分析表。

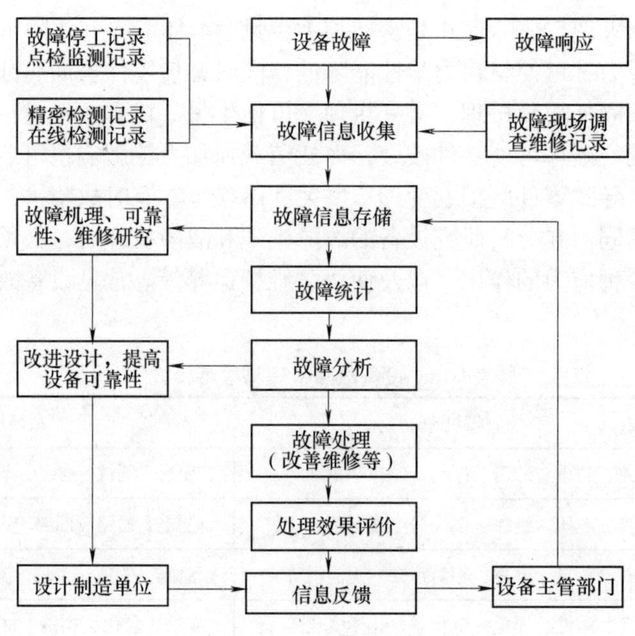

图4-9　设备故障管理的内容

2. 故障信息收集

随着设备现代化程度的提高，对故障信息管理的要求也不断提高。故障信息收集要求全面、准确，为排除故障和评价故障处理的效果和提高设备的可靠性提供依据。故障信息收集的内容主要有以下几点：

1）设备基本信息：设备的种类、编号、生产厂家、使用历史等。

2）故障类型，工作现场的形体表述，故障时间。

3）故障鉴定内容有故障现象、故障原因、测试数据。

4）有关故障设备的历史资料。

同时记录故障信息的来源，主要有故障现场调查资料、故障维修工作单、故障分析表、设备运行日志、定期检查记录、故障检测和故障诊断记录、产品说明书、出厂检验、试验数据、设备安装、调试记录、修理检验记录。

3. 设备故障统计

设备运行故障数据是按天记录，按月统计，以企业、车间、班组为单位进行的。运用计算机或统计软件等工具辅助进行故障统计，能提高统计效率和质量。设备故障统计均以设备故障统计表格形式呈现，为设备故障统计分析提供依据。设备故障统计报表中都有设备的基本信息、设备负荷时间、设备故障管理的考核指标，例如故障频率、设备故障停机工时损失率、设备故障强度、平均修理时间（MTTR）、平均故障间隔时间、重大停机故障次数和时间、故障部位和比率等相关数据的统计。没有统一的标准和格式，由各企业自定。

4. 故障分析

设备运行故障分析主要是根据各企业对设备评价考核指标内容进行分析。目前主要是从设备故障造成的后果出发，抓住影响经济效果的主要因素（故障频率、故障停机时间和修理费用等）进行分析，并采取针对性的措施，有重点地改进管理，以求取得较好的经济效果。

具体做法是每月根据设备故障统计报表中的数据分析设备运行状态，填写一份设备运行故障月报表上报。其报表主要对故障频率、故障停机时间和修理费用等主要因素的记录数据进行分析，运用各种表格或图形方式进行描述，如饼图法、柱状图、趋势图等，详细分析每台设备的故障率、故障频次、设备故障强度、平均修理时间（MTTR）、平均故障间隔时间（MTBF）等设备故障相关信息，找出影响经济效果的设备故障主要因素和原因，并采取针对性的措施，进行改善。

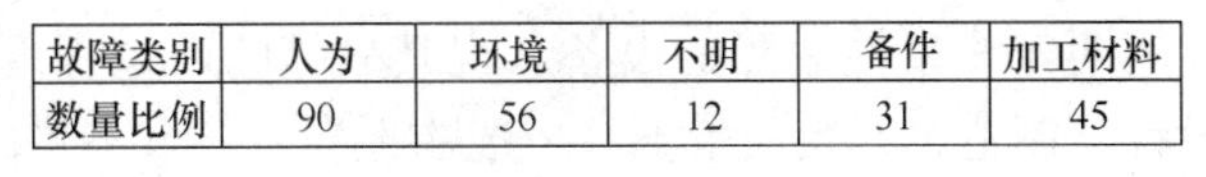

故障类别	人为	环境	不明	备件	加工材料
数量比例	90	56	12	31	45

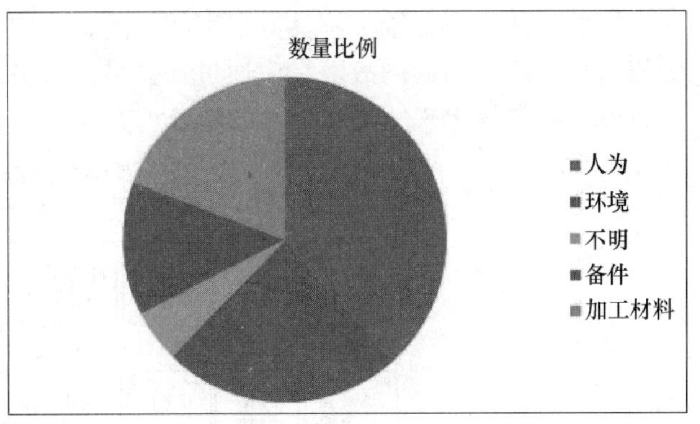

图4-10　设备故障分析饼状图

（1）饼状图　主要用于显示每一故障数值相对总数值的权重，同时强调每一单独的故障数值，如图4-10所示。

（2）柱状图　主要用于比较设备故障率、故障强度等各类比值的数值大小，或各设备故障数所占的比值数值的大小，如图4-11所示。

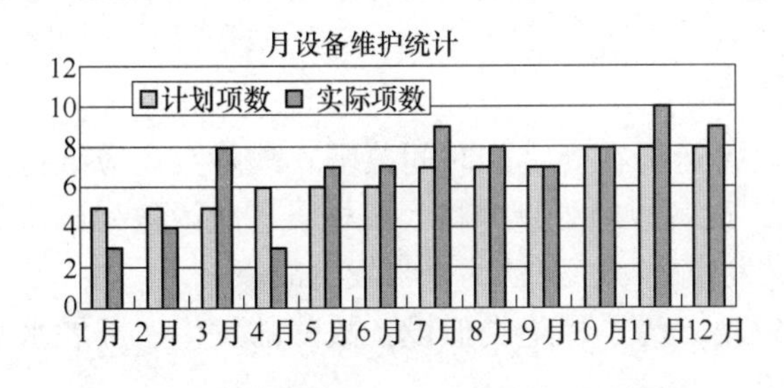

	1月	2月	3月	4月	5月	6月	7月	8月	9月	10月	11月	12月
计划项数	5	5	5	6	6	6	7	7	7	8	8	8
实际项数	3	4	8	3	7	7	9	8	7	8	10	9

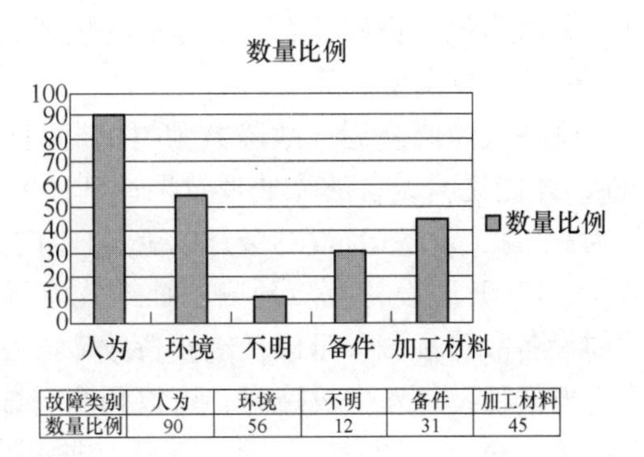

故障类别	人为	环境	不明	备件	加工材料
数量比例	90	56	12	31	45

图4-11　设备故障分析柱状图

（3）折线图　显示设备故障每一数值随着时间变化的趋势，如图4-12所示。

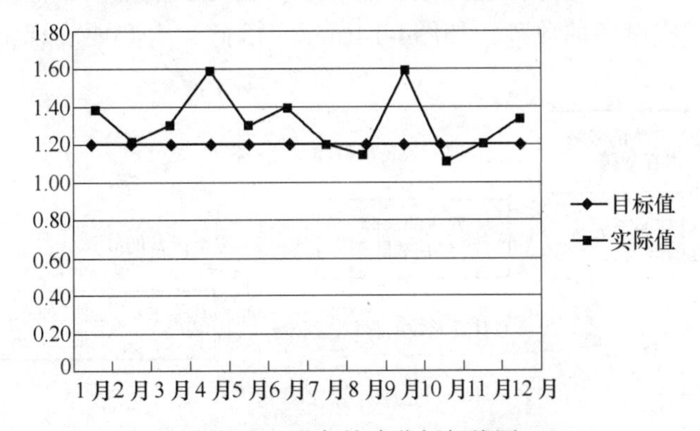

图4-12　设备故障分析折线图

5. 故障处理

故障处理是在故障分析的基础上，根据故障原因和性质，提出不同的维修对策方案，重复性故障采取项目修理、改装或改造的方法，提高局部（故障部位）的精度，改善整机的性能。对于多发性故障的设备，视其故障的严重程度，采取大修、更新或报废的方法。对于设计、制造、安装质量不高、选购不当、先天不足的设备，采取技术改造或更换元器件的方法。因为操作失误、维护不良等引起的故障，应由生产车间培训、教育操作工人来解决。因为修理质量不高引起的故障，应通过加强维修人员的培训、重新设计或改进维修工夹具、加强维修工的考核等来解决。设备故障处理方式如图4-13所示。

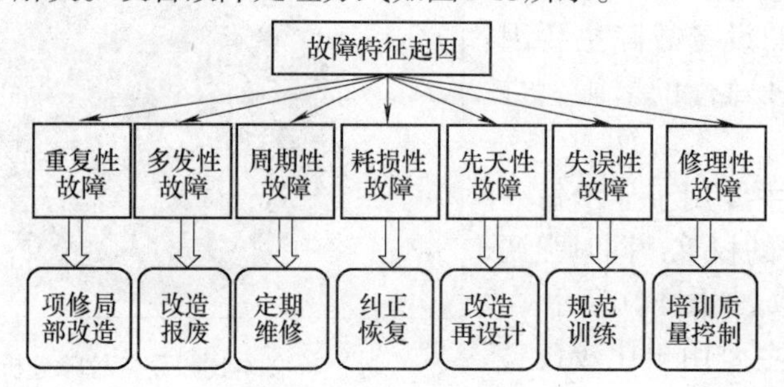

图4-13　设备故障处理方式

总之，在设备故障处理问题上，应从长远考虑，采取有力的技术和管理措施加以根除。使设备经常处于良好状态，更好地为生产服务。

6. 杜绝再发生故障

设备故障修复后，故障数为0件，而且设备运行在规定的时间范围，故障数还应维持为0件，才能说明设备故障处理效果达到100%，设备故障处理合格。机械设备故障效果确认期限为3个月，设备运行在3个月以后至1年内又发生故障，可认为是再发生故障。

（1）开展设备故障预测，杜绝故障再发生　为了杜绝类似设备故障的发生，开展水平方向设备故障预测，可以杜绝设备故障再发生。

当某种设备发生故障时，可以预测与该设备相同的另外一台设备在相同的使用条件下运转的话，也有可能发生相同的故障。即使是在类似设备上，如果故障原因相同，也可以下同样的结论，这样就能从一件设备的故障发生预测到其他设备潜在故障的发生。

另外，即使本企业、车间的设备没有发生故障，也可以根据从其他企业、或其他车间获得的情报，预测出相应设备的故障，如图4-14所示。因此，有必要实现企业、车间之间设备故障情报共享。

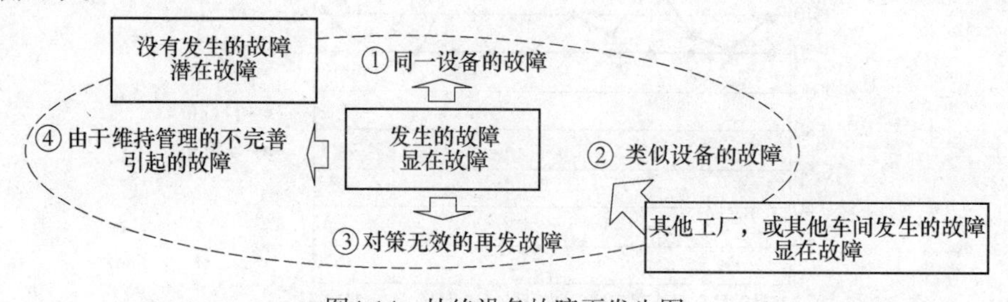

图4-14　杜绝设备故障再发生图

（2）防止设备故障再发生　防止设备故障再发生，就是针对设备故障所采取的永久对策，为防止相同或类似故障的再次发生，还要把对策的内容纳入到员工培训学习项目中，将类似故障消灭在萌芽中。

防止设备故障再发生的前提条件，就是确认对策实施后的效果，如果对策不能针对真正的故障原因，就不能达到防止故障再发生的效果。例如某公司的防止设备故障再发生对策流程图如图4-15所示。

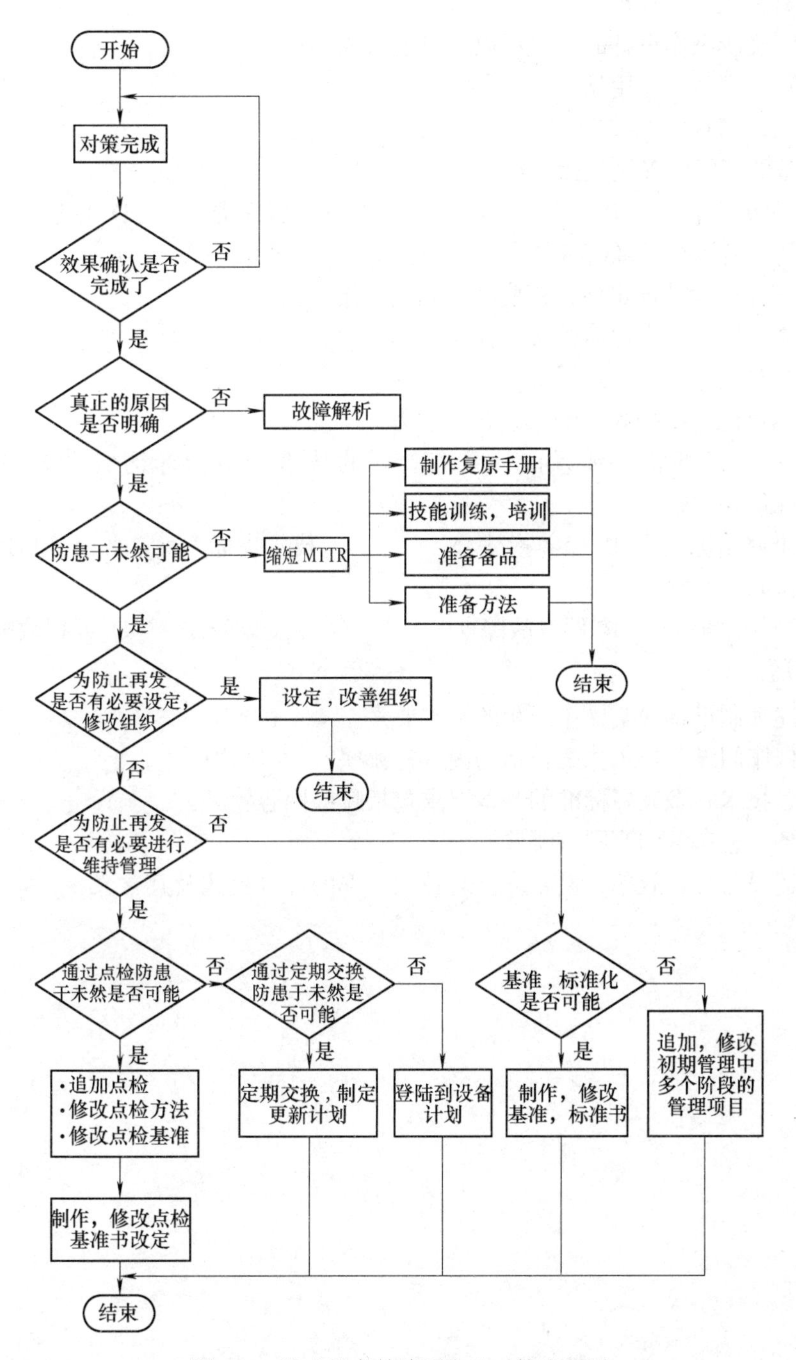

图4-15　防止设备故障再发生对策流程图

思考与练习

1. 选择题（单选或多选）

（1）保证设备操作人员的安全性主要考虑的因素有（　　）。

A. 有相关的操作证

B. 明确所操作设备的危险源以及可能造成的伤害

C. 正确穿戴劳保用品

D. 人员精神状态较佳

（2）设备的三级保养制包括（　　）。

A. 一级保养　　B. 二级保养　　C. 三级保养　　D. 日常保养

（3）车间设备运行环境改善的主要作用在于（　　）。

A. 能保持设备稳定性，精度不下降或延缓劣化

B. 减少因机件劣化而造成的损失

C. 及时消除设备失效因素

D. 尽可能地挖掘人、物、设备的潜力

（4）设备管理的指标体系由一系列具体的技术经济指标构成。这些指标主要由（　　）两大部分构成。

A. 维修指标　　B. 保养指标　　C. 技术指标　　D. 经济指标

（5）浴盆曲线的阶段有（　　）。

A. 早期故障期　　B. 偶发故障期　　C. 频发故障期　　D. 耗损故障期

2. 简答题

（1）简述编制设备安全操作规程的基本要素。

（2）检修车间设备技术档案包括的内容有哪些？

（3）设备技术状态完好标准的基本要求包括哪些内容？

（4）设备工艺布置的原则有哪些？

（5）简述设备综合效率、设备完全有效生产率的计算公式及其含义。

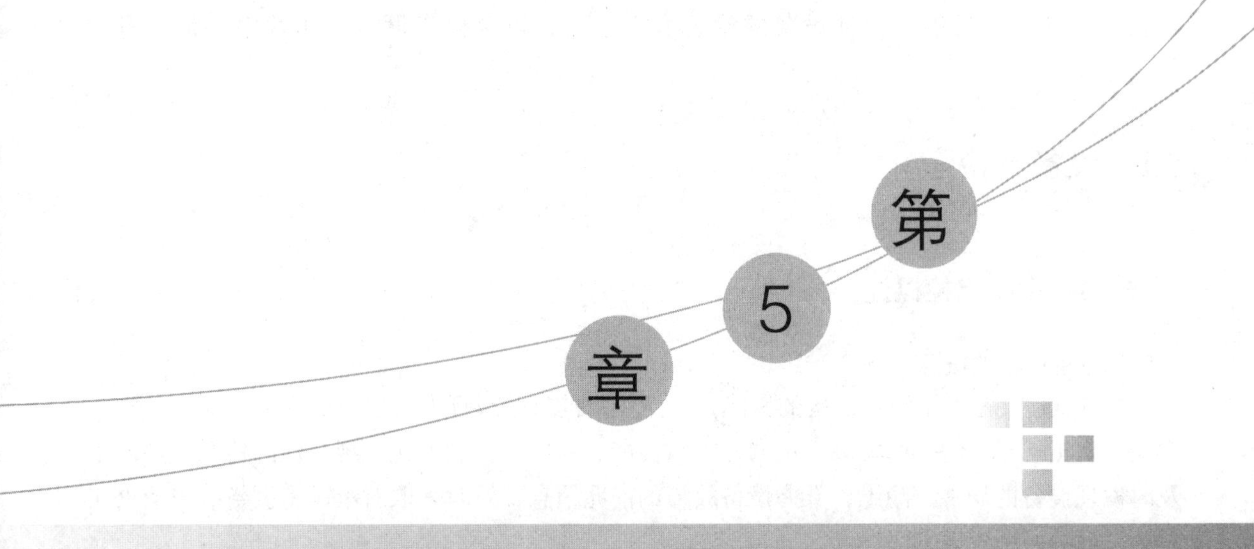

设备的点检与润滑

设备维护保养工作是企业设备管理的基础工作。当前，企业设备不断地更新，高精度、高效率、自动化设备日趋增多，要确保设备正常地运行，设备保养作业必不可少，而点检与润滑是设备保养的重要组成部分。企业通过实施点检作业，及时掌握设备运行状态，采取早期防范设备劣化的措施，实行有效的预防计划维修，对于维持和改善设备的工作性能、保证设备的稳定可靠运行，以及提高设备工作效率，都具有重要的意义。

5.1 设备点检

5.1.1 设备点检概述

1. 设备点检的概念

设备点检，是为了维护设备的性能，按照一定的规范或标准，通过直观或检测工具，对影响设备正常运行的一些关键部位的外观、性能、精度进行制度化、规范化的检测。点检是及时发现设备的异常、隐患，掌握设备故障的前兆信息，及时采取对策，将设备故障消灭在发生之前的一种管理方法。

设备点检按周期和业务范围可分为日常点检、定期点检和精密点检三大类，三者相结合形成“三位一体”点检制。所谓“三位一体”是指：岗位操作工人的日常点检，专业点检员的定期点检和专业技术人员的精密点检三位一体。

2. 设备点检的意义

设备点检是一种先进的设备维护管理制度，以“预防为主”为指导思想，推行全员参与设备维护管理。其作用和意义体现在以下几个方面：

1）实行设备点检制度，能使设备隐患和异常及时得到发现和解决，保证设备经常处于良好的技术状态，提高设备的完好率和利用率。

2）由于每项检查作业都有明确、量化的检测评定标准，既保证了每次检查和维护的质量，使突发性事故的可能性降到最低限度，又减少了事后抢修工作量，有利于增加生产和降低维修费用。

3）设备点检工作目标明确、考核具体、管理规范，有利于设备操作者进行设备的维护工作，提高工作效率，减少故障停机率。

4）有利于建立完整的设备技术资料档案，便于信息反馈和实现计算机辅助管理，提高设备管理现代化的水平。

5）有利于使员工按规范化、标准化进行作业，养成良好职业行为，提升解决问题的能力，树立自己设备要自己保护的观念，像母亲照看婴儿那样来照看设备，如图5-1所示，成为维护设备意识强烈的操作者。

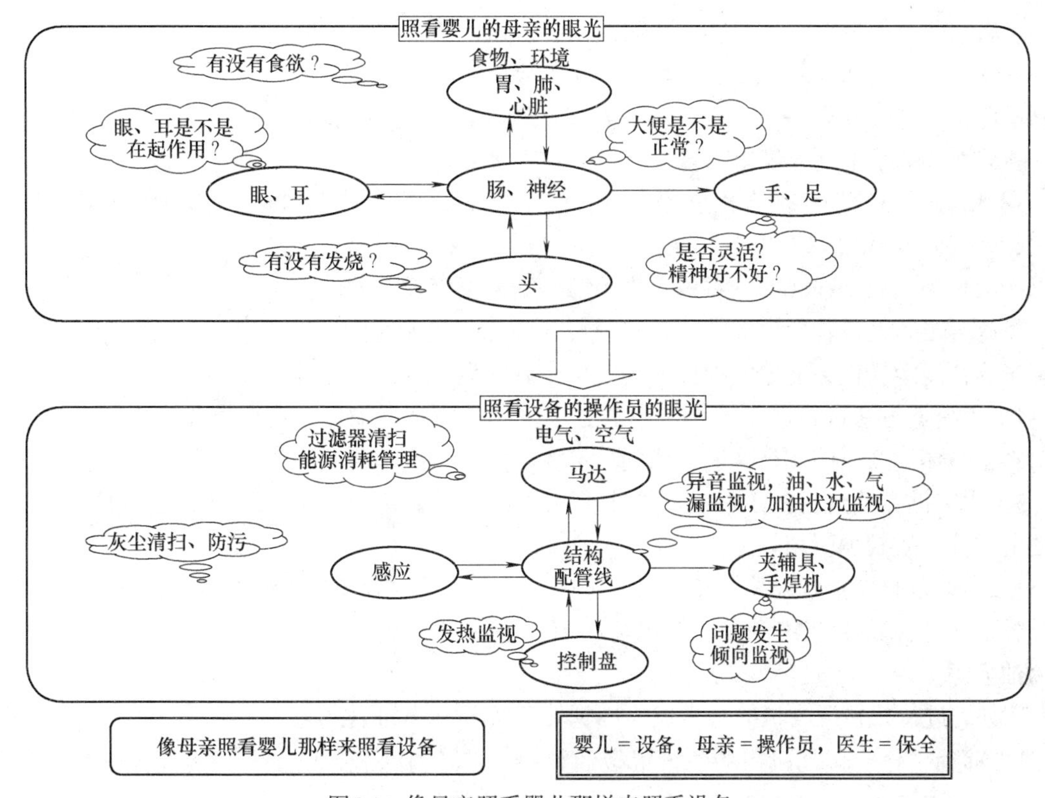

图5-1　像母亲照看婴儿那样来照看设备

5.1.2　设备日常点检和巡检

设备日常点检作业是设备点检作业中最基本的作业，是由设备操作人员每日执行的例行维护作业，一般在交接班时进行，通常也称为班前检查。日常点检还包括设备维修人员或专职点检员在维修区域内，对分管设备的巡回检查，通常也称为巡检。

1. 设备操作人员日常点检

（1）日常点检的方法和手段　设备操作人员的日常点检，就是每天对设备的关键部位的状况，通过人的"五感"进行的检查，并将检查结果记录在日常点检表中。人的"五感"就是：视觉、听觉、触觉、嗅觉、味觉。

1）用视觉方法进行的点检。用视觉方法进行的检查项目主要有：

仪表：掌握各仪表（包括电流、转速、压力、温度和其他）的指示值，以及指示灯的状态，将观察值与正常值对照。

润滑：观察润滑状态、油量、漏油及污染。

磨损：设备的损伤、腐蚀、磨损、蠕动、堵塞及其他。

清理：设备及周围的清洁。

2）用听觉方法进行的点检。用听觉方法主要是检查有无异常声音。常见的异常声响举例如下：

金属敲击声：紧固部位螺栓松动、压缩机金属磨损。

金属摩擦声：齿轮咬合不良，联轴器轴套磨损，轴承润滑不良。

轰鸣声：电气部件磁铁接触不良，电动机缺相。

噪声："喳——喳——"的周期响声，如泵的空化，鼓风机的喘振。

断续声：轴承中混入异物。

3）用触觉方法进行的点检。用触觉方法主要是检查温度有无异常，有无异常振动等。通常，手感觉与体温程度相当的温度大约在30~35℃的范围内；浴水温度为40℃左右；手摸能忍耐数秒钟的温度在60℃左右；手摸不能忍耐的温度在70℃以上。

高速运转的设备若发生振动，将导致设备破坏，故应特别加以注意。一般发生振动的原因多半为往复运转设备的紧固螺栓松动，以及旋转设备的不平衡等。

4）用嗅觉方法进行的点检。用嗅觉方法主要是检查电动机、变压器等有无因过热或绝缘材料被烧坏而产生的刺鼻味道，药剂、气体或其他物质是否泄漏等。

5）用味觉方法进行的点检。味觉主要用于一些需要鉴别酸、碱性的场合。因为存在一定的危险性，故较少应用。

（2）设备日常点检的常用工具　在进行设备的点检作业时，有些重要部位要借助于简单仪器、工具来测量或用专业仪器进行精密点检测量，常用的工具有扳手、螺钉旋具、油枪、油壶等。

例如，进行机械压力机的日常点检用到的工具及方法如下：

1）移动工作台传动机构的防护罩板的紧固连接螺钉松脱，防护罩板可能掉落，影响安全，点检发现后，必须及时用螺钉旋具或扳手紧固螺钉。

2）压缩空气气源处理装置中的油雾器缺油，影响气控阀的阀芯润滑，点检发现后，必须及时用油壶盛油加注到油雾器里。

3）各压缩空气气源管路的气压是否满足生产工艺压力值，通过设备上安装的压力表进行点检，若发现气压偏离规定值，必须及时调整气压。

4）起动主电动机后，通过设备上安装的电流表进行点检，检查电流值是否正常。

（3）设备日常点检标准作业书和点检表　《设备日常点检标准作业指导书》包括规范日常点检的部位、点检内容、点检手段、点检标准、周期等内容，是指导操作者进行设备日常检查的指导性文件。

《设备点检表》是由点检者根据《设备日常点检标准作业指导书》中的项目，在规定的周期内对设备进行检查结果的记录，是反映设备具体状态的记录性文件。

日常点检的作业内容比较简单，作业时间也较短，一般可在设备运行前、中、后进行，所以对生产影响不大。日常保养是班前班后由操作人员认真检查设备，擦拭各个部位和加注润滑油，使设备经常保持整齐、清洁、润滑、安全。班中设备发生故障，应及时给予排除，并认真做好交接班记录。在实际操作中，对于重点设备或主要设备，日常点检与日常保养的工作方式及工作时间相近，两者的工作是结合在一起的，一方面提高了操作人员的工作效率，另一方面保障了设备的全面"体检"，使设备以良好的状态投入生产中。

1）设备日常点检标准作业指导书式样见表5-1。

表5-1　设备日常点检标准作业指导书式样

设备名称、型号：合锻1600T油压机　所属管理单位：汽车冲压件有限公司	标记符号：点检状态：○运行中 ■开机前	编制：设备科
表号：1z02-86	点检周期：S班　D天　W周　M月　Y年	

点检部位简图	点检位置	部件	图号	点检内容	手段	要求规格（标准值）	点检周期		点检状态	
							操作者	维护者	操作者	维护者
	电器、操作机构	操作面板、各个按钮及指示灯	1	外观	目视	无破损、固定无松动	1S		○	
				动作	手试		1S		○	
		光电保护装置	2	外观	目视	无油污、无损坏，能正常保护	1S		○	
		电控柜	3	外观	目视、手试	无油污、无损坏、功能正常	1M		■	
	油箱指示灯	上、下油箱油温指示灯	4	外观	目视	指示灯亮则油温过高	1S		○	
		上、下油箱空指示灯	5	外观	目视	指示灯亮则需要加油	1S		■	
				加油	加油机	缺油时添加32#普通液压油	1S		■	
		滑块润滑油指示灯	6	外观	目视	指示灯亮则需要加油	1S		■	
				加油	手动润滑泵	手动打压加注润滑脂	1S		■	
		液压垫润滑油空指示灯	7	外观	目视	指示灯亮则需要加油	1S		■	
				加油	手动润滑泵	手动打压加注润滑脂	1S		■	
	压力表	主泵出口压力表	8	外观	目视	符合工艺要求	1S		○	
		主缸上腔压力表	9	外观	目视	符合工艺要求	1S		○	
		液压垫压力表	10	外观	目视	符合工艺要求	1S		○	
		夹紧缸压力表	11	外观	目视	100~150kgf/cm^2	1S		○	
	其他	安全爪	12	外观	目视	锁紧、松开灵活	1S		○	
		底座及气垫上表面	13	外观	目视	无油污、废料杂物	1S		○	
		机床基础四周地面	14	外观	目视、触摸	无油污、废料杂物	1M		■	

备注：其他型号同类型设备参照此标准执行。（提示：用手试电动机温度时，先用手背轻轻靠近一下电动机，以免烫伤、触电）

2）设备日常点检表式样见表5-2。

2. 巡检

设备巡检是指对一个区域的设备或生产线的多台设备进行巡回点检，其目的是掌握设备运行状况及周围环境的变化，发现设施缺陷和故障隐患，及时采取有效措施，保证设备的安全和系统稳定。

（1）设备巡检的作用和意义　现代化的生产设备日益向大型、连续、高速和高度自动化方向发展，一旦发生故障就会全面停产，打乱整个生产计划，给企业造成重大经济损失。因此，企业对生产区域中在线生产设备（系统）进行定点、定期的检查，对照标准发现设备

表5-2　设备日常点检表式样

冲压生产线设备日常点检表							日期	1班长签名																													
							班组	2班长签名																													
表号：R-630-09A							合锻1600t油压机	设备名称型号	设备编号																												
序号	区分	点检内容		基准	方法	周期	检查日期																														
		○开动中●停止					1	2	3	4	5	6	7	8	9	10	11	12	13	14	15	16	17	18	19	20	21	22	23	24	25	26	27	28	29	30	31
1		●	机床2m高以下外表	无油污、灰尘	目视、触摸	班																															
2		●	移动工作台及进给装置	无油污、废料杂物	目视、触摸	班																															
3	清扫	●	底座及气垫上表面	无油污、废料杂物	目视、触摸	班																															
4		●	操作面板	无油污、灰尘	目视、触摸	班																															
5		●	电控柜外表	无油污、灰尘	目视、触摸	月																															
6		●	机床基础四周地面	无油污、废料杂物	目视、触摸	月																															
7		●	滑块、导轨	无污垢杂物	目视、触摸	班																															
8		●	上油箱油空	指示灯亮则加油，不亮则正常	目视	班																															
9	加油	●	下油箱油空	指示灯亮则加油，不亮则正常	目视	班																															
10		●	滑块润滑油空	指示灯亮则加油，不亮则正常	目视	班																															
11		●	液压垫润滑油空	指示灯亮则加油，不亮则正常	目视	班																															
12		●	滑块导轨接油盘	放排油并回收	目视	班																															

（续）

冲压生产线设备日常点检表	日期		1班长签名	
	班组		2班长签名	
表号：R-630-09A　合锻1600t油压机	设备名称型号		设备编号	

序号	区分	○开动中●停止	点检内容	基准	方法	周期	检查日期 1	2	3	4	5	6	7	8	9	10	11	12	13	14	15	16	17	18	19	20	21	22	23	24	25	26	27	28	29	30	31
13	点检	○	上油箱油温过高	油温低于60℃	目视	班																															
14		○	下油箱油温过高	油温低于60℃	目视	班																															
15		○	安全爪	锁紧、松开灵活	目视	班																															
16		○	主泵出口压力表	符合工艺要求	目视	班																															
17		○	主缸上腔压力表	符合工艺要求	目视	班																															
18		○	液压垫压力表	符合工艺要求	目视	班																															
19		○	夹紧缸压力表	100~150kgf/cm^2	目视	班																															
20		○	光电保护装置	无油污、无损坏	测试、触摸	班																															
21		○	操作、急停按钮及指示灯	无损坏、灯亮	目视、测试	班																															
不正常时通知相关维修人员并填写报修单	点检人（班长）签名																																				

注：（1）点检情况按颜色填入格内：良好“√”故障“▲”可用“△”；（2）工作中如设备发生故障，即在颜色中加上“×”标记；（3）每天填写两小格，白班填上格，夜班填下格。

的异常现象和隐患，分析、判断其劣化程度，提出检修方案，并对方案的实施进行全过程监控，有利于把设备故障消灭在萌芽状态。另外，通过对生产区域设备的巡检，检查、督促、指导操作者正确使用设备和保养设备，及时纠正错误的行为和方法，可以防止错误操作造成设备故障，保障设备安全高效运转。

（2）设备巡检区域的确定　设备巡检作业的目的是确保所管辖的主作业线设备正常运转。因此，企业设备巡检区域的划分是以企业产品的主作业线为依据的，以一条主作业线的设备为巡检范围，建立一个巡检作业组织来实施设备巡检。主作业线的分类和设备巡检区的划分如图5-2所示。可以看出，产品的生产线（作业线）大致可分为以下三种：

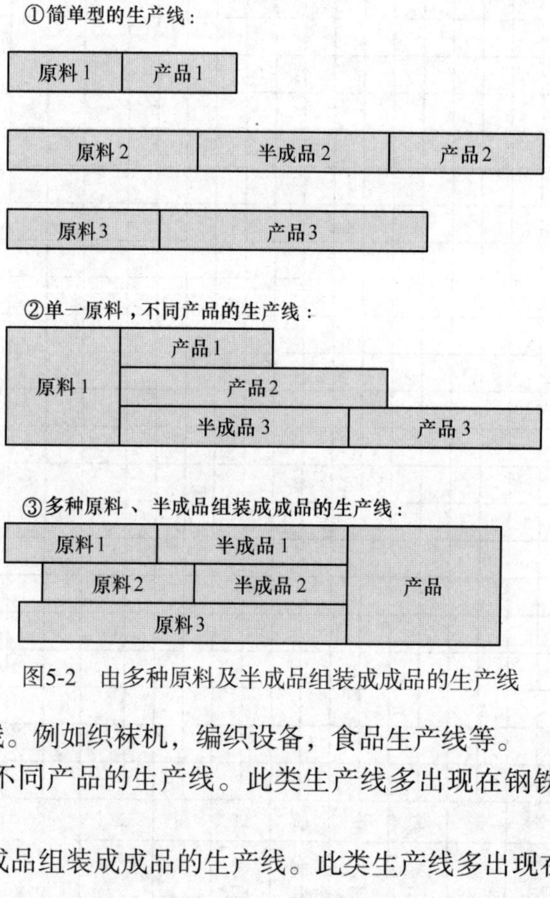

①简单型的生产线：

原料1　产品1

原料2　半成品2　产品2

原料3　产品3

②单一原料，不同产品的生产线：

原料1　产品1

产品2

半成品3　产品3

③多种原料、半成品组装成成品的生产线：

原料1　半成品1

原料2　半成品2　产品

原料3

图5-2　由多种原料及半成品组装成成品的生产线

1）简单型的生产线。例如织袜机，编织设备，食品生产线等。

2）单一原料，但不同产品的生产线。此类生产线多出现在钢铁、有色金属冶炼、石油、石化等企业中。

3）多种原料、半成品组装成成品的生产线。此类生产线多出现在汽车、家电、机械制造等企业中。

把从原料或半成品投入开始到生产出一种产品、一个总成或另一种半成品为止的这一段产品的生产线、生产工艺装备线，称为主作业线。一旦这条产品生产线停机，那么企业的产品生产也就停顿了，所以企业的主作业线是企业的生命线。

企业里的设备不论其是否是高、大、精、尖设备，只要它是在主作业线上，就是不可缺少的，因此主作业线上的设备称为主作业线设备。

主作业线可由一条传送链和不同数量的设备组合而成，因此主作业线有长有短，但其重要性是相同的。首先，把企业生产产品的主作业线整理出来，然后按照企业主作业线设备的布置来划分巡检区域，将主要精力投入到主作业线设备上去。

主作业线设备以外的设备，称为非主作业线设备。

巡检区域划分的原则是：开展设备巡检作业最方便、巡检作业线路最短、巡检作业中的辅助时间最少。

一个设备巡检作业区，视其企业类型、设备的状况等设置相应的机械、电气、仪表等点检员。一般一个点检小组由专职点检员4～6人组成。

（3）巡检部位的确定　对设备劣化的监测，可以从机械、电气、热效应和化学四个方面进行。点检员对机械设备的固定、旋转、滑动部分中可能存在的受力、超重、冲击、振动、摩擦、运动等状态进行监测，预测可能会出现变形、裂纹、振动、异声、松动、磨损等现象的地方。并将其确定为点检点。同理，监测电器、电气装备上可能存在的电流、电压、绝缘、触点、电磁、节点等状态，预测可能会发生漏电、短路、断路、击穿、焦味、老化等现象的地方，并将其确定为点检点。除此以外，还应监控辐射、传导、摩擦、相对运动、无润滑、酸性、碱性、化学变化、电化学反应等状态，预测可能会发生泄漏、变色、冒烟、温度异常、有异味、腐蚀、氧化、剥落、材质变化、油变质等现象的地方，将它们确定为点检点。另外，有关安全、防火、环境、健康，以及可能造成产品质量劣化的典型结构、位置，也应该列为需要巡检部位。

设备出现隐患或故障的部位和表现，就是在生产区域巡检时需要监测设备劣化状态的诊断点及其表现的状态。常见设备状态检测诊断点的内容及方法见表5-3。

（4）巡检路线　设备点检员每天都要到生产区域去进行设备点检，不能随意走动，而是要事先有所考虑地走规范化的路线，要按照“全面、合理、快捷、精悍”四要素绘制的巡检路线图来实施巡检，确保生产区域设备巡检任务的完成。遵守设备巡检路线，既可以避免重复点检，提高点检效率，又可以防止巡检项目漏检，保证巡检到位。

表5-3　常见设备状态检测诊断点的内容及方法

设备隐患的部位及迹象		
诊断点及故障表现 检测类别	监测劣化状态的诊断点	劣化及隐患或故障的表现状态
机械的检测	受力、超重、冲击、振动、摩擦、运动等	变形、裂纹、振动、异声、松动、磨损等
电气的检测	电流、电压、绝缘、触点、电磁、节点等	漏电、短路、断路、击穿、焦味、老化等
热效应的检测	辐射、传导、摩擦、相对运动、无润滑等	泄漏、变色、冒烟、温度异常、有异味等
化学的检测	酸性、碱性、电化学反应、化学变化等	腐蚀、氧化、剥落、材质变化、油变质等

（5）设备技术状态的完好标准　要做好生产区域中的设备巡检工作，必须要了解生产区域中的各种设备状态的完好标准，参照完好标准，对照设备的部件、机构、附件等现状，一一进行确认，做出判断，判断设备是否存在故障或故障隐患。

1）设备技术状态完好标准的一般要求。设备技术状态完好标准的要求，须能进行定性分析和评价。设备完好标准的一般要求见表5-4。

表5-4　设备完好标准的一般要求

序号	完好标准内容	备注
1	设备性能良好，机械设备精度须能满足工艺要求，动力设备的生产能力要达到原设计标准，运转稳定，无超压超温等现象	
2	设备运转正常，部件齐全，磨损、腐蚀程度不超过规定的技术标准，计量、测量仪器、仪表和液压、润滑系统均应安全可靠	
3	能源消耗正常，无漏水、漏油、漏气、漏电等不良现象	
4	设备的制动、离合、联锁、安全防护及电控系统装置齐全、完好、灵敏、可靠	

2）单项设备技术状态的完好标准。一般情况下，单项设备技术状态的完好标准包含的主要项目有两大部分：一是设备的机械部分，包含液压、机械传动、气动等部分；二是设备的电控部分。

以金属切削设备为例，表5-5为机械部分的完好标准，其中1～5项为主要项目，任意一项不合格即为不完好设备。

表5-5　金属切削设备机械部分的完好标准

序号	完好标准内容	备注
1	精度、性能可以满足生产工艺要求，精密/稀有机床主要精度、性能达到出厂标准	
2	各传动系统运转正常	
3	各操作系统动作灵敏、可靠	
4	润滑系统装置齐全，管线完整，油路畅通，油标醒目	
5	润滑部位运动正常，各润滑部位、零件无严重拉、研、碰伤	
6	机床内外清洁，无黄袍，无油垢，无锈蚀	
7	油质符合要求	
8	基本无漏油、漏水、漏气现象	
9	零部件完整，附件齐全	
10	安全、防护装置齐全可靠	

3）电控系统的完好标准。电控系统在设备中占据重要地位，是设备先进性、自动化程度的体现，也是控制设备运转的中枢。电控系统的完好标准见表5-6。

表5-6 电控系统的完好标准

序号	完好标准内容	备注
1	电气控制系统装置齐全，管线完整，性能灵敏，运行可靠，满足生产工艺要求	
2	所有电动机安装牢固，润滑良好，运行正常，接线紧固，有接线盒，集电环、换向器平整，电刷接触良好，电刷提升机构轻便灵活	
3	各机床电器元件：例如起动器、接触器、电磁铁、继电器、刀开关、转换开关、行程开关/接近开关、电流表、电压表、指示灯、按钮/移动按钮站、指拨开关、压力继电器/电接点压力表、安全滑触线、集电器等，应完整无缺，安装牢固，接线紧固，接触良好，动作灵活，无卡死或噪声	
4	配电箱、接线盒、配线应整齐、清洁、美观、有线号	
5	所有穿电线的铁管、金属软管、塑料管，应很好地固定	
6	熔断器、热继电器、电流继电器、断路器等选用适当	
7	所有不带电的金属外壳应接地	
8	电箱的门应关闭良好，箱体不能有多余的孔洞。电箱的门锁手柄应完整无缺，盖板螺钉齐全	
9	所有电动机、电箱内外、电箱外部管线以及电器元件应清洁无油污和杂物	

（6）设备巡检的方法和手段　设备巡检属于动态点检，即不停机的点检，是一种定性的检查。常用的检查方法和手段有如下两大类。

第一类是以主观感觉为主，依靠设备点检员或维修人员的感觉和技术经验，对设备的技术状态进行检查和判断。这是使用最多也是最简单的一种方法，但这种方法可能会由于不同的人经验、感觉不同，对同一现象得出不同的结论，因此可靠程度因人而异。

第二类是客观检测，利用各种检测设备、仪表等直接对设备的关键部位进行检测，例如温度、振动、噪声等，以此获得设备技术状态的信息，获得客观的数据。由于这种方法可以在减少停机、拆卸的情况下取得比较准确的信息，因此应用越来越广泛。

1）五感运用。感官检测法是最简单、成本最低的方法，它是利用人的感觉器官来发现故障预兆和异常信息。有效运用人的五感（视、听、嗅、味、触），可以把握许多的异常，例如用简易工具（听音棒）听出机器设备的异常音，检查机械运行是否出现异常、是否有噪声、设备内是否混入异物等；利用嗅觉检查是否有异味、烟和恶臭等，闻出过热之后的焦味；手背触摸感知温度的上升；利用视觉观察设备或零件是否有变形、是否有裂纹、设备是否运转、指示灯是否熄灭、仪表数据是否正常等。通过各个感官的感知和观察，可进一步判断设备的状态。

2）测温法。利用接触式测温仪或非接触式测温仪（图5-3）等测量温升，通过监测温度变化，判断机械运行过程是否正常。测温法常用来监测以下一些常见的故障：

① 轴承损坏。滚动轴承零件损坏，接触表面擦伤、磨损，保持架损坏，滑动轴承损坏等原因都会引起发热量增加，温度升高。

② 冷却系统故障。润滑或冷却系统故障，会使某些零件的表面温度上升，例如油泵故障，传动不良，管线、阀门或过滤器堵塞等。

③ 发热量不正常。内燃机或燃油锅炉内燃烧不正常时，其外壳表面温度分布将出现不均匀。

④ 有害物质沉积。例如管内有水垢，锅炉积灰，因传热层厚度变化而影响传热，使表面温度分布发生变化。

图5-3　温度检测

⑤ 保温材料损坏。例如保温层破坏，可引起局部温度过热或过冷。

⑥ 电器元件故障。电器元件接触不良，会使电阻增加，使电流通过后发热量增加，造成局部过热。

3）测振法。测振法是利用测振传感器、信号放大器等测定设备振动的频率、振幅等参数，来检测设备及其零部件等运行是否异常的技术方法。例如轴承故障测试仪，具有检测滚动轴承的功能，可以定量检测滚动轴承运行情况、损伤程度、润滑情况等。又如采用振动测量仪，可测量机械设备振动的加速度、速度、位移，结合标准，即可现场评价设备运行状况。

（7）设备巡检工作步骤

1）检测设备关键点的运行状态。设备点检员或维修员运用“五感”和检测仪器，按照设备巡检表内容逐项检查。

在设备巡检过程中，发现异常要及时处理，以恢复设备正常状态，并将处理结果记录下来。不能处理的要及时报告给负责部门处理。同时，也要进行记录。

记录内容主要有以下几项：

① 设备名称、型号、编号；什么部位、什么零部件发生了问题。

② 在什么时间发生的。

③ 在什么地方发生的。

④ 什么人发现的。

⑤ 什么原因引起的（异常现象描述）。

必要时提供相关的检测数据，并把信息反馈给维修班班长。另外，发现设备问题，不影响生产，又不需要马上处理的，应将其列入计划检修项目，填写在计划检修项目预定表中。

2）采集和分析设备状态信息。收集到巡检信息后，应及时比较、对照、分析设备运行信息，判断有无异常，必要时再次到现场确认。

3）确定设备检修方式。当判断分析出设备存在异常时，就要及时对其原因、部位、危害或危险程度进行研究，制定处理和预防办法，制定维修方案和维修策略，协调维修时间，根据不同情况采取立即维修、重点监控、改善维修等措施。

4）对设备维修过程进行监控和记录。

（8）设备巡检表　设备巡检表是设备点检员或维修人员进行生产区域设备巡检的记录性文件，设备巡检表一般包含以下几方面的内容：

1）设备巡检的部位和内容。

2）设备的完好标准。

3）设备巡检的记录。

进行设备巡检时，对照巡检表的内容，逐项进行检查并做好记录。

5.1.3　设备的定期点检

设备定期点检，也就是通常所说的预防检查。按照设备不同的特性，间隔一定时间，依靠人的五感及检测仪器，对其运行的状态进行检查，再根据测量的数据和检查的结果、作业动态的过程记录，进行综合性的分析、研究，预测故障的发生，及早地发现隐患，采取适当的预防措施，把设备故障消灭在萌芽状态。

1. 设备定期检查的对象、目的及内容

设备定期点检，主要是对设备进行定期的功能性、精度性、可靠性检查和检测，通过设备状态的定量和定性数据收集，进行综合性的分析、研究，预测故障的发生，及早地发现隐患，预防设备故障的发生。一般设备定期检查的对象、目的及内容见表5-7。

表5-7　设备定期检查的对象、目的及内容

序号	名　称	执行人	检查对象	主要检查内容和目的	检查时间
1	性能检查	主要人员：维修工，点检员。协作人员：操作员	主要生产设备（包括重点设备及质控点设备）	掌握设备的故障征兆及缺陷，消除在一般维修中可以解决的问题，保持设备正常性能并提供为下次计划修理的准备工作意见	按定检计划规定时间
2	精度检查	主要人员：维修工，点检员。协作人员：操作员	精密机床及大型、重型、稀有及关键设备	掌握设备的故障征兆及缺陷，消除在一般维修中可以解决的问题，保持设备正常性能并提供为下次计划修理的准备工作意见	每6～12个月进行一次
3	可靠性试验	指定试验检查人员，持证检验人员	起重设备、动能动力设备、高压容器、高压电器等有特殊试验要求的设备	按安全规程要求进行负荷试验、耐压试验、绝缘试验等，以确保设备安全运行	以安全要求为准

设备定期点检针对的设备故障以磨损、腐蚀为主，或者松动等类型为主，这类项目平时检查比较困难，或者需要时间较多，例如制动片、离合片的磨损、离合器行程；轨道水平，机床精度等；滑触线接口、电线电缆接头的松动；集电器、电动机电刷等的磨损消耗；电动机的绝缘电阻、接地点的接触检查；轴承润滑、油质测试；油气密封圈等。

1）点检标准值是按设备技术状态的完好标准要求进行检查。

2）设备定期点检项目。设备定期点检是按标准作业指导书中的项目进行，主要项目分为两大部分，一是设备的机械部分，包含液压、机械传动、气动等部分，二是设备的电控部分。

总之，由于行业不同，企业产品不同，设备不同，设备定期检查的对象、目的及内容也就不同。此外，设备定期点检具体内容还与企业的生产性质、设备类型、设备故障频率、设备故障停工影响、维修人员数量、设备使用状况等有关。例如金属切削机床定期检查内容及判定方法见表5-8。

表5-8　金属切削机床定期检查内容及判定方法

检查部位		检查重点	检查内容	检查方法及判定标准
机床主体、主轴箱、传动及变速装置	机体	振动、裂纹、破损、腐蚀	检查床身、支柱、机架等有无异常振动、破损、裂纹、腐蚀等	用目视及接触判定其振动、破损、裂纹、腐蚀等
	主轴箱、刀架、砂轮磨头	振动、破损	检查运转中有无异常振动及主轴的振摆，必要时用千分表测定	以有无异常振动及加工件精度为标准，判定振动情况
	主轴轴承	温度、破损	用触觉检查转动中的轴承温度，用工作精度检查轴承的磨损	如果温度较高时可用测温计，正常测试应在室温～30℃之下，不允许有影响精度的波纹存在
	齿轮箱	噪声、振动、破损、损伤	检查运转中齿轮的噪声、振动、齿轮啮合情况，磨损和损伤程度	用视觉、听觉和触觉检查噪声、振动和磨损。异常的噪声、振动、啮合误差及磨损不得超出规定标准
	变速箱	操纵动作	检查操作动作是否灵敏，各级变速是否正确可靠	进行运转操作，正反向动作应平稳，灵敏可靠
	反向装置	操纵动作	检查操作动作的性能是否灵敏可靠	进行运转操作，正反向动作应平稳，灵敏可靠
	起动、停止装置	操纵动作	起动、停止装置是否灵敏、正确、可靠	进行操作、起动、停止时，不应有冲击现象，起动、停止动作要灵敏可靠
	传动装置	磨损、损坏、变形、松弛	检查V带的根数、磨损、变形、松弛；检查带轮、链轮、链条的磨损变形；传动用的连接器、齿轮、丝杠的磨损情况	修整后达到标准要求
	滑动面	伤痕、磨损、保护装置	检查滑动面有无新的伤痕、磕碰及磨损，检查润滑情况，检查导轨行程的保护装置是否良好	进行操作、起动、停止时，不应有冲击现象，起动、停止动作要灵敏可靠
	进给操纵	操纵动作	进行手动和自动进给，检查全行程的进给行程	自动进给时，应均匀、不得出现中断、停滞现象，中断时不得出现进给
	电动机	异声、温度、振动	电动机运转时，有无异声、振动及不正常发热	用听觉及触觉检查，应无异声和异常振动，温度要符合规定要求
电气装置	控制线路与接地	绝缘、动作	检查控制线路是否完整，绝缘是否良好，动作是否可靠，接地是否良好	目视检查和万能表检查，线路应完整，动作可靠，绝缘电阻在0.2MΩ以上，熔断器应符合规定，接地装置状态良好
液压润滑系统	液压及润滑装置	压力、动作、油质、泄漏	检查系统压力是否正常，动作是否平稳，油质是否良好、清洁，有无泄漏	目视检查，压力符合规定，液压传动平稳，油质清洁良好，无泄漏现象

2. 影响设备定期点检周期的因素

设备定期点检周期与下列因素有关。

（1）与设备性能劣化过程有关　点检周期与*P*-*F*间隔有关。*P*-*F*间隔期是指设备性能劣化过程，即从潜在故障发展到功能故障的时间间隔。潜在故障不是故障，但已经存在可感知的迹象，相当于人处于亚健康状态。功能故障是使设备丧失功能的故障，是真正意义上的故障。*P*-*F*间隔是确定点检周期的根据。设备性能曲线上的*P*-*F*间隔如图5-4所示。从图中可以看出，不同的设备其设备性能曲线的斜率是不一样的，因此点检周期的长短也是互不相同的。一般而言，点检周期不应超过*P*-*F*间隔，而且要留出预防维修准备时间。例如，如果*P*-*F*间隔为3.5个月，应留有0.5个月的预防维修准备时间，点检周期为3个月为宜。

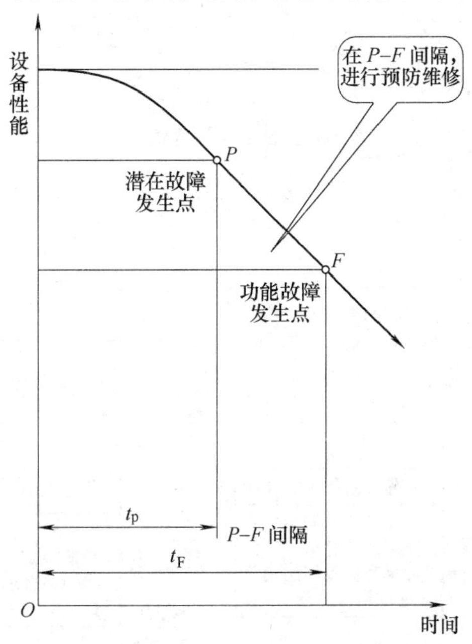

图5-4　设备性能曲线上的*P*-*F*间隔

（2）与设备运行的生产制造工艺有关　设备是为生产、制造产品服务的，生产制造工艺简单，设备功能相对也就单一，点检周期可长一些。反之，产品精密，生产制造工艺繁杂，对设备要求高，点检周期就短一些。其次，点检周期还与工艺的可行性有关，例如旅客列车、航班飞机的点检，必须在停站时才能进行，这时的点检周期，就必须是这站路程的时间，所以在火车停站时，人们经常会听到有铁路员工拿着点检锤，在点检敲击机车的避振弹簧、机车轮毂等的声音。

（3）与设备的安全运行有关　必须保证设备运行安全，点检周期的长短不能超过设备功能故障发生的时间，否则就失去意义了。

总之，设备定期点检周期是根据设备性能劣化过程过程、企业的生产性质、设备类型、生产班制、工作环境等因素来确定的，既要解决问题又要节约成本，防止维修过剩。

3. 定期点检的方法和手段

（1）对于设备功能性的检查　主要通过人的五感（视、听、嗅、味、触）或简单的工具、仪器，按照定期点检标准规定的周期和方法，对设备上的规定部位（点）进行预防性周密检查。检查部位通常为平时检查比较困难或者需要检查时间较多的设备部位。

（2）设备技术性能的检查　主要是运用静态检测法，检查、测量设备处于静态下的几何精度等参数。例如机床的平行度、水平度、垂直度、导轨间隙等。此外，也应使用设备故障诊断技术。设备诊断技术就是利用各种检测器械、仪器仪表，对设备重要部位进行检测，获得设备运行的技术状态变化的数据、参数等准确信息，再通过数据统计分析，发现设备异常，进一步分析产生设备故障的原因，及时把故障消除在萌芽状态之中。此项检查尽可能在不拆卸设备的情况下，准确地把握设备的现状，定量地检测、评价设备性能和可靠性。设备诊断技术功能图如图5-5所示。

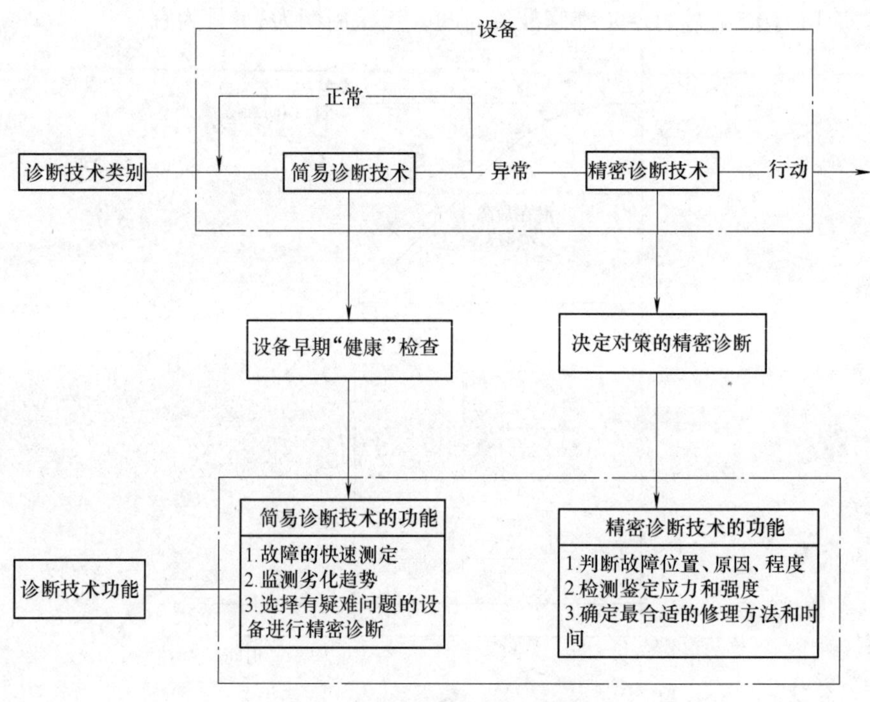

图5-5　设备诊断技术功能图

4. 设备诊断技术的运用范围

设备诊断技术运用范围很广，几乎所有的设备都可以运用，但是设备诊断技术的运用主要依赖于价格不菲的检测设备，这就在一定程度上限制了其广泛应用。企业设备管理部门应从自身情况出发，结合实际，推广和使用一些适用的设备诊断技术。一般情况下，以下四种类型的设备，应尽可能考虑使用设备诊断技术。

1）发生故障影响很大的设备，特别是自动化程度很高、节拍快的流水生产线以及相关的联动设备。

2）安全性能要求高的设备，例如动力设备、锅炉、压力容器等。

3）精、大、稀设备。

4）停机维修费用高和停机损失大的设备。

5. 设备定期点检作业流程图

1） 按预防维修计划，依据《设备定期点检标准作业指导书》，组织和安排维修工并明确职责。《机械压力机定期点检标准作业指导书》样例见表5-9，《机械压力机的定期精度检查记录》样例见表5-10。

表5-9　机械压力机的定期点检标准作业指导书

设备名称	闭式机械压力机	设备编号		A2-JY-03	
型号规格	KA4537-500T	使用班组			
点检人		点检时间			
分类	点检项目和标准	点检周期	责任人	时机	点检记录
外部	清洗机床外表、罩盖，保持外表清洁、无锈蚀	3	操作人员	停机	
	清理各T形槽和安装螺钉孔内的油污和废屑	1		停机	
	补齐螺钉、螺母、手柄，并加以紧固	1	维修人员	停机	
传动部分	检查传动系统有无异响	3		运转	
	检查及调整传动带的松紧情况	3		运转	
	检查离合器、制动器工作情况，检测离合器、制动器的磨损程度，行程是否达到要求(4 ~ 6mm)	12		运转	
精度	检查工作台平面度，滑块平行度、垂直度	12		停机	另附记录
	检查、调整滑块导轨间隙（滑块处于上死点和下死点两个位置时），并做好相应的记录	12		停机	
油气部分	检查油质、压缩空气，油、气过滤装置，保持良好	3		停机	
	检查油路、气路是否有泄漏现象	3		运转	
	检查液压、气动元件是否有异常现象	3		运转	
	调整各润滑点，保证供油良好	3		运转	
电气部分	清擦电动机并给轴承加注润滑油，检查其地脚螺栓是否牢固	3		停机	
	清擦电气装置，保证安全、固定、整齐	3		停机	
	检查和调整安全限位装置，保证安全可靠	3		停机	
	检测电动机对地绝缘电阻，相间绝缘电阻，检查各接地点接触是否良好	12		停机	
	检查主电动机转子集电环及电刷是否良好	3		停机	
附件	检查确认零部件完整，附件齐全	3		停机	
	检查确认安全、防护装置齐全可靠	3		停机	

表5-10　机械压力机的定期精度检查记录

机床精度检查记录

一、底座平面度

精度要求：0.15mm/m

实际检查：

后

前

二、工作台平面度

精度要求：0.15mm/m

实际检查：

后

前

三、滑块下平面对工作台面的平行度

工作台尺寸：3000 × 1800 mm²)

精度要求：0.52mm

实际检查：

后
前

四、滑块运动轨迹对工作台面的垂直度

精度要求：0.16/500

实际检查：

1、前后方向	⊥	/500
2、左右方向	⊥	/500

五、导轨间隙

精度要求：对应角的双边间隙之和应在 0.15 ~ 0.2mm之间。

实际检查：

1、滑块在上

上端	下端
后	后
上端	下端
前	前

2、滑块在下

上端	下端
后	后
上端	下端
前	前

2）从《设备定期点检标准作业指导书》中，了解设备定期点检的项目、完好的标准（参数）和检查的方法、检查的时机（停机状态还是运转状态）、检查的周期。

3）状态检查和监测：点检员依据《设备定期点检标准作业指导书》逐项检查、检测，并做好记录。

4）分析判断，将收集到的检测数据，通过比较、对照，分析、判断有无异常。

5）差距调整。标准–实测=差距。差距不在正常值范围之内时，就要对其进行调整。如果某些设备确实无法达到出厂值或者验收标准，就需要工艺部门进行确认能否满足企业的生产工艺要求。如果仍然无法达到生产工艺要求，就要考虑大修或者改造了。

设备定期点检作业流程图，如图5-6所示。

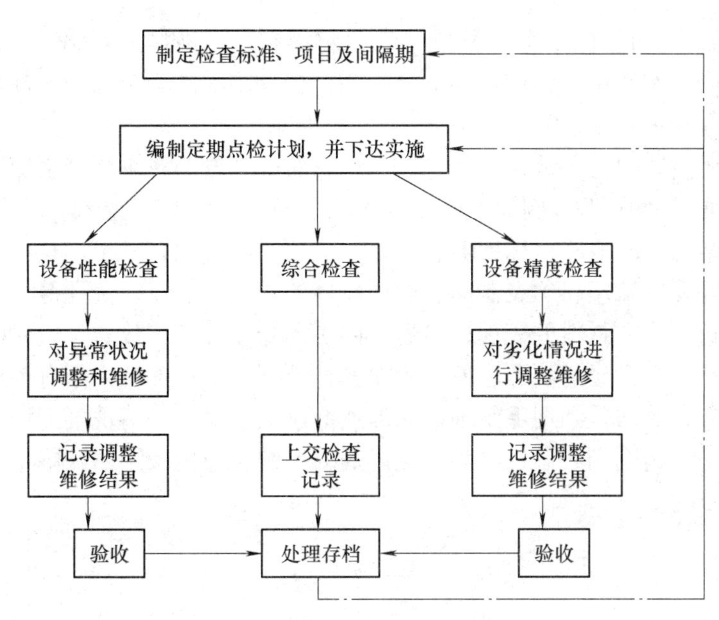

图5-6　设备定期点检作业流程图

5.1.4　设备的精密点检

如果说日常设备点检如同值班护士的时时呵护，设备定期点检则像主治大夫一样精心检查，那么设备精密点检就是专家门诊了。

设备精密点检，是指用检测仪器、仪表，对设备进行综合性测试、检查，或在设备未解体的情况下运用诊断技术、特殊仪器、工具或其他特殊方法，测定设备的振动、温度、裂纹、变形、绝缘等状态参数，并将测得的数据对照标准和历史记录进行分析、比较、判定，以确定设备的技术状况和劣化程度。

设备精密点检是点检定修、预知性检修、状态检修等多种先进检修策略的技术基础。精密点检，可以测定设备的实际劣化程度，通过劣化倾向管理进行跟踪、分析，从而获得设备劣化的趋势和规律。

1. 设备精密点检的主要检测方法

设备精密点检有以下一些检测方法：无损探伤，振动噪声测定，铁谱分析，油液取样分析，应力、扭矩、扭振测试，表面不解体检测，继电器保护、绝缘保护试验，开关类试验，电气系统测试等。下面就一些较常见的检测方法进行介绍。

（1）无损探伤　用于检测零部件的缺陷、裂纹等。无损探伤的主要方法及特性见表5-11。

表5-11　无损探伤的主要方法及特性

序号	名称	适用范围	基本特点
1	染色探伤	表面缺陷	操作简单方便
2	超声波探伤	表面或内部缺陷	速度快，对平面型缺陷灵敏度高
3	磁粉探伤	表面缺陷	仅适用于铁磁性材料
4	射线探伤	内部缺陷	直观，对体积型缺陷灵敏度高
5	涡流探伤	表面缺陷	适用于导体材料的构件

1）染色探伤。又叫着色探伤（图5-7），是将溶有彩色染料（例如红色染料）的渗透剂渗入工件表面的微小裂纹中，清洗后涂上显影剂，使缺陷内的彩色渗透剂渗至表面，根据彩色斑点和条纹的存在来判断缺陷的方法。

染色探伤是无损检测的一种方法，它是一种表面检测方法，主要用来探测诸如肉眼无法识别的裂纹之类的表面损伤。例如检测不锈钢材料近表面缺陷（裂纹）、气孔、疏松、分层、未焊透及未熔合等缺陷（也称为PT检测）。适用于检查致密性金属材料（焊缝）、非金属材料（玻璃、陶瓷、氟塑料）及制品表面开口性的缺陷（裂纹、气孔等）。染色探伤的基本原理是：将渗透剂涂在材料的表面，渗透剂即渗入受损部位。放置一段时间后，将表面的渗透剂冲洗掉。然后在已经清洗干净的表面涂上显影剂，损伤部位由于有渗透剂渗出表面从而使缺陷显露出来。此法是利用毛细现象使渗透剂渗入缺陷，经清洗剂清洗，将表面渗透剂清除，而缺陷中的渗透剂则残留，再利用显影剂的毛细管作用吸附出缺陷中残留的渗透剂而达到检验缺陷的目的。

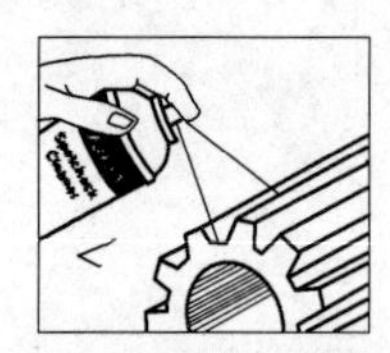
1. 预先清理被测区域。喷洒清洗剂 / 去除剂，并用擦拭布擦干。

2. 施加渗透剂。渗透过程仅需几分钟。

3. 将清洗剂 / 去除剂喷在擦拭布上，将工件表面残留的渗透剂擦干净。

4. 将显影剂薄薄地、均匀地喷洒在工件表面。

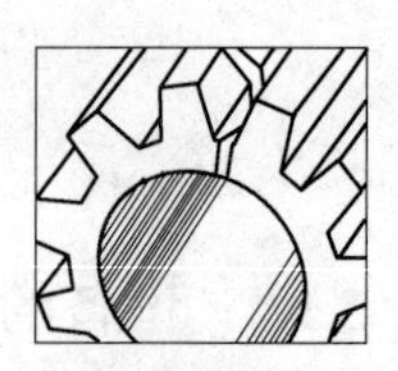
5. 检测。缺陷将以一条鲜亮的红线显示在白色的显影剂背景上。

图5-7　染色探伤的基本原理

2）超声波探伤。超声波探伤是利用超声波能透入金属材料的深处，当由一截面进入另一截面时，利用超声波在界面边缘发生反射的特点，来检查零件缺陷的一种方法。其原理是：当超声波束自零件表面由探头通至金属内部，遇到缺陷与零件底面时就会分别产生反射波，在荧光屏上形成脉冲波形，根据这些脉冲波形即可判断缺陷位置和大小。

超声波在介质中传播时有多种波型，检验中最常用的为纵波、横波、表面波和板波。用纵波可探测金属铸锭、坯料、中厚板、大型锻件和形状比较简单的制件中所存在的夹杂物、裂缝、缩管、白点、分层等缺陷；用横波可探测管材中的周向和轴向裂缝、划伤、焊缝中的气孔、夹渣、裂缝、未焊透等缺陷；用表面波可探测形状简单的铸件上的表面缺陷；用板波可探测薄板中的缺陷。

超声波探伤仪（图5-8）是一种便携式工业无损探伤仪器，它能够快速便捷、无损伤、精确地进行工件内部多种缺陷（裂纹、夹杂、折叠、气孔、砂眼等）的检测、定位、评估和诊断。既可以用于实验室，也可以用于工程现场。此仪器能够广泛地应用在制造业、钢铁冶金业、金属加工业、化工业等需要缺陷检测和质量控制的领域，也可广泛应用于航空航天、铁路交通、锅炉压力容器等领域的在役安全检查与寿命评估，是无损检测行业的必备仪器之一。

超声波探伤的主要优点：

① 穿透能力强，探测深度可达数米。

② 灵敏度高，可发现与直径约十分之几毫米的空气隙反射能力相当的反射体；可检测缺

陷的大小通常可以认为是波长的1/2。

③ 在确定内部反射体的位向、大小、形状等方面较为准确。

④ 仅须从一面接近被检验的物体。

⑤ 可立即提供缺陷检验结果。

⑥ 操作安全，设备轻便。

超声波探伤的主要缺点：

① 要由有经验的人员谨慎操作。

② 对粗糙、形状不规则、小、薄或非均质材料难以检查。

③ 对所发现缺陷作十分准确的定性、定量表征仍有困难。

④ 不适合检测有空腔的结构。

⑤ 除非拍照，一般少有留下追溯性材料。

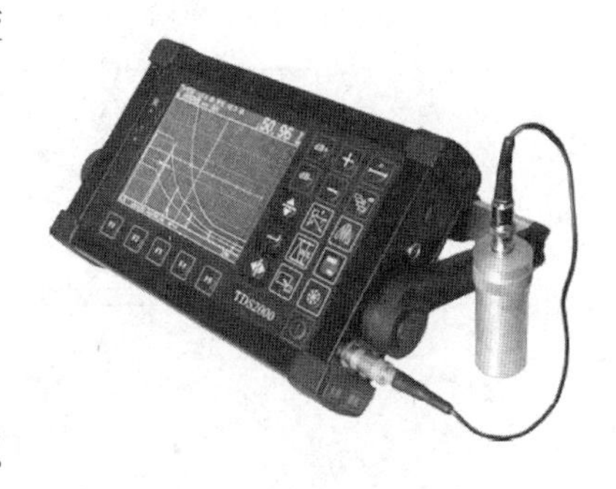

图5-8　超声波探伤仪

3）磁粉探伤。磁粉探伤是利用工件缺陷处的漏磁场与磁粉的相互作用，例如钢铁制品表面和近表面缺陷（如裂纹、夹渣、发纹等）磁导率和钢铁磁导率的差异，磁化后这些材料不连续处的磁场将发生畸变，磁通泄漏处工件表面产生漏磁场，从而吸引磁粉，形成缺陷处的磁粉堆积——磁痕，在适当的光照条件下，可显现出缺陷位置和形状，对这些磁粉的堆积加以观察和解释，即为磁粉探伤。

磁粉探伤是将钢铁等磁性材料制作的工件予以磁化，利用其缺陷部位的漏磁能吸附磁粉的特征，依磁粉分布显示被探测物件表面缺陷和近表面缺陷的探伤方法。磁粉探伤方法的特点是简便、显示直观。

磁粉探伤的种类可分为：

① 按工件磁化方向的不同，可分为周向磁化法、纵向磁化法、复合磁化法和旋转磁化法。

② 按采用磁化电流的不同，可分为直流磁化法、半波直流磁化法和交流磁化法。

③ 按探伤所采用磁粉的配制不同，可分为干粉法和湿粉法。

④ 按照工件上施加磁粉的时间不同，可分为连续法和剩磁法。

磁粉探伤的原理（图5-9）是：将待测物体置于强磁场中或通以大电流使之磁化，若物体表面或表面附近有缺陷（裂纹、折叠、夹杂等）存在，由于它们是非铁磁性的，对磁力线通过的阻力很大，磁力线在这些缺陷附近会产生漏磁，当将导磁性良好的磁粉（通常为磁性氧化铁粉）施加在物体上时，缺陷附近的漏磁场就会吸住磁粉，堆集形成可见的磁粉痕迹，从而把缺陷显示出来。

磁粉探伤的优点：

① 对钢铁材料或工件表面裂纹等缺陷的检验非常有效。

② 设备和操作均较简单。

③ 检验速度快，便于在现场对大型设备和工件进行探伤。

④ 检验费用较低。

磁粉探伤的缺点：

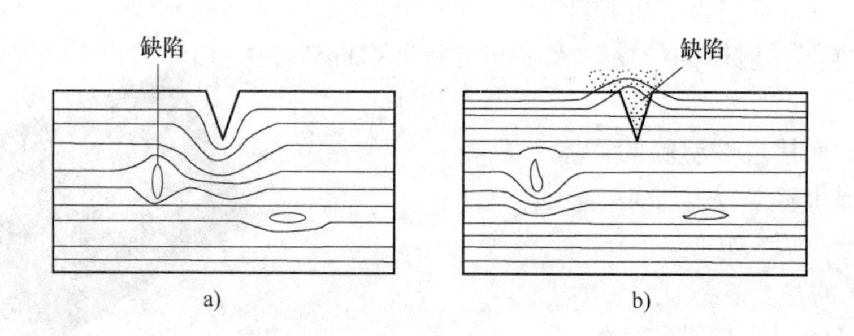

图5-9　磁粉探伤的原理图
a）焊件充磁　b）磁粉聚集在表面缺陷上

① 仅适用于铁磁性材料。

② 仅能显出缺陷的长度和形状，而难以确定其深度。

③ 对剩磁有要求的一些工件，经磁粉探伤后还需要退磁和清洗。

磁粉探伤的灵敏度高、操作也方便，但它不能用于导磁性差的材料（如奥氏体钢），而且不能发现铸件内部较深的缺陷。铸件、钢铁材料的被检表面要求光滑，需要打磨后才能进行。

4）射线探伤。射线探伤在工业上有着非常广泛的应用，它既可用于金属检查，也可用于非金属检查。对金属内部可能产生的缺陷，例如气孔、针孔、夹杂、疏松、裂纹、偏析、未焊透和熔合不良等，都可以用射线探伤检查。应用的对象有特种设备、航空航天设备、船舶、兵器、水工成套设备和桥梁钢结构等。

射线探伤的基本原理是（图5-10）：当强度均匀的射线束透射物体时，如果物体局部区域存在缺陷或结构存在差异，它将改变物体对射线的衰减，使得不同部位透射射线强度不同，这时采用一定的检测器（例如，射线照相中采用胶片）检测透射射线强度，就可以判断物体内部的缺陷。

射线探伤常用的方法有：X射线探伤、γ射线探伤、高能射线探伤和中子射线探伤。对于常用的工业射线探伤来说，一般使用的是X射线探伤、γ射线探伤。射线探伤设备如图5-11所示。

射线照相法能较直观地显示工件内部缺陷的大小和形状，因而易于判定缺陷的性质，射线底片可作为检验的原始记录供多方研究并作长期保存。但这种方法耗用的X射线胶片等器材费用较高，检验速度较慢，只宜探测气孔、夹杂、缩孔、疏松等体积型缺陷，能定性但不能定量，且不适合用于有空腔的结构，对角焊、T型接头焊的检验敏感度低，不易发现间隙很小的裂纹和未熔合等缺陷以及锻件和管、棒等型材的内部分层型缺陷。此外，射线对人体具有一定的辐射生物效应，危害人体健康。进行探伤作业时，应遵守有关安全操作规程，并应采取必要的防护措施。

5）涡流探伤。涡流探伤是利用电磁感应原理，检测导电构件表面和近表面缺陷的一种探伤方法。

涡流探伤的工作原理如图5-12所示。它适用于导电材料，包括铁磁性和非铁磁性金属材料构件的缺陷检测。由于涡流探伤在检测时不要求线圈与构件紧密接触，也不用在线圈与构件之间添加耦合剂，容易实现检验自动化。但涡流探伤仅适用于导电材料，只能检测表面或近表面层的缺陷，不便用于形状复杂的构件。在火力发电厂中，主要应用于检测凝汽器管、汽轮机叶片、汽轮机转子中心孔和焊缝等。

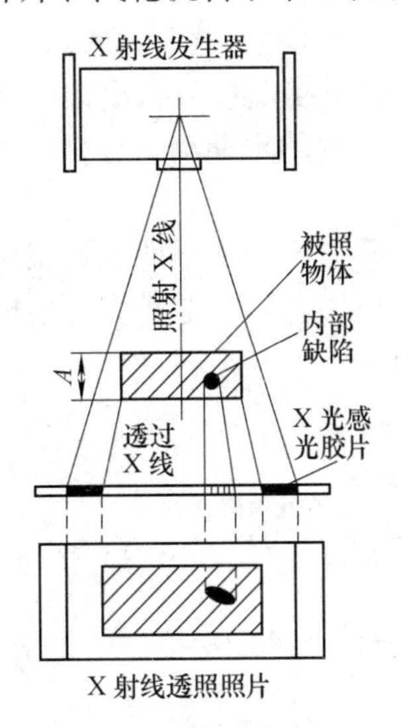

图5-10　射线照相法原理图

图5-11　射线探伤设备

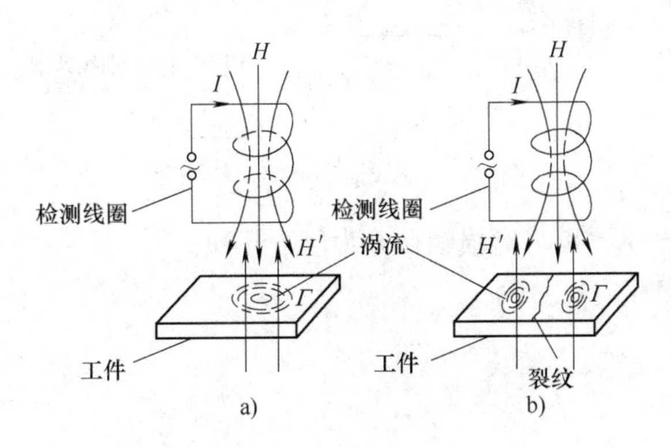

图5-12　涡流探伤的工作原理

a）无缺陷　b）有缺陷

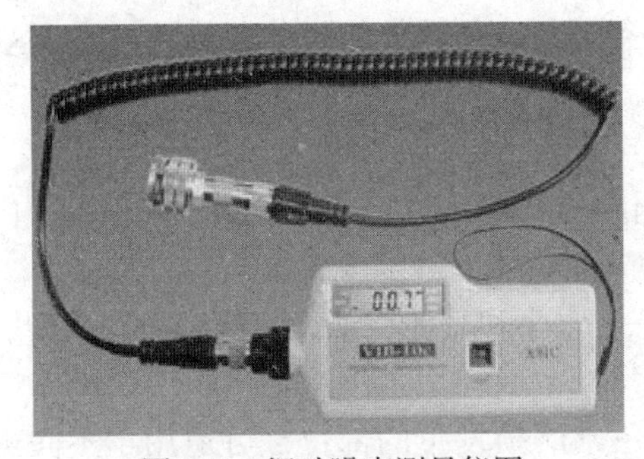

图5-13　振动噪声测量仪图

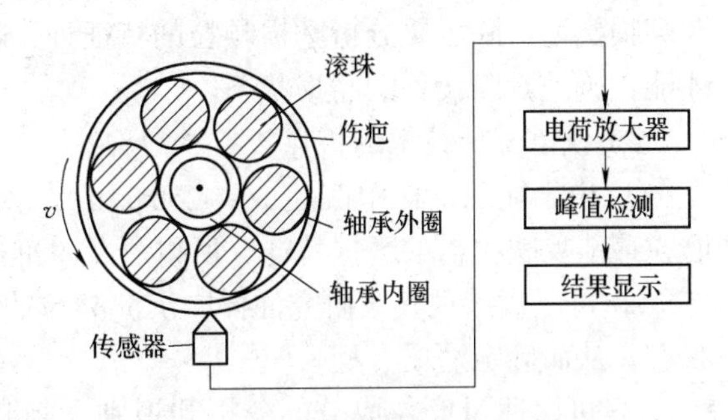

图5-14　轴承振动噪声检查系统结构图

（2）振动噪声测定　振动是工程技术和日常生活中常见的物理现象，在大多数情况下，振动是有害的，它对仪器设备的精度、寿命和可靠性都会产生影响。

利用振动噪声测定作为检测手段，可以判断机械各部分运转是否正常。它主要用于高速回转机械的不平衡，轴心不对中，轴承磨损等的定期测定，如图5-13、图5-14所示。

（3）铁谱分析　铁谱分析是一种借助磁力，将油液中的金属颗粒分离出来，并对这些颗粒进行分析的技术。用于润滑油中金属磨粒数量、大小、形状的定期测定分析。在线铁谱仪的工作原理如图5-15所示。

铁谱分析法比其他诊断方法，例如振动法、性能参数法等，能更加早期地预报机器的异常状态。因此，尽管这种方法出现较晚，但发展非常迅速，应用范围日益扩大，已成为机械故障诊断技术中举足轻重的方法之一。

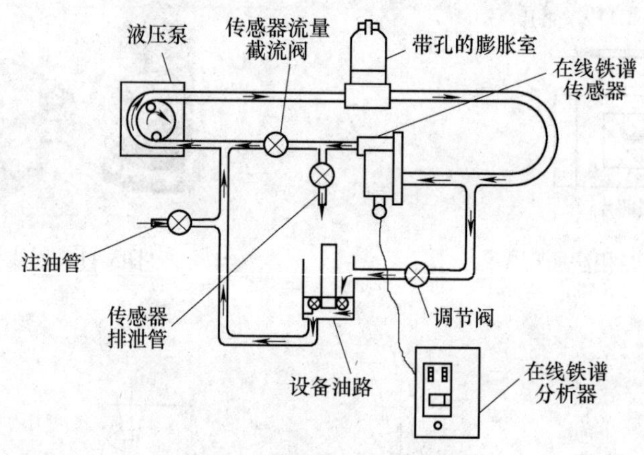

图5-15　在线铁谱仪的工作原理

1）利用铁谱分析技术，可将磨损颗粒分为以下几种：

① 粘着擦伤磨损颗粒。

② 疲劳磨损颗粒。

③ 切削磨损颗粒。

④ 有色金属颗粒。

⑤ 污染杂质颗粒。

⑥ 腐蚀磨损颗粒。

由于不同的磨损颗粒代表不同的磨损类型，因此很容易从磨损颗粒的特征看出设备的主要磨损类型。除了要分析磨损颗粒的特征外，还必须分析磨损颗粒的尺寸和数量，只有这样，才能正确地判断设备的磨损状态。

2）铁谱分析技术的特点。

① 由于能从油样中沉淀 1 ~ 250μm 尺寸范围内的磨粒并对其进行检测，且该范围内的磨粒最能反映机器的磨损特征，所以可及时准确地判断机器的磨损变化。

② 可以直接观察、研究油样中沉淀磨粒的形态、大小和其他特征，掌握磨擦副表面磨损状态，从而确定磨损类型。

③ 可以通过磨粒成分的分析和识别，判断不正常磨损发生的部位，可适用于不同机器设备。

（4）油液取样分析　主要包括润滑油油液分析（例如用于机械部件，主要是轴承的润滑故障分析）和变压器绝缘油的气体分析。

油液取样分析的原理是：通过对油液中污染物的元素成分、数量、尺寸、形态的分析，判断液压系统的污染性故障，分析设备的磨损部位、磨损类型、磨损过程和磨损程度等，从而对设备故障和寿命进行预测。油液分析仪器如图5-16所示。

油液分析的主要内容：流体性能分析、流体污染分析、流体磨损碎片分析。

润滑故障的主要原因：润滑剂污染、润滑添加剂损耗、油液黏度选择不当、水分超标等。

通过对油液取样的检测结果，可以进行以下分析、判断：

1）油样成分分析：确定设备的磨损部位。

2）磨粒浓度分析：判断零件的磨损程度（磨粒浓度与磨损量的线性关系）。

3）磨粒形态分析：估计磨损速度，预测寿命。

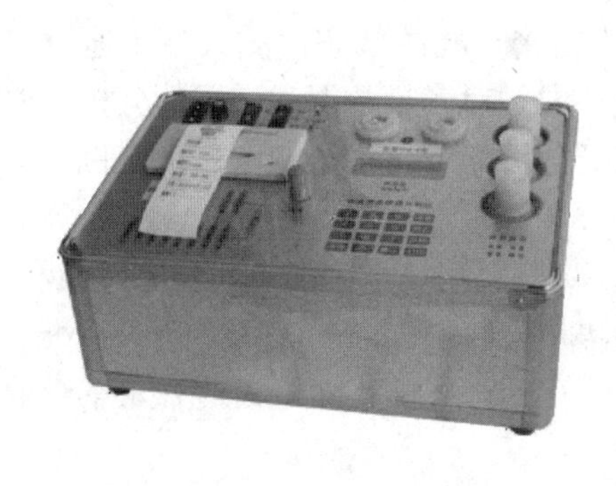

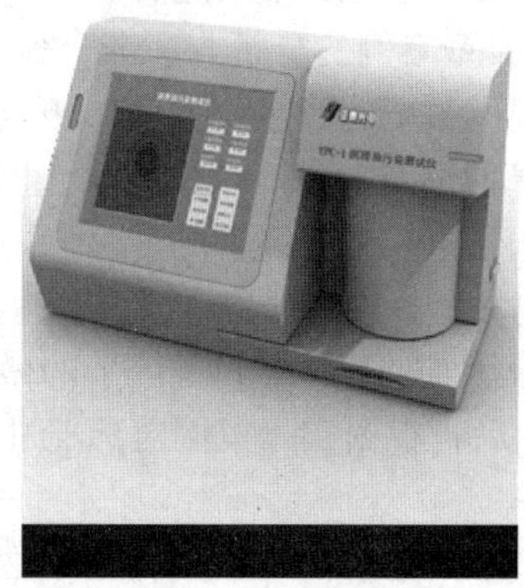

图5-16　油液分析仪器

2. 精密点检周期的选取

（1）定期精密点检　定期精密点检是点检员根据设备劣化倾向管理项目的需要提出精密点检计划表，在技术部门专业技术人员的协助下完成的。有关检查或测定的数据由点检员随机记录，并记入设备档案资料，点检进行自身比较，对劣化倾向性作出判定，以便制定出合理的设备维修计划和劣化零部件的更换计划。

对于使用的精密点检仪器也需要进行定期标定，以保持其可靠测量精度的稳定，不因仪器精度而影响被测部位数据的正确性。

（2）不定期精密点检　不定期精密点检是指设备在异常或有潜在故障苗头时所进行的异常诊断。这种点检也是由点检员在平时观察信息和点检作业活动发现设备有异常情况时随机提出的，必要时陪同技术部门专业技术人员共同测定。例如，对异常振动进行精密测振，预测故障并找出原因，观察其发展；采用精密诊断技术进行精确的定量检测和分析，找出故障位置、原因和数据，以确定相应的对策措施，解决定期点检中的疑难杂症。

3. 做好精密点检应注意的问题

（1）建立一支专业从事设备状态监测和分析诊断的技术队伍　精密点检时采用的设备诊断技术都有非常强的专业性，对使用人员的业务素质和技术水平提出了很高的要求。根据经验，点检人员一般需要3～5年时间的研究和实践才能掌握和应用这些高科技检测技术。因此，首先要建立一支专业的状态监测和分析诊断队伍，原则上宜独立设状态检测中心或诊断小组，而不宜以兼职的形式把状态监测的职能分解到机、电、炉、仪各专业中，或由各专业的点检员（工程师）兼管。同时，要注意人员的相对稳定，否则容易发生人员培训困难、监测工作不规范、数据得不到有效积累等情况。

（2）精密点检工作的标准化、制度化和科学化

1）要根据人员、设备的实际情况建章立制。例如制定《设备状态监测管理标准》《状态监测设备分工管理制度》《设备定期检测项目和周期标准》《状态监测仪器操作规范》《设备状态信息交流管理办法》《设备状态监测技术标准》等管理办法和制度，以确保精密点检或状态监测工作有条不紊地进行。

2）要严格按照标准和制度执行点检。根据分工，状态监测人员要按照标准定期开展状态检测和故障诊断，掌握其发展趋势和规律。

3）要注重典型案例的分析与积累。作为精密点检的状态监测人员，通过定期和不定期监测得到所需要的数据，只是一个基础，更重要的是对大量数据和谱图的分析，找出故障信息，甚至分析出故障原因及故障部位。因此，积极分析案例、积累案例，把案例作为故障判断的辅助手段才是精密点检的最终目的。

4）状态监测技术标准的研究与建立。建立状态监测技术标准是非常有意义和非常必要的，但又是一件十分困难的事情。目前一般的做法是先收集国际、国内的有关标准，制定出企业的初始标准；然后再根据实际案例对标准进行修正，逐步建立一套适合于本企业的状态监测技术标准。

5）要掌握循序渐进，合理选择点检项目和方法的原则，科学地开展状态监测、分析和诊断工作。

点检/巡检、定期点检和精密点检，通过对设备的状态进行检测，对设备故障及其发展变化进行诊断和估计，构成了设备劣化倾向管理的基础，为开展对设备的全面监控，及时消除设备故障隐患，合理安排检修计划提供了依据。

5.2 设备日常点检标准作业指导书及点检表

设备日常点检表是进行设备日常点检作业的工作文件，同时也是点检作业原始记录。设备日常点检标准是指导操作者或点检人员进行规范化、标准化的点检作业，提高效率的作业方法。

为了指导设备操作者或点检人员进行设备检查工作，将检查项目、检查内容、检查周期、检查方法、判定标准等内容编制成规范的作业书，作为设备操作者或点检人员进行设备点检作业的依据。同时，为了更直接、更方便、更详细、更清晰地表达所要点检的内容，把需要点检的部位形成图片加入到作业书中，最终形成指导设备点检操作作业标准指导书。

点检作业标准的主要内容：点检部位、点检项目、点检内容、点检方法、点检结果的判断基准、点检状态、点检分工、点检周期。简称设备点检的“八定”。

编制设备日常点检作业标准和日常点检表，以形成设备日常点检作业标准化、规范化，是提高设备现场维护保养的质量和效率的方法之一。

5.2.1 编制设备点检作业标准指导书的方法

（1）编制设备点检作业标准的要求　编制设备点检作业标准的要求是：简明扼要，目视化、规范化、标准化、可持续性。其内容为设备点检的“八定”和作业顺序等，以表格的形式编制成规范的作业指导书，并配备设备点检部位的图片，使之一目了然地表达设备所要点检的部位和作业步骤等内容。

（2）编制设备点检作业标准的程序　先确定设备编制初稿，由设备主管审查批准，交点检员或操作者试行。试行半年至一年，期间根据设备运行状态、故障和维修等因素，采用PDCA法逐步修正，以趋向合理，达到动态、有效地管理。新增设备或改造过的设备，在投入使用前，也必须制定好点检作业标准。

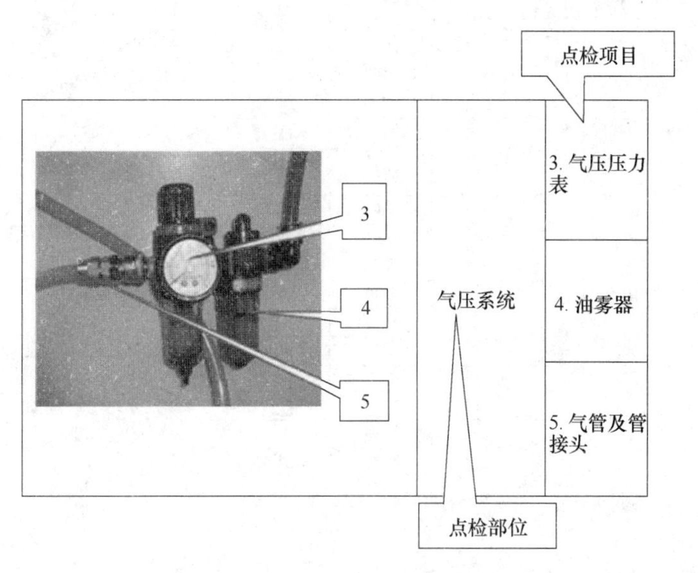

图5-17　点检部位和项目

（3）编制设备点检作业标准的步骤

1）定点检部位。一般将设备的关键部位（电动机、滑动部分、回转部分、传动部分、润滑系统、电控系统、冷却系统等）和薄弱环节（易发生故障和劣化的地方）列为检查重点。其关键部位和薄弱环节的确定与设备的结构、工作条件、生产工艺及设备在生产中所处的环境有很大关系。若其部位选择不当或数量过少，则难以达到预定的目的。若其部位选择不当或数量过多，势必造成经济上不合理。因此，必须全面考虑以上因素，合理确定检查部位和数量。

2）定点检项目。通常将设备关键部位中容易发生故障或劣化的点定为点检项目，如图5-17所示。

3）定点检内容。点检内容通常是设备的压力、温度、流量、泄漏、润滑状况、异响、振动、龟裂（折损）、磨损、松弛等状况，简称点检十大要素，如图5-18所示。

4）定点检方法。根据设备点检的项目和要求，选择检查方法。通常是采用“五感”法和专用检具，如红外线检测仪器等。

5）定点检结果的判断基准（标准值）。设备点检的判断基准，分为定性标准与定量标准，见表5-12。定量标准是依据设备使用说明书中的技术要求和维修技术标准及实践经验，来制定点检项目的技术状态是否正常的判定标准。例如磨损量、偏角、压力、油量等均应有确切的数量界限，以便于检测和判定。

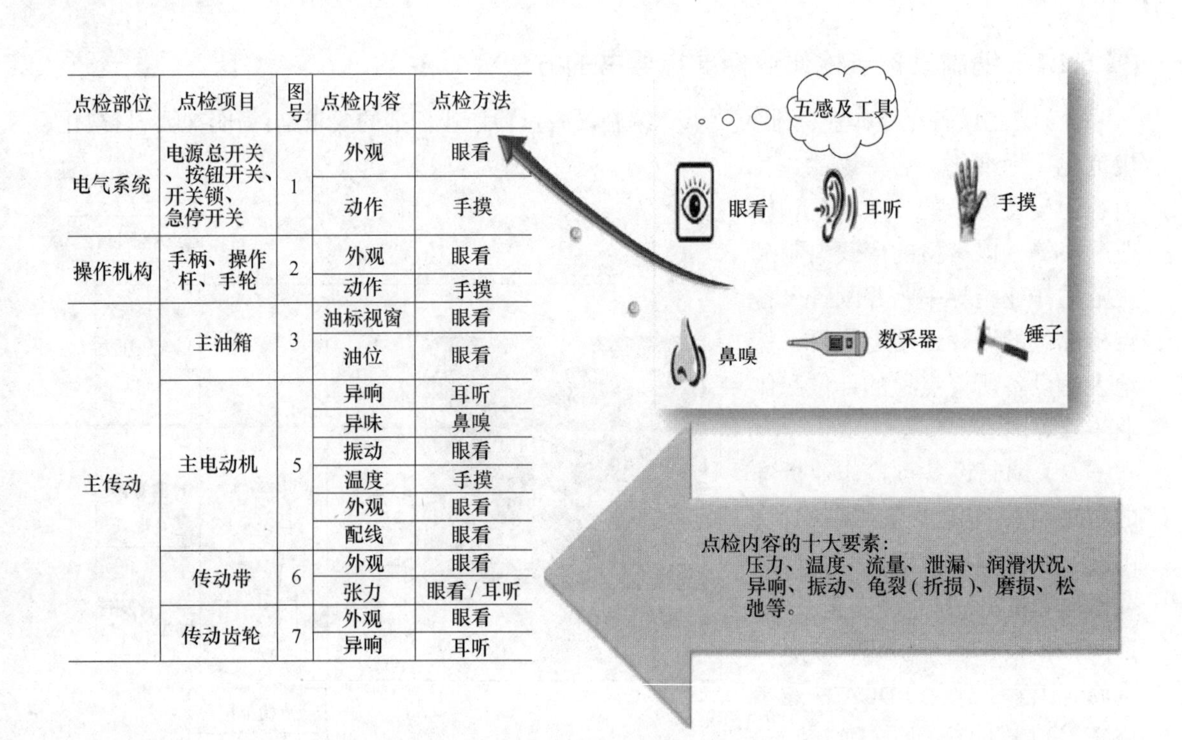

点检部位	点检项目	图号	点检内容	点检方法
电气系统	电源总开关、按钮开关、开关锁、急停开关	1	外观	眼看
			动作	手摸
操作机构	手柄、操作杆、手轮	2	外观	眼看
			动作	手摸
	主油箱	3	油标视窗	眼看
			油位	眼看
主传动	主电动机	5	异响	耳听
			异味	鼻嗅
			振动	眼看
			温度	手摸
			外观	眼看
			配线	眼看
	传动带	6	外观	眼看
			张力	眼看 / 耳听
	传动齿轮	7	外观	眼看
			异响	耳听

图5-18　点检内容

表5-12　点检判断基准

作用	类型	依据
衡量或判别设备点检部位是否发生劣化	定量标准：给出具体数据 定性标准：给出某种正常状态或现象，判断"有没有"或"是不是"	维修技术标准 设备使用说明书和有关技术资料、图样 同类设备的资料、经验 实际经验

6）定点检状态。设备的点检状态，分为设备停止（静态）或运行（动态）两种。通常温度、压力、流量、振动、异响、动作状态等项目须在运行状况下进行点检；而磨损、裂纹、松弛等项目须在设备停止状态下进行点检。

7）定点检分工。所有设备点检任务必须落实到人，根据点检任务明确各类点检人员的责任。

① 日常点检：由设备操作人员或维修人员负责。他们常使用设备或维护设备，对设备的性能和技术状况十分熟悉，易于及时发现问题，当设备在运行中出现故障征兆时，操作人员或维修人员能够及时处理。

② 定期点检：由维修人员或专职点检员负责。由于定期点检工作内容复杂，作业量大，操作技术要求高，只有专业人员才能保证设备定期检查的质量和效率。

8）定点检周期。设备点检周期分为短周期（一年以下）和长周期（一年以上）两大类。短周期又分为小时、班、天、周、月等几种。设备点检周期是与设备类型、生产量、工作环境、工作时间等因素有关，再根据设备说明书的要求，结合设备故障与磨损倾向、维修经验等来确定，切不可过长或过短。点检周期过长，设备异常和劣化情况不能及时发现，就失去了点检的意义；点检周期过短，会加大检查工作量，增加费用支出。点检周期不是一个固定不变的量，它随着多种因素的影响而变化。例如同类设备，因使用环境不同，其点检的具体内容和周期也不同。点检周期的确定，需要一个摸索试行的过程。

设备点检周期的常用符号：H ——时，S ——班，D ——天，W ——周，M ——月，Y——年。

（4）点检作业指导书的表格形式　由于行业、企业不同，设备点检作业指导书的表格形式也多种多样。但无论采用何种形式，设备点检作业标准指导书要求的基本信息，例如设备名称、型号、编号、编制人和设备点检的“八定”等内容都应该有。部分取自企业实际的案例如图5-19所示。

电气设备点检作业指导线

设备备称	点检部位	点检项目	点检内容	点检分工			设备状态		点检方法				点检周期		
				点检	巡检	专业	运行	停止	目测	听音	仪器	其他	点检	巡检	专业
变压器	控制屏	各侧运行参数	I、U、P、Q	○			○				○		每班		
	冷却器	冷却器	风扇	○	○		○		○				每班	1周	
			散热片	○			○		○				每班		
			阀门	○			○		○				每班		
	离散开关	开关	动作	○			○		○				每班		
		继电器	瓦斯继电器	○			○		○				每班		
	各侧导杆	导杆	连接螺栓	○	○		○		○				每班	1周	
			温度	○	○	○	○				○		每班	1周	1周
	本体	过压阀	渗漏	○			○		○				每班		
		瓦斯继电器	油、气	○			○		○				每班		
		呼吸器	效果	○		○	○		○				每班		1周
		防爆膜	损伤	○		○	○		○				每班		1周
		密封件	目视	○	○	○	○		○				每班	1周	1周
		声音	听	○		○	○			○			每班		1周
		上层油温	温度	○		○	○				○		每班		1周
	油枕	油枕	油位	○		○	○		○				每班		1周
			油色	○		○	○		○				每班		1周
	高低压侧套管	瓷套管	污垢	○		○	○		○				每班		1周
			放电痕迹	○		○	○		○				每班		1周
	套管	套管（零序套管）	视听	○					○				每班		
	避雷器	中心点避雷器	外观	○			○		○				每班		
	地刀	中心点接地刀	外观	○			○		○				每班		
	辅助设备	穿墙套管	温度	○	○		○				○		每班	1周	
		瓷瓶	外观	○	○		○		○				每班	1周	

a)

图5-19　各类设备点检作业指导书的表格形式案例

日常点检作业指导书						
设备名称：立式加工中心		型号:VDL600		资产编号: 点检周期：每班		页码：2/4 点检人：操作者
点检部位简图	点检部位	点检项目	方法		标准	异常处理方法
			检查手段	点检状态		
	电气柜（电气柜风扇）、可见线路	1. 电气柜风扇	目视、触摸、听	开机前	1. 通电后，风扇运转正常、无阻滞、无异常噪声 2. 散热口正常排风	报告老师
		2. 可见线路	目视	开机前	电线无破损	报告老师
	操作面板	1. 各按钮及软键、急停开关	目视、旋转急停开关	开机前	1. 各按钮及软键无损坏 2. 急停开关有效，旋转能回位	报告老师
		2. 显示界面	目视	开机后/运行中	1. 开机自检正常， 2.MESSAGE 界面无异常报警信息	1. 报告老师 2. 复位

编制：　　审核：　　会签：　　批准：

b)

设备名称:CNC8312　　设备点检作业标准 — 记录文件《设备点检表》

部位编号	名称	点检方法	点检频次	点检判断值	责任岗位	符号	点检部位图示
1	主轴油箱压力	目视	日	主轴油箱上的压力表标准为：2.0～2.2MPa，可通溢流阀调节压力高低	操作者	C	油泵电动机
2	液压油箱压力	目视	日	液压油箱上总压力表标准为：1.1～1.5MPa，提供摇架、尾架阀和导轨润滑	操作者		
3	导轨与丝杠润滑	目视	周	检查油箱液位是否低于警戒线，低于添加68# 耐磨润滑油	操作者		
4	水箱	目视	周	点检水箱容积是否低于2/3液位。少则增加	操作者		
5	主轴油箱	目视	月	点检主轴箱容量是否低于2/3液位。少则增加	操作者		
6	液压油箱	目视	月	点检主轴箱容量是否低于2/3液位。少则增加	操作者		

c)

图5-19　各类设备点检作业指导书的表格形式案例（续）

5.2.2　编制设备点检表的方法

设备点检表是根据设备点检作业标准指导书的内容，在周期内进行点检作业，并用规定的符号记录点检情况的表格。点检表既是设备运行状态的原始记录，又是考查点检工作执行情况的依据。

设备点检表格应包含设备基本信息（名称、设备编号、编制人、修改人、审核人、批准人的签字栏，文件的编码、编号及版本）、点检部位、点检项目、点检内容、点检结果的判断基准（标准值）、点检方法、点检状态、点检周期、点检分工，以及设备点检结果的处理程序和点检组长验证签字。有部分企业将设备点检作业标准与点检表合并。设备日常点检表通常按一个月（31天）为1个周期，班次按企业实际情况定，可分为1班制、2班制、3班制三种。每月收集一次点检信息，进行设备运行状况的统计和分析，做成月报表呈上级主管部门，一般保存期限规定为两年。

5.3 设备润滑与管理

5.3.1 设备的润滑

在设备摩擦副中加入润滑油，使摩擦面之间形成润滑膜，将原来直接接触的干摩擦面分开，使摩擦减少，磨损降低，从而延长机械设备的使用寿命，这种技术称为润滑。

润滑在机械传动中和设备保养中均起着重要作用，润滑能影响到设备性能、精度和使用寿命。对企业的在用设备，按技术规范的要求，正确选用各类润滑材料，并按规定的润滑时间、部位、数量进行润滑，以降低摩擦，减少磨损，从而保证设备的正常运行、延长设备使用寿命、降低能耗、防治污染，达到提高经济效益的目的。

因此，设备润滑是防止和延缓零件磨损以及其他形式失效，保持设备完好并充分发挥设备效能、减少设备事故和故障的重要手段之一，对于提高企业经济效益和社会经济效益有着极其重要的意义。

1. 润滑剂

润滑剂应用于两个相对运动的物体之间，可以减少两物体因接触而产生的摩擦与磨损。润滑剂可分为固体润滑剂、半固体润滑剂、液体润滑剂、气体润滑剂。

（1）固体润滑剂　固体润滑剂是以固体形态存在于摩擦面之间，起润滑作用的物质。工业中常用的固体润滑材料有二硫化钼、石墨、聚四氟乙烯等。

固体润滑剂的特点：

1）使用温度高。

2）承载能力强。

3）边界润滑优异。

4）耐化学腐蚀性好，无油污沾染，抗辐射，且有较宽的导电率范围。

5）导热性、散热性不好，不能带走热量起冷却作用，且摩擦因数大。

（2）半固体润滑剂　半固体润滑剂即润滑脂。润滑脂在常温常压下呈半流动的油膏状态，是由基础润滑油和稠化剂按一定的比例稠化而成。用于机械的摩擦部分，起润滑和密封作用。也用于金属表面，起填充空隙和防锈作用。

润滑脂根据添加的稠化剂不同可分为皂基脂和非皂基脂，根据用途可分为通用润滑脂和专用润滑脂。

常用的润滑脂有通用锂基润滑脂，根据实际需要还可选用钠基润滑脂、钙基润滑脂（俗称黄油）、钙钠基润滑脂、极压锂基润滑脂等。润滑脂的常用稠度等级有00、0、1、2、3等。低稠度等级（0和1）润滑脂的泵送分配性好，适用于集中供脂的润滑系统；小型封闭齿轮适宜用稠度等级为0或00的脂；在粉尘大的场合工作的机械，可用稠度等级为3或更高稠度的润滑脂，以阻止污染物侵入。一般机械设备应按说明书规定选用适当稠度等级的润滑脂。

（3）液体润滑剂　液体润滑剂即润滑油，主要用在各种机械上，以减少摩擦，保护机械及加工件，起润滑、冷却、防锈、清洁、密封和缓冲等作用。润滑油包括矿物润滑油、合成润滑油、动植物油和水基液体等。

常用润滑油的牌号：润滑油的牌号大部分是以40℃时油液的运动黏度平均值来标定的。

液压油：常用的液压油牌号有N32、N46、N68。如机械设备的液压系统用油常采用N46或N68抗磨液压油，机械压力机的润滑系统、液压系统常采用N46抗磨液压油。

工业齿轮油：中、重载荷齿轮常用的润滑油牌号有：N150、N220、N320、N460。如桥式起重机的齿轮变速箱常用N150重载荷齿轮油。

导轨润滑一般选用导轨油，使用时要根据温度、季节和导轨自身特点选择不同的黏度。导轨油适用于液压电梯和升降机。

（4）气体润滑剂　与液体一样，气体也是流体，同样符合流体的物理规律，因此在一定条件下，气体也可以像液体一样成为润滑剂。常用的气体润滑剂有空气、氦气、氮气、氩气等。气体润滑剂黏度很小，对温度变化不敏感，但承载能力小，仅用于超高速、轻载的场合。例如空气轴承的润滑。

润滑剂可以润滑摩擦面，提供分离摩擦表面的润滑油膜；清洁润滑部位，将污染物清洗下来，并分散成极细微的颗粒排出；冷却，降低因摩擦产生的热量，将热量通过循环系统带走，防腐，防止空气和水对部件的腐蚀；密封，防止窜气。

2. 设备润滑装置

不同的润滑剂需要使用不同的润滑装置，以保证润滑剂顺利到达工作表面。

1）机床加油工具如图5-20～图5-24所示。

2）机床润滑装置如图5-25、图5-26所示。

图5-20　油壶

图5-21　油枪

图5-22　弹子油杯

图5-23　加油车

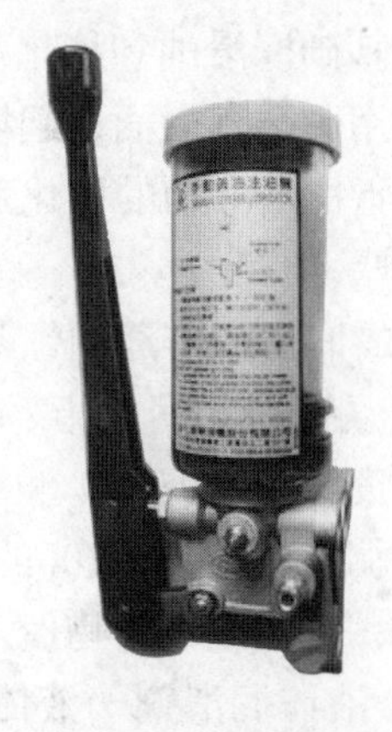

图5-24　手动润滑脂泵

图5-25　机床润滑装置

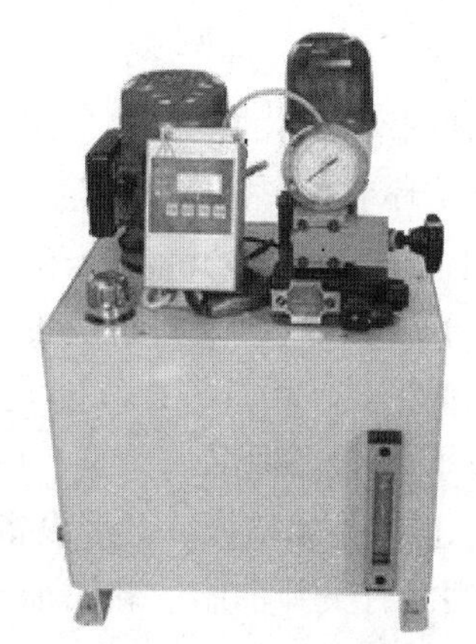

图5-26　自动集中润滑系统

5.3.2　设备润滑管理

设备的润滑管理是指采用先进的管理方法，合理选择和使用润滑剂，采用正确的换油方法以保持机械摩擦副良好的润滑状态等一系列管理措施。

设备的润滑管理，不仅是设备技术管理的重要组成部分，也是设备维护的重要内容，搞好设备润滑工作，是保证设备正常运转、减少设备磨损、防止和减少设备事故、降低动力消耗、延长设备修理周期和使用寿命的有效措施。

1. 设备润滑管理的目的

1）防止机械摩擦副异常磨损。

2）防止润滑故障。

3）提高设备运行可靠性。

4）防止润滑剂污染、泄漏。

5）降低维修成本。

2. 设备润滑管理的内容

设备润滑管理的内容是运用摩擦学原理正确实施润滑技术管理和润滑物资管理。

1）润滑技术管理：对设备的润滑故障采取早期预防，分析故障的表现形式和原因，对润滑故障进行监测和诊断，从摩擦副材质、润滑剂质量分析、润滑装置和润滑系统等多方面进行分析并采取科学对策。

2）润滑物资管理：包括润滑剂的正确采购、科学验收、正确保管和发放、废油的回收和再生处理等。

总之，设备的润滑管理就是采用管理手段，按照技术规范的要求，实现设备的合理润滑和节约用油，保证设备安全正常运行。

设备润滑管理工作的基本内容如下：

1）确定润滑管理组织、拟定润滑管理的规章制度、岗位职责条例和工作细则。

2）配备人员（专业润滑技术人员、专职润滑管理员、日保操作人员），贯彻设备润滑工作的“五定管理”和“三过滤”。

3）编制设备润滑技术档案，包括设备润滑图表（图5-27）、卡片、润滑工艺规程等，指导设备操作工、维修工正确开展设备的润滑。

4）组织好各种润滑材料的供、储、用。抓好油料计划、质量检验、油品代用、节约用油和油品回收等几个环节，实行定额用油。

5）编制设备年、季、月份的清洗换油计划和适合于本厂的设备清洗换油周期结构。

6）检查设备的润滑状况，及时解决设备润滑系统存在的问题。例如补充、更换缺损润滑元件、装置、加油工具、用具等，改进加油方法。

7）采取措施，防止设备泄漏。总结、积累治理漏油的经验。

8）组织润滑工作的技术培训，开展设备润滑的宣传工作。

9）组织设备润滑有关新油脂、新添加剂、新密封材料、润滑新技术的试验与应用，学习、推广国内外先进的润滑管理经验。

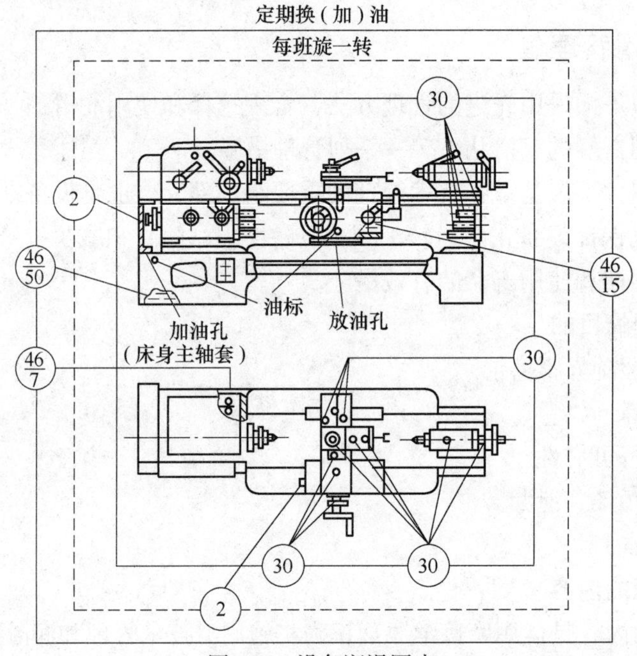

图5-27　设备润滑图表

3. 润滑油的选用

通常设备制造厂会在设备说明书中对设备各部位的润滑用油进行具体介绍，设备润滑管理人员只要按照设备说明书的要求选用油品即可。但是，也可能会遇到下列情况：

1）某些设备说明书不齐或没有规定用油。

2）说明书规定用油因性能落后已被淘汰。

3）由于各种原因不能按说明书的要求用油。例如，进口设备推荐的是外国油品，国内很难买到或为了国产化而需选用国产油品。

这时，可按下述原则选择油品。

（1）根据设备工况条件选用油品

1）负荷：负荷大，则选黏度大、油性或极压性能良好的油品；负荷小，则选黏度低的油品；冲击较大的场合，也应选黏度大、极压性能好的油品。

2）运动速度：运动速度高，选低黏度油品；运动速度低，选黏度大一些的油品，但对加有抗磨添加剂的油品，不必过分强调高黏度。

3）温度：温度分为环境温度和工作温度。环境温度低，选黏度和凝点（或倾点）较低的润滑油；反之可以选高一些；工作温度高，则选黏度较大、闪点较高、氧化安定性好的润滑油，甚至可选用固体润滑剂；温度变化范围大的，要选用黏温特性好（黏度指数高）的润滑油。

4）环境湿度及与水接触：在潮湿环境及与水接触较多的工况条件下，应选抗乳化性较强、油性和防锈性能较好的润滑油。

（2）参考设备说明书推荐选油　设备说明书推荐的油品可作为选油的主要参考，但应注意随着技术进步，劣质油品将被逐渐淘汰，合理选用高品质油品在经济上是合算的。因此，即使是旧设备，也不应继续使用被淘汰的劣质油品；进口、先进设备所用润滑油应尽量在国产油品中选择，以降低成本。

（3）根据应用场合选用润滑油品种及黏度等级　国产润滑油是按应用场合、组成和特性，用编码符号进行命名的。因此，选用时可先根据应用场合确定组别，再根据工况条件确定品种和黏度等级。

在润滑管理中，选好油品后一般应尽量避免代用或混用。但有时会碰上因供应或其他原因而不得不代用或混用油品的情况，这时应掌握下列原则：

1）只有同类油品或性能相近、添加剂类型相似的油品才可以代用或混用。

2）代用油品的黏度以不超过原用油黏度的±25%为宜，一般可采用黏度稍大的代用油品，但液压油、主轴油则宜选黏度稍低的代用油品。

3）质量上只能以高代低，不能以低代高。对工作温度变化大的机械，则只能以黏温特性好的代用黏温特性差的；低温环境选代用油，其凝点或倾点应低于工作温度10℃；高温工作应选闪点高、氧化安定性和热安定性好的代用油品。

4）由于不同厂家生产的同名润滑油，其所加的添加剂可能不同，因此，在旧油中混入不同厂家生产的新油以前，最好先做混用试验，即以1∶1混合加温搅拌、观察，如果无异味、沉淀等异常现象方可混合使用。

4. 设备润滑的“五定管理”和“三过滤”

设备润滑的“五定管理”和“三过滤”是把日常润滑技术管理工作规范化、制度化，是保证搞好润滑工作的有效方法。

设备润滑“五定管理”的内容：

1）定点：根据润滑图表（图5-27）上指定的部位、润滑点、检查点（油标窥视孔），进行加油、添油、换油，检查液面高度及供油情况。

2）定质：确定润滑部位所需油料的品种、牌号及质量要求，所加油质必须经化验合格。采用代用材料或掺配代用，要有科学根据。润滑装置、器具完整清洁，防止污染油料。

3）定量：按规定的数量对润滑部位进行日常润滑，实行耗油定额管理，要搞好添油、加油和油箱的清洗换油。

4）定期：按润滑卡片上规定的间隔时间进行加油，并按规定的间隔时间进行抽样化验，视其结果确定清洗换油或循环过滤，确定下次抽样化验时间，这是搞好润滑工作的重要环节。

5）定人：按图表上的规定分工，分别由操作工、维修工和润滑工负责加油、添油、清洗换油，并规定负责抽样送检的人员。

“三过滤”也称三级过滤（图5-28），是为了减少油中的杂质含量，防止尘屑等杂质随油进入设备而采取的措施，包括入库过滤、发放过滤和加油过滤。其具体要求如下：

1）入库过滤：油液经运输入库、泵入油罐储存时，要经过过滤。

2）发放过滤：油液发放注入润滑容器时，要经过过滤。

3）加油过滤：油液加入设备储油部位时，要经过过滤。

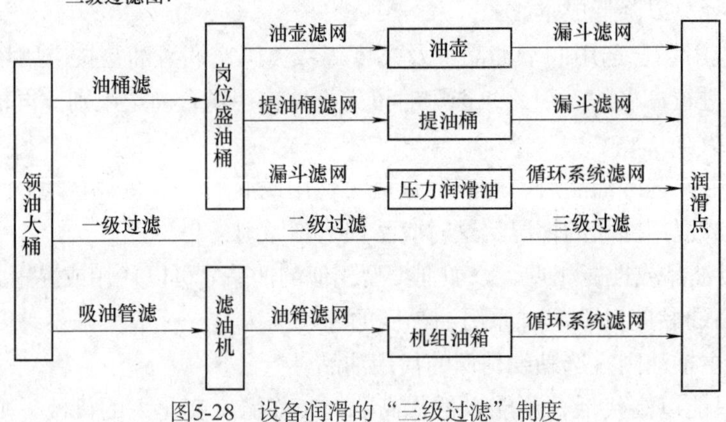

图5-28　设备润滑的“三级过滤”制度

5. 润滑油（脂）的存储和使用

润滑油（脂）储存过程中，防止变质和污染是两条最基本的原则。

（1）防止变质　润滑油变质，主要是指润滑油添加剂失效和基础油的氧化。润滑油的氧化分解产物，不但会加速润滑油的变质过程，还会生成胶质、沥青质和酸性物质，严重影响润滑油的使用，还可能对机械设备造成腐蚀。为达到防止变质的目的，在储存中必须注意以下几个方面：

1）需要储存的油品本身和容器要洁净，使油品不接触或少接触促进油品氧化的金属及金属离子。

2）避免接触使油中添加剂失效的物质，例如水、各种有害金属等。对一些添加剂活性较强的油品，应该尽量减少存储时间。

3）保证适当的存储温度。温度过高，会加速油品氧化反应过程。

4）密封的环境，尽量少与空气接触。

5）避免阳光直射。

6）避免污染，尤其是水和金属颗粒的污染，水分和金属颗粒的存在，会大大加快油的氧化，并使添加剂失效。

7）尽量避免长期储存。

（2）防止污染　润滑油在储存中如果受到污染，不仅会影响润滑油以后的使用，还可能在储存过程中加速润滑油的氧化变质。因此，必须在润滑油的存储中充分重视油品的污染问题。常见的污染有水污染、其他油脂的污染（即混油）、机械杂质的污染和其他有害物质的污染。

1）水污染是油品储存当中最常见的现象。污染后不仅使油品中的含水量超标，还会加速油品氧化、使油品乳化、使添加剂失效，严重影响油品的使用性能。水污染的来源一般是雨水、潮湿的环境和空气中的水汽进入所致。

2）其他油脂的污染。主要出现在散装油品、开过封的桶装油品或取用油品的过程中。应做到储存油品的用具为专罐、专桶、专用用具。储存油品前做好容器的清洁，就可以有效避免污染。

3）各种机械杂质的污染也是油品储存中经常发生的。油中机械杂质的直接作用就是对机械设备的磨损。由于在使用中，润滑油膜很薄，肉眼看不到的小污染颗粒也会造成很大的机械磨损，而且磨损产生的微小金属磨屑又是油品氧化的催化剂。所以，小小的机械杂质污染绝不是可以忽略的问题。越是精密机械用油，防止污染的问题就越显得重要。所以，在储存润滑油的过程中，管理人员应该杜绝各种机械杂质污染途径，确保油品不被或少被灰尘等机械杂质污染。

4）在储存过程中，容器本身的氧化产物也可能污染润滑油。

已开用的带包装的润滑油必需存储在仓库内，每种润滑油应有专用容器，并在容器上注明所盛装的润滑油品名称，如图5-29所示。润滑脂取用后，应将桶盖盖紧，不宜将润滑油脂长久储存于过热或过冷的地方，如图5-30所示。

图5-29　润滑油存储

图5-30　润滑脂存储

（3）储存或使用储存的润滑油前均要检查油品质量，防止乳化、变质、污染的润滑油投入使用。可以从以下几方面进行快速检查：

1）颜色变化。氧化可使一些润滑油颜色变深；水污染可造成润滑油混浊、变白或明显乳化。

2）有无沉淀。添加剂的失效可能造成某些物质的析出，灰尘、各种固体颗粒物的污染也会形成沉淀。

3）分层。不溶的液态沉积物，例如严重水污染、混入其他液体或液态添加剂变质析出。

6. 设备的清洗换油管理

（1）定期换油　按照固定周期换油，可能造成浪费，适用于小型、使用率高的设备。

（2）按质换油　通过鉴定油品状态，根据润滑油品的质量指标来决定是否换油。

企业可以根据自身的条件，合理选择清洗换油方式。虽然按质换油是一种科学的润滑管理模式，是我国企业设备润滑管理的发展方向，但对于很多企业（特别是缺乏精密检测、分析手段的企业）和设备而言，定期换油仍是符合企业管理实际情况的一种润滑管理制度。

（3）换油标准　有国家标准、行业标准，一般指标有黏度、酸值、水分、闪点、杂质等。

7. 设备润滑状态管理

（1）设备润滑状态良好标准　润滑部位、润滑点有润滑剂，无干摩擦；润滑装置元件完好、畅通；油线油毡齐全，放置正确；润滑油脂优质洁净，未过期、变质或劣化；各油路通畅，油压正常；无漏油现象。

（2）设备润滑状态检查

1）日常检查：操作工、润滑工、当班维修工应检查油标、油位、油路、压力是否正常，润滑系统是否畅通，导轨油膜是否符合要求。

2）巡回检查：检查润滑油液的液位，自动润滑系统的油温、油压是否正常，油路是否畅通，高位油箱和联锁保护是否正常。

（3）定期点检　由专业人员、维修人员和操作员共同或分别检查润滑系统、液压系统、滑动面、电动机轴承等重要部位润滑状态和润滑制度的执行情况。

思考与练习

1. 选择题（单选或多选）

（1）设备日常点检由（　　）完成。

A. 设备管理员　　B. 维修工　　C. 操作工　　D. 班组长

（2）设备点检按周期和业务范围可分为（　　）。

A. 特殊点检　　B. 日常点检　　C. 定期点检　　D. 精密点检

（3）精密点检有以下一些检测方法（　　）。

A. 无损探伤　　B. 振动噪声测定　　C. 油液分析　　D. 表面不解体检测

（4）润滑剂可分为（　　）。

A. 固体润滑剂　　B. 半固体润滑剂　　C. 液体润滑剂　　D. 气体润滑剂

2. 简答题

（1）设备日常点检和巡检的方法和手段有哪些？

（2）请简单介绍一下设备点检的“八定”。

（3）影响设备定期点检周期的因素有哪些？

（4）设备润滑管理的目的是什么？

（5）简述设备润滑的“五定管理”和“三过滤”内容。

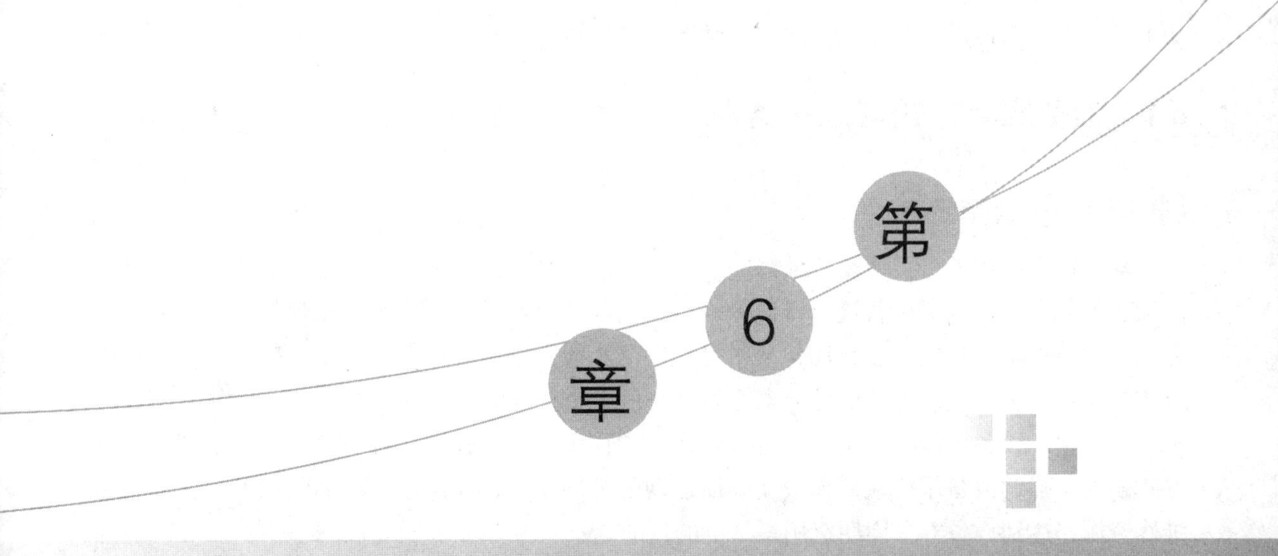

第6章 设备维修管理

设备在使用过程中，零、部件会发生磨损、变形、断裂、锈蚀等现象。随着零、部件磨损程度的加大，设备的技术状态逐渐劣化，以致设备的功能和精度难以满足产品质量和产量要求，甚至发生故障。设备维修就是对技术状态劣化或发生故障的设备，通过更换或修复磨损失效的零件，对整机或局部进行拆装、调整的技术活动。设备维修的目的，是恢复设备的功能或精度，保持设备的完好，使设备操作过程顺利、流畅。

6.1　设备维修方式与维修类别

6.1.1　设备维修方式

设备维修方式是指实现设备维修的形式，它是在时间的基础上逐步发展形成的，具有维修策略的含义，包含对设备进行维修的策略、制度、维修类别等内涵。现代工业企业的生产方式分为单件小批量生产、自动化或半自动化流水线大批量生产、流程生产等。对不同生产方式的企业，主要生产设备的停修对企业（车间）整体生产的影响差异较大。例如生产线上某一主要生产设备停修会使生产线全部停产。现代设备管理强调对各类设备采用不同的维修方式，就是强调设备维修应遵循设备物质运动的客观规律，在保证生产的前提下，合理利用维修资源，达到设备寿命周期费用最经济的目的。

随着生产设备的复杂化和维修技术手段的提高，设备状态检测和故障诊断技术的不断开发，维修理论的创新，维修方式也在不断地发展变化，呈现出多种多样的维修形式和组合维修模式，目前常用的设备维修方式主要有事后维修、预防维修、改善维修、以及无维修设备设计等。

1. 事后维修

事后维修就是将一些未列入预防维修计划的生产设备，在其发生故障后或性能、精度下降到合格水平以下时采取的非计划性维修，也就是通常所说的故障维修。

设备发生故障后，往往给生产造成较大损失，打乱生产计划，也给维修工作造成困难和被动。但对于结构简单、利用率低、维修技术不复杂的设备，采用事后维修可能更经济。因此，事后维修的优点是可以发挥主要零件的最大寿命，修理次数相对减少。作为一种维修策略，事后维修不适用于对生产影响较大的设备，一般适用范围有：

1）故障停机后再修理不会给生产造成损失的设备。

2）结构简单、修理技术不复杂而又能及时提供备件的设备。

3）一些利用率低或有备用的设备。

4）不易实现预防维修的设备，如电子仪器等。

2. 预防维修

为了降低故障率或防止设备的功能、精度降低到规定的临界值，按事先规定的修理计划和技术要求进行的修理活动，称为预防维修。预防维修主要有以下几种维修方式。

（1）定期维修　定期维修是在设备运行时间的基础上执行的预防维修活动，具有周期性特点。它是根据零件的失效规律，事先规定修理间隔期、修理类别、修理内容和修理工作量。维修计划根据设备的计划开动时数可作较长时间的安排。它主要适用于已掌握设备磨损规律和平时难以停机进行修理的流程生产设备、自动化生产线中的主要生产设备、连续运行的动能生产设备以及大量生产中可以统计开动时数的设备。

实践经验表明，实行定期维修方式的同类设备的磨损规律是有差异的，即使是同型号的设备，由于出厂质量、使用条件、负荷率、维护优劣等情况的不同，其具体维修状况也会有差别。按照统一的维修周期结构安排计划维修，会出现以下问题：一是设备的技术状况尚好，可继续使用，但仍按照规定的维修间隔期进行修理，造成维修过剩；二是设备的技术状态劣化已达到难以满足产品要求的程度，但因未达到规定的维修间隔期而没有安排维修计划，造成失修。因此，为了克服上述弊端，企业对设备实行定期维修方式时，除了吸取其他企业的经验外，应重视探索本企业现有设备的磨损规律，制定出适合本企业设备实际状况的维修周期，并在实践中修改完善。此外，还应吸取状态监测维修的优点，对重点关键设备实施状态监测，以求切实掌握设备的技术状况。

（2）状态监测维修　状态监测维修是一种以设备实际技术状态为基础的预防维修方式。它建立在设备状态监测和技术诊断基础上，针对设备劣化部位及程度，在故障发生前，适时安排预防性修理，排除故障隐患，恢复设备的功能和精度。它避免了事后维修和定期预防维修的缺点，这种维修方法更具有科学性、针对性和适时性。

状态监测维修方式采用各种仪器和手段对设备系统进行多次状态监测，并结合现场点检、巡回检查和日常维修信息对设备进行综合分析，最终做出何时进行维修的决策。这样能充分掌握维修活动的主动权，做好修前准备，并且可以和生产计划协调安排，既能提高设备的可利用率，又能充分发挥零件的最大寿命。对于有生产间隙时间和企业生产过程中可以安排维修的设备均可采用这种维修方式。

状态监测维修技术主要适用于重大关键设备、生产线上的重点设备、不易解体检查的设备（例如高精度机床）、故障发生后会引起严重事故的设备等，以使设备故障后果影响最小和避免盲目安排检修，它是今后企业设备维修的发展方向。

3. 改善维修

为消除设备先天性缺陷或频发故障，对设备局部结构和零件设计加以改进，结合修理进行改装，以提高其可靠性和维修性的措施，称为改善维修。

设备的改善维修与设备技术改造的概念是不同的，主要区别为：前者的目的在于改善和提高局部零件（部件）的可靠性和维修性，从而降低设备的故障率和减少维修时间和费用；而后者的目的在于局部补偿设备的无形磨损，从而提高设备的性能和精度。

4. 无维修设备设计

无维修设备设计是设备的理想设计，其目标是使设备在使用中无需维修。在设备设计时，就着眼于消除造成设备故障的原因，使设备无故障地运转或减少维修作业，这是一种维修策略，也是维修预防。目前无维修设备设计有两种情况：一种是生产批量大的家用电器产品，例如电视机、录像机、录音机等；另一种是安全可靠性要求极高的设备，例如核能设备、航天器等。

综上所述，每一种设备维修方式都有其适用范围，具体选择时，企业可根据自己的生产性质、生产特点、设备特点合理地选用不同的维修方式，以最少的设备维修费用达到最好的效果。

6.1.2 设备维修类别

设备维修类别，是指根据设备维修内容和技术要求以及工作量的大小，对设备维修工作的划分。其中，预防维修的类别有大修、中修、项修、小修等。

1. 大修

设备大修是工作量最大的一种计划维修。这是由于设备基准零件磨损严重，主要精度、性能大部分丧失，必须经过全面修理，才能恢复其效能时使用的一种维修形式。设备大修需对设备进行全面拆卸分解，然后修理基准件（例如用导轨磨修磨导轨或用刮研法修理导轨），更换或修复磨损、腐蚀、老化等已丧失工作性能的主要部件或零件；修理、调整设备的电气系统；修复设备的附件以及翻新外观等，从而全面消除修前存在的缺陷，恢复设备的规定精度和性能。设备的大修，一般不改变设备的结构、性能和用途，不扩大设备的生产能力，它的目标是全面恢复设备工作能力，需由专业修理工人进行。

2. 中修

中修的工作量介于大修与小修之间，它以局部恢复设备工作能力为目标，主要对设备进行部分解体、修理或更换部分主要零件与基准件，检查整个机械系统，校正设备的基准等。但是在中修执行中企业普遍反映“中修除不喷漆外，与大修难以区分”。因此，许多企业已取消了中修类别。

3. 项修

项修（即为项目修理），是根据设备的实际技术状态，对设备精度、性能的劣化缺陷进行针对性的局部修理。项修时，一般要进行局部拆卸、检查，更换或修复失效的零件，必要时对基准件进行局部修理和修正坐标，从而恢复所修部分的性能和精度。项修既可节约人力、物力和修理费用，又可缩短修理停机时间，而达到的效果仍能满足生产需要。同时，项修又能解决虽然超过了小修期但又未到大修期，且尚不够大修范围的修理内容，从而避免了失修，因此在我国，项修已经逐渐取代了中修，而且在某种程度上还可以代替大修。

4. 小修

小修是设备维修工作量最小的一种计划修理。小修的工作内容主要是针对日常点检和定期检查发现的问题，部分拆卸零部件进行检查、调整、更换或修复少量的磨损件，以恢复设备的正常功能。对于实行定期维修的设备，小修的内容主要是根据掌握的磨损规律，更换或修复在修理间隔期内失效或即将失效的零件，并进行调整，以保证设备的正常工作能力。

设备大修、项修与小修工作内容的比较见表6-1。

5. 设备定期精度检查和调整

设备定期精度检查和调整，是针对重点设备中的精密、大型、重型、稀有及关键设备的几何精度、运转精度进行检查，根据定期检查标准的规定和生产、质量的需要，对设备的安装精度进行调整，做好记录并计算设备的精度指数，以了解设备精度的劣化速度，掌握设备在运动状态下某些精度、性能变化的规律。精度调整的周期一般为1~2年。调整时间适宜安排在气温变化较小的季节。实行定期精度调整，有利于保持机床精度的稳定性，以保证产品质量。

表6-1　设备大修、项修、小修的工作内容比较

标准要求＼修理类别	大修	项修	小修
拆卸分解程度	全部拆卸分解	针对检查部位，部分拆卸分解	拆卸、检查部分磨损严重的机件和污秽部位
修复范围和程度	维修基准件，更换或修复主要件、大型件及所有不合格的零件	根据维修项目，对维修部件进行修复，更换不合格的零件	清除污秽积垢，调整零件间隙及相对位置，更换或修复不能使用的零件，修复达不到完好程度的部位
刮研程度	加工和刮研全部滑动接合面	根据维修项目确定刮研部位	必要时，局部修刮，填补划痕
精度要求	按维修精度及通用技术标准检查验收	按预定要求验收	按设备完好标准要求验收
表面修饰要求	全部外表面刮腻子，打光，喷漆，手柄等零件重新电镀	补漆或不进行	不进行
工作量比较	100%	约占大修的40%~60%	约占大修的15%

6. 定期预防性试验

对于动力设备、压力容器、电气设备、起重运输设备等安全性要求较高的设备，应由专业人员按规定期限和规定要求进行试验，例如对耐压、绝缘、电阻、接地、安全装置、指示仪表、负荷、限制器、制动器等的试验。通过试验，可以及时发现问题，消除隐患或安排修理。

6.2　设备维修计划的编制

设备维修计划，是企业在日常点检、定期检查的基础上，遵循设备磨损规律和设备故障规律，对全部机械设备与装置制定的综合维修计划。综合维修计划，主要包括维修内容和时间安排。对于单台设备，则要求详细的维修内容（包括修理哪些部位，是否更换零部件，怎样进行品质控制，如何验收等）、维修进程时间安排（从拆卸设备、清洗、检测、修理、组装、总装、试车、交付使用等）、人力安排、设备与工具安排、维修费用等。设备维修计划是建立在设备运行理论和工作实践的基础之上，计划的编制要准确、真实地反映生产与设备相互关联的运动规律。因为它不仅是企业生产经营计划的重要组成部分，而且也是企业设备维修组织与管理的依据。设备维修计划编制得正确与否，主要取决于采用的依据是否确切，是否科学地掌握了设备真实的技术状态及变化规律。

设备维修计划，必须同生产计划同时下达、同时考核。设备维修计划，包括各类维修和技术改造，是企业维持简单再生产和扩大再生产的基本手段之一。

6.2.1　设备维修计划的类别及内容

企业的设备维修计划，通常分为按时间进度编制的年、季、月维修计划及按维修类别编

制的维修计划两大类。

1. 按时间进度编制的维修计划

（1）年度维修计划　包括大修、项修、技术改造、实行定期维修的小修和定期维护，以及更新设备的安装等检修项目。

（2）季度维修计划　包括按年度计划分解的大修、项修、技术改造、小修、定期维护及安装和按设备技术状态劣化程度，经使用单位或部门提出的必须小修的项目。

（3）月份维修计划　月份维修计划的内容有：① 按年度分解的大修、项修、技术改造、小修、定期维护及安装；② 精度调整；③ 根据上月设备故障维修遗留的问题及定期检查发现的问题，必须而且有可能安排在本月的小修项目。

年度、季度、月份检修计划，是考核企业及车间设备维修工作的依据。年度、季度、月份维修计划分别见表6-2~表6-4。

表6-2　年度设备维修计划表

制表时间：　年　月　日

序号	使用单位	设备编号	设备名称	型号规格	设备类别	维修复杂系数			维修类别	主要维修内容	维修工时定额					停歇天数	计划进度				维修费用	承修单位	备注
						机	电	热			合计	钳工	电工	机加工	其他		一季度	二季度	三季度	四季度			

编制：＿＿＿＿＿＿　审核：＿＿＿＿＿＿　批准：＿＿＿＿＿＿

表6-3　季度设备维修计划表

制表时间：　年　月　日

序号	使用单位	设备编号	设备名称	型号规格	设备类别	维修复杂系数			维修类别	主要维修内容	维修工时定额					停歇天数	计划进度			维修费用	承修单位	备注
						机	电	热			合计	钳工	电工	机加工	其他		月	月	月			

编制：＿＿＿＿＿＿　审核：＿＿＿＿＿＿　批准：＿＿＿＿＿＿

表6-4 月份设备维修计划表

制表时间：　年　月　日

序号	使用单位	设备编号	设备名称	型号规格	设备类别	维修复杂系数			维修类别	主要维修内容	维修工时定额					停歇天数	计划进度		维修费用	承修单位	备注
						机	电	热			合计	钳工	电工	机加工	其他		起	止			

编制：________　审核：________　批准：________

2. 按维修类别编制的维修计划

企业按维修类别编制的维修计划，通常为年度设备大修计划和年度设备定期维护计划（包括预防性试验）。设备大修计划，主要供企业财务管理部门准备大修资金和控制大修费用使用，并上报管理部门备案。设备大修计划表见表6-5。

表6-5 设备大修计划表

制表时间：　年　月　日

序号	使用单位	设备编号	设备名称	型号规格	设备类别	修理复杂系数			主要修理内容	修理工时定额					停歇天数	计划进度		修理费用	承修单位	备注
						机	电	热		合计	钳工	电工	机加工	其他		起	止			

编制：________　审核：________　批准：________

表6-2~表6-5给出的设备维修计划表汇集了比较齐全的栏目和内容。在实际使用中，应根据企业设备的维修特点设置相应的栏目，重点突出维修项目、主要维修内容、维修技术要求、维修人员及时间安排等，以提高设备维修计划的使用效果。某机加工企业2013年设备大修、项修计划表见表6-6。某化工企业2012年设备年度预修计划表见表6-7。该企业的净化分厂2012年设备预修计划见表6-8。

表6-6　某机加工企业2013年设备大修、项修计划表

序号	项目号	设备编号	设备名称	型号规格	复杂系数	使用单位	主要修理内容	修理定额/h					停歇天数	费用预算/元
					JF/DF			合计	钳工	技工	电工	其他		
1	大字01	016-18	卧式车床	CA6150	12/4	通用泵机加车间	解体大修	660	480	60	40	80	23	9792
2	大字02	016-20	卧式车床	C630	17/8	工模具车间	解体大修	1005	680	85	80	160	33	13872
3	大字03	016-60	卧式车床	C630-IB	14/7	特泵机加车间	解体大修	805	560	70	70	105	27	11424
4	大字04	016-62	卧式车床	CQ6180	16/8	通用泵机加车间	解体大修	920	640	80	80	120	31	13056
5	大字05	025-07	摇臂钻床	Z3050×16	11/9	通用泵装配车间	解体大修	685	440	55	90	100	21	8976
6	大字06	037-01	平面磨床	M7130	13/13	工模具车间	解体大修	845	520	65	130	130	25	10608
7	大字07	162-01	剪板机	Q11	8/3	电泵车间	解体大修	445	320	40	30	55	16	6528
8	大字08	323-12	抛丸机	Q3110Ⅱ	8/5	铸造车间	解体大修	329	240	40	25	24	15	4000
9	大字09	211-5	单梁起重机	LDA3-16.5	11/9	试验台	大修大车软起动系统	具有资质的单位负责，按实际发生为准						4800
10	大字10	211-37	双梁起重机	QD5t，22.5m	9/34	铸造车间	大修电气系统	具有资质的单位负责，按实际发生为准						19600
11	大字11	323-19	树脂砂生产线	10t/h		铸造车间	大修树脂砂调温器	按实际发生为准						45000
12	大字12	211-3	单梁起重机	5t，16.5m	10/34	通用泵装配车间	大修电气部分，更换电动葫芦	按实际发生为准						8000
13	大字13	211-2	单梁起重机	5t，16.5m	10/34	通用泵装配车间	大修改造电气	按实际发生为准						3000
14	项字01	016-32	卧式车床	C620G	12/5	工模具车间	项修主轴箱	按实际发生为准						1200
15	项字02	015-03	立式车床	C5116A	28/17	通用泵机加车间	项修立柱刀架	1655	1120	140	170	225	54	5000
16	合计							7349	5000	635	715	999	245	164856

计划编制：×××　　　　审核：×××　　　　批准：×××

表6-7　某化工企业2012年设备预修计划表

编辑说明：

1. 年度设备预修计划共安排350项，其中大修17项，中修91项，小修242项，全公司压力容器检测项目共安排221项。

2. 本计划均包含机电仪的配套检修（与设备无关的非配套电仪设备除外），任何个人和单位不得随意更改修理计划。

3. 各单位在检修中应互相联系，相互配合，对修理过程中发现的问题应及时处理，必要时上报机动部协调解决。

4. 本预修计划中未列入的设备（例如检修用的起重机、厂内车辆、备用设备等），分厂应根据设备的实际运行情况或累计运行时间，自行安排大、中、小修理。

序号	单位	大修/项	中修/项	小修/项	小计/项	压力容器检测/项	所在页号
1	供煤分厂	1	10	18	29	0	1
2	造气分厂	4	3	30	37	16	2~4
3	净化分厂	0	4	10	14	13	5~8
4	合成分厂	7	7	41	55	34	9~14
5	硝酸一分厂	0	13	13	26	68	15~16
6	硝酸二分厂	0	3	3	6	6	17
7	硝铵分厂	0	9	13	22	0	18~19
8	尿素分厂	3	13	16	32	2	20~23
9	联碱分厂	1	3	12	16	34	24~25
10	二合成分厂	0	0	3	3	3	26~28
11	二造气分厂	0	0	2	2	23	29~30
12	动力分厂	0	0	31	31	14	31
13	循环水分厂	0	19	38	38	0	32
14	钾肥公司	1	4	5	10	4	34
15	气体厂	0	3	7	10	4	35~36
	合计	17	91	242	350	221	

表6-8　某化工企业的净化分厂2012年设备预修计划表

序号	工号	设备名称	修理编号			间隔期（月）/修理天数			预修时间安排												备注
						大修	中修	小修	1	2	3	4	5	6	7	8	9	10	11	12	
1	652	4号D800风机	大修	中修	小修	36/10	24/6	3/1		小			小			小			中		
2	652A	5号D800风机		Z12-14	03	36/10	24/6	3/1	小			中			小			小			
3	652	6号D800风机		Z12-15	03	36/10	24/6	3/1			小			小			小				
4	223	1号冰机			03	48/10	24/7	2/1		小		小		小		小		小		小	
5	223	2号冰机			03	48/10	24/7	2/1	小		小		小		小		小		小		
6	223	3号冰机			03	48/10	24/7	2/1		小		小		小		小		小		小	
7	223	4号冰机			03	48/10	24/7	2/1	小		小		小		小		小		小		
8	223	5号冰机		Z12-16	03	48/10	24/7	2/1		小		小		小		小		小		中	
9	223	6号冰机		Z12-17	03	48/10	24/7	2/1	小		小		小		小		小		中		
10	223	7号冰机			03	48/10	24/7	2/1		小		小		小		小		小			
11	223	1号透平循环机			03	36/14	6/6	按设备（及生产）实际情况安排大中修													
12	223	2号透平循环机			03	36/14	6/6	按设备（及生产）实际情况安排大中修													
13	223	3号透平循环机			03	36/14	6/6	按设备（及生产）实际情况安排大中修													
14	667	1号起重机			04	48/10	24/4	按设备（及生产）实际情况安排大中修													
15	667	2号起重机			04	48/10	24/4	按设备（及生产）实际情况安排大中修													
16	667	3号起重机			04	48/10	24/4	按设备（及生产）实际情况安排大中修													

6.2.2 设备维修计划的编制依据

1. 设备技术状态

设备技术状态，是指设备的性能、精度、生产效率、安全、环境保护和能源消耗等的状况。当前，设备技术状态及其变化趋势，主要根据日常点检、定期检查、状态监测和故障维修记录所积累的设备状态信息进行判定。此外，还应该进行年度设备普查鉴定，填报“设备技术状态普查表”（见表6-9）。设备技术状态普查表内容，以设备完好标准为基础，视设备的结构、性能特点而定。对因技术状态劣化而必须维修的设备，应列入年度维修计划的申请项目，对下年度无须维修的设备也应在表中说明。企业的设备普查一般安排在每年的第三季度，由设备管理部门组织实施。

2. 生产工艺及产品质量对设备的要求

由质量管理部门提供近期产品质量的信息是否满足生产要求；由企业工艺部门根据产品工艺要求做出计划，如果设备的实际技术状态不能满足工艺要求，应安排计划维修。

3. 安全与环境保护的要求

根据国家和有关主管部门的规定，设备的安全防护装置不符合规定，例如排放的气体、液体、粉尘等污染环境时，应安排计划维修。

表6-9　设备技术状态普查表

普查日期：　年　月　日

设备编号		设备名称		设备型号
使用地点			使用状况	
主要几何精度				
序号	检验项目名称	公差	实测	备注

检验结论：

年　月　日

使用部门意见：

年　月　日

4. 设备维修周期与维修间隔期

对实行定期维修的设备，例如流程生产设备、自动化生产线设备和连续运转的动能发生设备等，本企业规定的设备维修周期和维修间隔期也是编制维修计划的主要依据。

编制设备维修计划还应考虑下列问题：

1）生产急需的、影响产品质量的以及关键工序的设备，应重点安排维修。其中，生产线上的单一关键设备，应尽可能安排在节假日和不影响生产的前提下抢修，以缩短停歇时间。一般设备检修时应有备用设备。

2）应考虑到维修工作量的平衡，使全年维修工作能均衡地进行。同类型设备尽可能安排连续维修。四季度维修项目的工作量应适当减少，以便为下年度多留出生产准备时间。对于应修设备应按轻重缓急尽量安排计划。

3）应考虑修前生产技术准备工作的工作量和时间进度（例如图样、关键备件和铸锻件供应以及维修工具、夹具制造等）。

4）精密设备检修的特殊要求。

5）连续或周期性生产的设备（例如热力、动力设备），必须根据其特点适当安排，使设备维修与生产任务紧密结合。

6）同类设备，尽可能安排连续维修。

7）综合考虑设备维修所需的技术、物资、劳动力及资金来源的可能性。

8）编制季度、月份计划时，应根据年度维修计划，并考虑到各种因素的变化（维修前生产技术准备工作的变化、设备事故造成的损坏、生产工艺要求变化对设备的要求、生产任务的变化对停修时间的改变及要求等），进行适当调整和补充。

6.2.3 设备维修计划的编制

1. 年度设备维修计划

年度设备维修计划，是企业全年设备检修工作的指导性文件。对年度设备维修计划的要求是：力求达到既准确可行，又有利于生产。

一般在每年九月份编制下一年度设备维修计划，编制过程按搜集资料、编制草案、平衡审定、下达执行4个程序进行。

（1）搜集资料　计划编制前，要做好资料搜集和分析工作。主要包括两个方面：

1）搜集设备技术状况方面的资料，例如使用单位提出的设备技术状况表、产品质量信息、定期检查记录、故障维修记录、设备普查技术状态表以及有关产品工艺要求，必要时查阅设备档案和到现场实际调查，以确定需要维修的设备及维修类别。

2）搜集编制计划需要使用和了解的信息，例如本企业分类设备每一维修复杂系数维修工作定额、本地区承修单位或设备原生产厂承修车间的维修工作定额，需修设备的图册情况和备件库存情况等。

（2）编制草案　编制年度设备维修计划草案时，应认真考虑以下主要内容：

1）充分考虑生产对设备的要求，力求减少重点、关键设备的使用与维修时间的矛盾。

2）重点考虑大修、项修设备列入计划的必要性和可能性，如果在技术上、物资上有困难，应分析研究采取补救措施。

3）对于设备小修计划，基本上可按使用单位的意见安排，但应考虑备件供应的可能性。

4）根据本企业设备维修体制（企业设备维修机构的设置与分工）、装备条件和维修能力，经分析确定是由本企业维修还是委托外企业维修。

5）在安排设备维修计划进度时，既要考虑维修需要的轻重缓急，又要考虑维修准备工作时间的可能性，并按维修工作定额平衡维修单位的劳动力。

在正式提出年度设备维修计划草案前，设备管理部门应在主管厂长（或总工程师）的主持下，组织工艺、技术、使用、生产等部门进行综合的技术经济分析论证，力求使设备维修草案满足必要性、可靠性和技术经济上的合理性。

（3）平衡审定　设备维修计划草案编制完毕后，应分发设备使用单位、生产管理、工艺技术及财务管理部门审查，提出有关项目增减、轻重缓急、停歇时间长短、维修日期等的修改意见。经过对各方面的意见加以分析和做必要修改后，正式编制出年度设备维修计划和说明。在说明中应指出计划的重点、影响计划实施的主要问题及解决的措施。经生产管理及财务部门会签，送总机械动力师审定，然后报主管厂长批准。

（4）下达执行　每年12月份以前，由企业生产计划部门和设备管理部门共同下达下一年度设备维修计划，作为企业生产、经营计划的重要组成部分进行考核。

2. 季度设备维修计划

季度设备维修计划是年度设备维修计划的实施计划，必须在落实停修时间、维修技术、生产准备工作及劳动力组织的基础上编制。按设备的实际技术状态和生产的变化情况，它可能使年度计划产生变动。季度设备维修计划在前一季度第三个月初开始编制。可按编制设备维修计划草案、平衡审定、下达执行三个基本程序进行，一般在上季度最后一个月10日前由计划部门下达到车间，作为其季度生产计划的组成部分加以考核。

3. 月份设备维修计划

月份设备维修计划是季度设备维修计划的分解，是执行设备维修计划的作业计划，是检查和考核企业设备维修工作好坏的最基本的依据。在月份设备维修计划中，应列出应修项目的具体开工、竣工日期，对跨月份项目可分阶段考核。应注意与生产任务的平衡，要合理利用维修资源。一般每月中旬编制下一个月份的设备维修计划，经有关部门会签、主管领导批准后，由生产计划部门下达，与生产计划同时检查考核。

4. 年度设备大修、项修计划的修订

年度设备大修、项修计划是经过充分调查研究，从技术上和经济上综合分析了必要性、可能性和合理性后制订的，必须认真执行。但在执行中，如果由于某些难以克服的问题，必须对原定大修、项修计划作修改时，应按规定程序进行修改。

属于下列条件之一者，可申请增减大修、项修计划：

1）由于设备事故或严重故障，必须申请安排大修或项修，才能恢复其功能和精度。

2）设备技术状况劣化速度加快，必须申请安排大修或项修，才能保证生产工艺要求。

3）根据修前预检，设备的缺损状况经过小修即可解决，而原定计划为大修、项修者应削减。

4）通过采取措施，维修技术和备件材料准备仍不能满足维修需要，必须延期到下年度大修、项修。

对上述1）、2）两种情况，设备使用单位应及时提出增加大修、项修计划申请表，报送设备管理科（处）。设备管理科（处）也应抓紧组织检查，确定增加大修或项修计划，并对第1）种情况组织抢修。对第2）种情况，在修前检查得出结论后，由主管修前预检的技术人员提出书面报告，并经使用单位机械动力师会签后报送维修计划员。对第4）种情况，由负责修前技术、物资准备工作人员写出书面报告报送维修计划员。

维修计划员根据审定的增减大修、项修计划申请书，修订年度大修、项修计划，报主管厂长批准后，通知有关部门、使用单位和维修单位，作为考核年度大修、项修计划的依据。

5. 滚动计划

滚动计划法是按照“近细远粗”的原则制定一定时期内的计划，是一种动态编制计划的方法。它不像静态分析那样，等一项计划全部执行完了之后再重新编制下一时期的计划，而是在每次编制或调整计划时，均将计划按时间顺序向前推进一个计划期，即向前滚动一次，按照制订的项目计划进行施工，对保证项目的顺利完成具有十分重要的意义。但是由于各种原因，在项目进行过程中经常出现偏离计划的情况，因此要跟踪计划的执行过程，以发现存在的问题。

其编制方法是：在已编制出的计划基础上，每经过一段固定的时期（例如一年或一个季度，这段固定的时期称为滚动期），便根据变化了的环境条件和计划的实际执行情况，从确保实现计划目标出发对原计划进行调整。每次调整时，保持原计划期限不变，而将计划期顺序向前推进一个滚动期。

在计划编制过程中，尤其是编制长期计划时，为了能准确地预测影响计划执行的各种因素，可将近期计划编制得较细、较具体，远期计划编制得较粗、较概略。在一个计划期终了时，根据上期计划执行的结果和产生条件，市场需求的变化，对原计划进行必要的调整和修订，并将计划期顺序向前推进一期，如此不断滚动，不断延伸。例如，某企业在 2010 年年底制定了 2011~2015 年的五年计划，如采用滚动计划法，到 2011 年年底，根据当年计划完成的实际情况和客观条件的变化，对原五年计划进行必要的调整，在此基础上再编制 2012~2016 年的五年计划。其后依此类推，如图 6-1 所示。

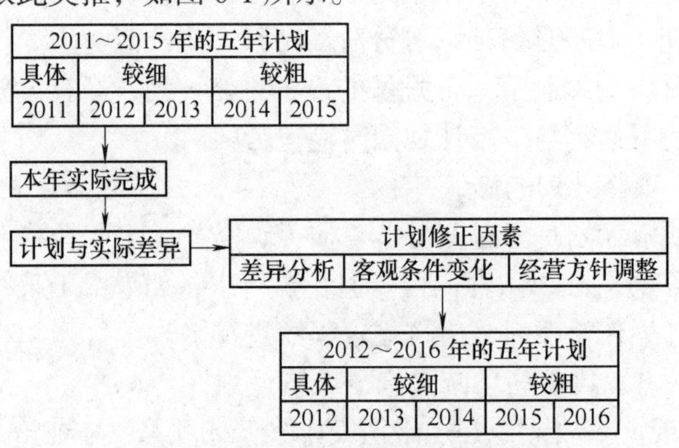

图6-1　滚动计划法的制定示意图

可见，滚动式计划法能够根据变化了的组织环境及时调整和修正组织计划，体现了计划的动态适应性。而且，它可使中长期计划与年度计划紧紧地衔接起来。

滚动计划法，既可用于编制长期计划，也可用于编制年度、季度生产计划和月度生产作业计划。不同计划的滚动期不一样，一般长期计划按年滚动；年度计划按季滚动；月度计划按旬滚动等。

滚动计划法虽然使得计划编制工作的任务量加大，但在计算机已被广泛应用的今天，其优点十分明显。

1）把计划期内各阶段以及下一个时期的预先安排有机地衔接起来，而且定期调整补充，从而从方法上解决了各阶段计划的衔接和符合实际的问题。

2）较好地解决了计划的相对稳定性和实际情况的多变性这一矛盾，使计划更好地发挥其指导生产实际的作用。

3）采用滚动计划法，使企业的生产活动能够灵活地适应市场需求，把供产销密切结合起来，从而有利于实现企业预期的目标。

需要指出的是，滚动间隔期的选择，要适应企业的具体情况，如果滚动间隔期偏短，则计划调整较频繁，好处是有利于计划符合实际，缺点是降低了计划的严肃性。一般情况是，生产比较稳定的大批量生产企业宜采用较长的滚动间隔期，而生产不太稳定的单件小批量生产企业则可考虑采用较短的间隔期。

6.3 设备维修工作的实施与验收

6.3.1 设备维修前的准备工作

设备维修前的准备工作完善与否，将直接影响到设备的维修质量、停机时间和经济效益。设备管理部门应认真做好修前准备工作的计划、组织、指挥、协调和控制工作，定期检查有关人员所负责的准备工作完成情况，发现问题应及时研究并采取措施解决，保证满足设备维修计划的要求。为了使设备维修工作顺利地进行，维修人员应对设备技术状态进行调查了解和检测；熟悉设备使用说明书、历次设备维修记录和有关技术资料、维修检验标准等；确定设备维修工艺方案；准备工具、检测器具和工作场地等；确定维修后的精度检验项目和试车验收要求，这样就为整台设备的大修做好了各项技术准备工作。维修前准备越充分，维修的质量和维修进度越能够得到保证。

图6-2所示为维修前准备工作程序，包括维修前技术准备和生产准备两方面的内容。

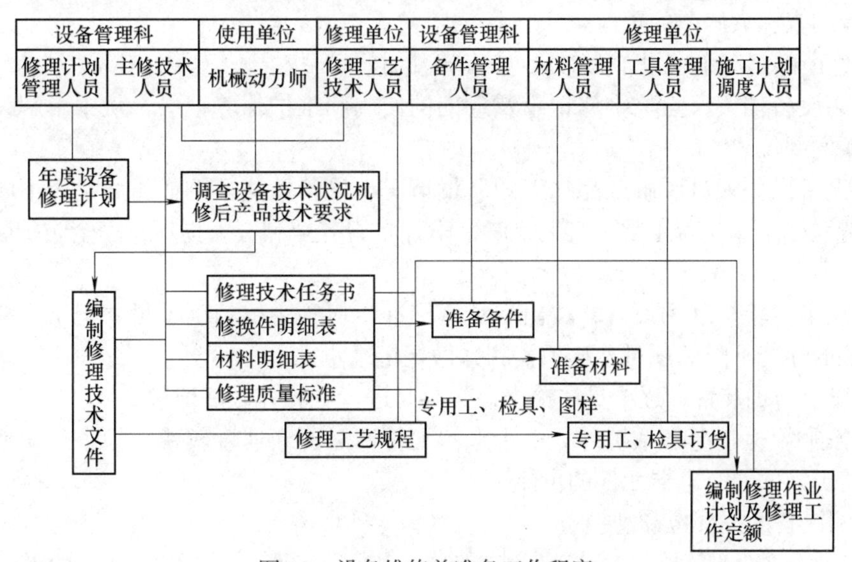

图6-2　设备维修前准备工作程序

1. 维修前技术准备

为了使维修工作顺利地进行并做到准确无误，维修人员必须做必要的维修前技术准备工作，例如认真听取操作者对设备维修的要求；详细了解设备技术状态；熟悉设备使用说明书、技术资料、维修检验标准；熟悉设备的结构特点、传动系统和原设计精度要求；提出预检项目；经预检确定大件、关键件的具体维修方法；准备专用工具和检测量具，确定维修后的精度检验项目和试车验收要求；分析确定维修内容和编制维修技术文件等。对精、大、稀、关键设备的大修方案，必要时应从技术和经济方面做可行性分析。设备维修前技术准备的及时性和正确性是保证维修质量、降低维修费用和缩短停机时间的重要因素。

维修前技术准备工作内容主要有：维修前预检、维修前资料准备和维修前工艺准备。

（1）维修前预检　为了全面深入了解设备技术状态劣化的具体情况，在维修前安排的停机检查，通常称为预检。预检时，要掌握维修设备的技术状态（例如精度、性能、缺损件等），查出有毛病的部位，以便制订经济合理的维修计划，并做好各项维修前准备工作。预检工作由主修技术人员负责，设备使用单位的机械人员和维修工人参加，并共同承担。预检工作量由设备的复杂程度、劣化程度决定，设备越复杂、劣化程度越严重，预检工作量就越大，预检时间也就越长。

预检的时间不宜过早，否则将使查得的更换件不准确、不全面，造成维修工艺编制得不准确。预检过晚，将使更换件的生产准备周期不够。因此须根据设备的复杂程度来确定预检的时间。一般设备宜在维修前三个月左右进行。对精、大、稀以及需要结合改造的设备宜在维修前六个月左右进行。通过预检，首先必须准确而全面地提出更换件和修复件明细表，其提出的齐全率要在80%以上。特别是铸锻件、加工周期长的零件以及需要外协的零件不应漏提。其次对更换件和修复件的测绘要仔细，要准确而齐全地提供其各部分尺寸、公差配合、几何公差、材料、热处理要求以及其他技术条件，从而保证提供可靠的配件制造图样。

预检可按如下步骤进行：

1）调查设备技术状态及产品技术要求。为了全面深入掌握大修设备技术状态，具体劣化情况和大修后在设备上生产产品的技术要求，维修技术人员应会同设备使用部门的操作人员共同进行调查和大修前的预检。

2）向生产部门等了解设备大修后生产产品的技术要求。

3）查阅设备档案、点检维修记录及近期的使用和维护保养记录，从中了解设备易损零件和故障频发部位。

4）向设备操作人员了解产品加工的质量情况，设备性能（例如压力是否下降，液压、气动、润滑系统工作是否正常，有无泄漏，附件是否齐全和有无损坏，安全防护装置是否灵敏可靠等）。

5）对规定检验精度的设备，按出厂精度标准，检验主要精度项目并记录实测值。对操作人员反映的性能下降的项目，逐项实测并做好记录。

6）对安全防护装置，逐项具体检查，必要时进行试验并做好记录。

7）除按常规检查电气系统外，由于电器元件产品更新速度较快，检查时应考虑采用新产品代替需更换的原有电器元件的可能性。

8）实测设备磨损部位和磨损量。

9）检查设备内外部管路有无泄漏，例如箱体、轴承端盖等，对严重漏油的设备应查明原因。

10）检查设备重要的固定、紧固和支撑情况，必要时可测绘图样。

11）经过调查和检查后，应达到：全面准确地掌握设备目前的情况，明确设备大修后生产产品的技术和质量要求，确定更换件和修复件，确定直接用于设备大修的材料品种、规格和数量，明确频发故障部位有无改装的可能性。

（2）维修前资料准备　预检结束后，主修技术员须准备更换零部件图样、结构装配图、传动系统图以及液压、电器、润滑系统图、外购件、标准件明细表和其他技术文件等。

（3）维修前工艺准备　资料准备工作完成后，就需着手编制零件制造和设备维修工艺规程，并设计必要的工艺装备等。

2. 维修前生产准备

维修前生产准备，包括材料及备件准备，专用工具、检具的准备以及维修作业计划的编制。充分而及时地做好维修前生产准备工作，是保证设备维修工作顺利进行的物质基础。

（1）材料及备件的准备　根据年度维修计划，企业设备管理部门编制年度材料计划，提交企业材料供应部门采购。主修技术人员编的“设备维修材料明细表”是领用材料的依据，库存材料不足时应临时采购。

外购件通常是指滚动轴承、标准件、胶带、密封件、电器元件、液压件等。我国多数大、中型机器制造企业将上述外购件纳入备件库的管理范围，有利于维修工作顺利进行，不足的外购件再临时采购。

备件管理人员按更换件明细表核对库存后，不足部分组织临时采购和安排配件加工。铸、锻件毛坯是配件生产的关键，因为其生产周期长，故必须重点抓好，列入生产计划，保证按期完成。

（2）专用工具、检具的准备　专用工具、检具的生产必须列入生产计划，根据维修日期分别组织生产，验收合格入库编号后进行管理。通常工具、检具应以外购为主。

（3）设备停修前的准备工作　以上生产准备工作基本就绪后，要具体落实停修日期。维修前对设备主要精度项目进行必要的检查和记录，以确定主要基础件（例如导轨、立柱、主轴等）的维修方案。切断电源及其他动力管线，放出切削液和润滑油，清理作业现场，办理交接手续。

3. 维修作业计划的编制

维修作业计划是主持维修施工作业的具体行动计划，其目标是以最经济的人力和时间，在保证质量的前提下力求缩短停歇天数，达到按期或提前完成维修任务的目的。

维修作业计划由维修单位的计划员负责编制，并组织主修机械和电气的技术人员、维修工（组）长讨论审定。对一般中、小型设备的大修，可采用“甘特图”或作业计划加上必要的文字说明；对于结构复杂的高精度、大型、关键设备的大修，应采用网络计划管理。

编制维修作业计划的主要依据是：

1）各种维修技术文件规定的维修内容、工艺、技术要求及质量标准。

2）维修计划规定的时间定额及停歇天数。

3）维修单位有关工种的能力和技术水平以及装备条件。

4）可能提供的作业场地、起重运输、能源等条件。

维修作业计划的主要内容是：① 作业程序；② 分阶段、分部作业所需的工人数、工时数及作业天数；③ 对分部作业之间相互衔接的要求；④ 需要委托外单位劳务协作的事项及时间要求；⑤ 对用户配合协作的要求等。

6.3.2 设备维修过程的主要环节

对单台设备来说，实施维修计划时要求：① 使用单位按规定日期将设备交付维修；② 维修单位认真按作业计划组织施工；③ 设备管理、质量检验、使用以及维修单位相互密切配合，做好维修后的检查和验收工作。

1. 交付维修

设备使用单位应按维修计划规定的日期，在维修前认真做好生产任务的安排。对于由本企业机修车间和外企业单位承修的设备，应按期移交给维修单位，移交时，应认真交接并填写“设备交修单”（表6-10）一式两份，交接双方各执一份。

表6-10 设备交修单

资产编号		资产名称		型号规格	
交修日期	年 月 日	合同名称、编号			
随机移交的附件及专用工具					
序号	名称	规格	单位	数量	备注
1					
2					
3					
需要记载的事项					
使用部门	部门名称		承修单位	单位名称	
	负责人			负责人	
	交修人			接收人	

注：本表一式二份，使用部门、承修单位各执一份。

设备竣工验收后，双方按“设备交修单”清点设备及随机移交的附件、专用工具。

如果设备在安装现场进行维修，使用单位应在移交设备前，彻底擦洗设备，把设备所在的场地清扫干净，移走产成品或半成品，并为维修作业提供必要的场地。

由本企业设备使用单位维修工段承修的小修或项修，可不填写“设备交修单”，但也应同样做好维修前的生产安排，按期将设备交付维修。

2. 维修施工

在维修过程中，一般应抓好以下几个环节。

（1）解体检查　维修过程开始后，首先进行设备的解体工作，按照与装配相反的顺序和方向，即“先上后下，先外后里”的方法，有次序地解除零部件在设备中相互约束和固定的形式，由主修技术人员与维修工人密切配合，及时检查零部件的磨损、失效情况，特别要注意有无在维修前未发现或未预测的问题，并尽快发出以下技术文件和图样：

1）按检查结果确定的修换件明细表。

2）修改、补充的材料明细表。

3）维修技术任务书的局部修改与补充。

4）按维修装配的先后顺序要求，尽快发出需要临时制造的配件图样。

计划调度人员会同维修工（组）长，根据解体检查的实际结果及修改补充的维修技术文件，及时修改和调整维修作业计划，修改后的总停歇天数原则上不得超过原计划的停歇天数。作业计划应张贴在作业施工的现场，以便于参加维修的人员随时了解施工进度要求。

（2）生产调度　维修工（组）长必须每日了解各部件维修作业的实际进度，并在作业计划上做出实际完成进度的标志（例如在计划进度线下面标上红线）。对发现的问题，凡本工段能解决的应及时采取措施解决，例如，发现某项作业进度延迟，可根据网络计划上的时差，调动维修工人增加力量，把进度赶上去。对本工段不能解决的问题，应及时向计划调度人员汇报。

计划调度人员应每日检查作业计划的完成情况，特别要注意关键线路上的作业进度，并到现场实际观察检查，听取维修工人的意见和要求。对工（组）长提出的问题，要主动与技术人员联系商讨，从技术上和组织管理上采取措施，及时解决。计划调度人员还应重视各工种之间作业的衔接，利用班前、班后各种工种负责人参加的简短“碰头会”了解情况，这是解决各工种作业衔接问题的好办法。总之，要做到不发生待工、待料和延误进度的现象。

（3）工序质量检查　维修工人在每道工序完毕经自检合格后，须经质量检验员检验，确认合格后方可转入下道工序。对于重要工序（例如导轨磨削），质量检验员应在零部件上做出“检验合格”的标志，避免以后发现漏检的质量问题时引起更多的麻烦。

（4）临时配件制造进度　修复件和临时配件的修造进度，往往是影响维修工作能否按计划进度完成的主要因素。应按维修装配先后顺序的要求，对关键件逐件安排加工工序作业计划，找出薄弱环节，采取措施，保证满足维修进度的要求。

3. 竣工验收

（1）竣工验收程序　凡是经过维修装配调整好的设备，都必须按有关规定的精度标准项目或维修前拟定的精度项目，进行各项精度检验和试验，例如几何精度检验、空运转试验、载荷试验和工作精度检验等，全面检查衡量所维修设备的质量、精度和工作性能的恢复情况。自检合格后，按图6-3所示的设备大修竣工验收程序验收。

验收由企业设备管理部门的代表主持，要认真检查维修质量和查阅各项维修记录是否齐全、完整。经设备管理部门、质量检验部门和使用单位的代表一致确认，在维修完成维修任务书规定的维修内容并达到规定的质量标准及技术条件后，各方代表在“设备维修竣工报告单”上签字验收。如果验收中交接双方意见不一致，应报请企业总机械师（或设备管理部门负责人）裁决。

设备维修竣工验收后，维修单位将维修技术任务书、维修换件明细表、材料明细表、试车及精度检验记录等，作为附件随同设备维修竣工报告单报送维修计划部门，作为考核计划完成的依据。对原技术资料的修改情况、维修中的经验教训及维修后工作小结，应与原始资料一起归档，以备下次维修时参考。

（2）用户服务　设备大修竣工验收后，维修单位应定期访问用户，认真听取用户对维修质量的意见。对维修后运转中发现的缺点，应及时利用“维修窗口”圆满地解决。

设备维修后应有保修期，具体期限由企业自定，但一般应不少于三个月。

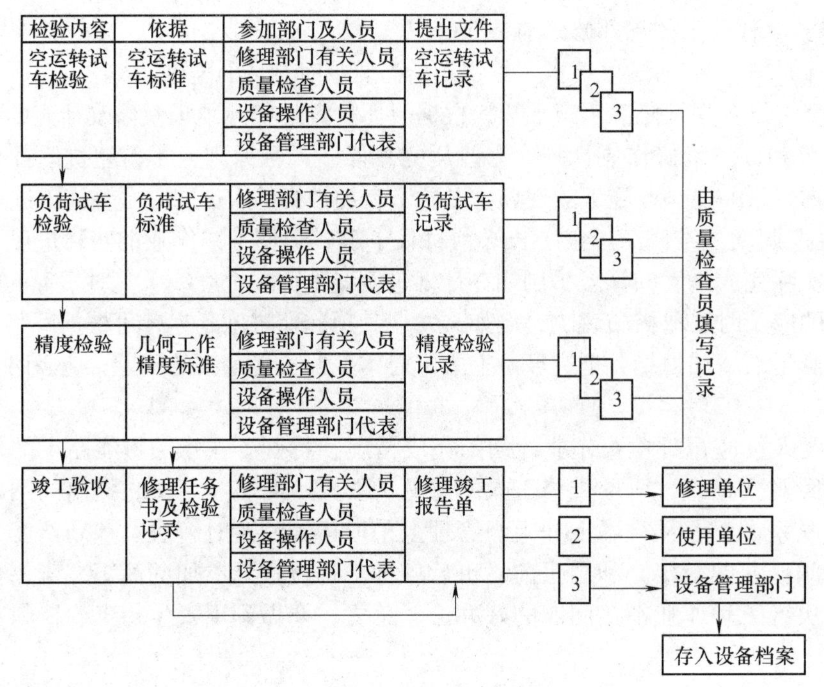

图6-3　设备大修竣工验收程序

6.3.3　设备维修技术文件

设备维修技术文件的用途是：① 维修前准备备件、材料的依据；② 制定维修工时和费用定额的依据；③ 编制维修作业计划的依据；④ 指导维修作业；⑤ 检查和验收维修质量的标准。由本企业大修设备时，常用的维修技术文件有维修技术任务书（包括维修前技术状况、主要维修内容、维修换件明细表、材料明细表、维修质量标准）和维修工艺规程。设备项修的技术文件可适当简化。

维修技术文件的正确性和先进性是企业设备维修技术水平的标志之一。正确性是指能全面准确反映设备维修前的技术状况，针对存在的缺陷，制定切实有效的维修方案。先进性是指所用的维修工艺，不但先进适用，而且经济效益好（停歇时间短、维修费用低）。企业既要组织编制好维修技术文件，更要组织认真执行。设备维修解体后，如果发现实际磨损情况与预测的有出入，应对维修技术文件做必要的修正。

1. 维修技术任务书

维修技术任务书是维修设备重要的指导性技术文件，其中规定了设备的主要维修内容、应遵守的维修工艺规程和应达到的质量标准。设备维修技术任务书见表6-11。

（1）维修技术任务书的主要内容

1）设备维修前的技术状况。

① 工作精度。着重反映工作精度的下降情况。

② 几何精度。着重反映影响工作精度的主要精度检验项目的实际下降情况。

③ 主要性能。着重说明金切机床的切削能力和运动速度，锻锤的打击能力，压力机的工作压力，起重机的起重能力，动力设备的出力等的下降情况。

表6-11 设备维修技术任务书

<table>
<tr><td>使用单位</td><td></td><td colspan="2">承修单位</td><td></td></tr>
<tr><td>设备名称</td><td></td><td colspan="2">维修类别</td><td></td></tr>
<tr><td>规格型号</td><td></td><td colspan="2">维修日期</td><td></td></tr>
<tr><td colspan="5">1. 设备维修前的技术状态：</td></tr>
<tr><td colspan="5">2. 主要维修内容：</td></tr>
<tr><td colspan="5">3. 维修质量要求：</td></tr>
<tr><td>批准</td><td>审查</td><td colspan="2">使用单位设备员</td><td>主修技术人员</td></tr>
<tr><td></td><td></td><td colspan="2"></td><td></td></tr>
<tr><td>报修日期：</td><td colspan="4"></td></tr>
<tr><td>维修时间：</td><td colspan="4"></td></tr>
<tr><td>取走日期：</td><td colspan="4"></td></tr>
</table>

④ 主要零部件的磨损情况。着重说明基准件、关键件、高精度零件的磨损及损坏情况。

⑤ 电气装置及线路的主要缺损情况。

⑥ 液压、气压、滑润系统的缺损情况。

⑦ 安全防护装置的缺损情况。

⑧ 其他需要说明的缺损情况。例如附件丢失、损坏、设备外观掉漆等。

2）主要维修内容。

① 说明要解体的部件，清洗并检查零件的磨损和失修情况，确定需要修换的零件和管线。

② 扼要说明基准件、关键件的维修方法及技术要求。

③ 说明必须仔细检查、调整的机构，例如精密传动部件、直流驱动系统、数控系统等。

④ 治理水、油和气的泄漏。

⑤ 检查、维修和调整安全防护装置。

⑥ 修复外观的要求。

⑦ 结合维修需要进行改善性维修的内容及图号。

⑧ 其他需要进行维修的内容。

设备解体检查后所确定的维修内容，一般不可能与维修任务书规定的内容完全相同，在实际工作中应做必要的增减。设备维修竣工后，应由主修人员将变更情况做出记录，附于维修技术任务书后，随同维修竣工验收单一起归档。

3）维修质量标准。通常所说的维修质量标准是衡量设备整体状态的标准，包括以下三个方面的内容：设备零部件装配、总装配、运转试验、外观和安全环境保护等的质量标准；设备的性能标准；设备的几何精度和工作精度标准。

对于第一方面的内容，通常在企业指定的“分类设备维修通用技术条件”中加以规定。如果分类设备技术条件中的条款不适用时，可以在维修技术任务书中说明并另行规定。设备维修后的性能标准均按照设备说明书的规定。设备的几何精度和工作精度应充分满足维修后产品工艺要求。如果出厂精度标准已不能满足维修后产品要求，则应查阅同类设备的最新国家标准，分析判断能否满足工艺要求。如果个别精度项目仍不能满足要求，应加以修改，修改后的精度标准可成为该设备大修标准。

（2）维修技术任务书的编制程序

1）详细调查设备维修前的技术状态、存在的主要缺陷及产品工艺对设备的要求。

2）针对设备的磨损情况，分析确定采用的维修方案、应修换的主要零部件及维修的质量标准。

3）对原设备的改进改装要求。

4）将维修任务书草案送交使用单位征求意见并会签，然后送总工程师审查，由主管技术负责人审定批准。

2. 维修换件明细表

维修换件明细表是预测维修时需要更换和修复的零部件明细表，它是维修前准备备件的依据，应力求准确，既要不遗漏主要件，又要防止准备的备件过多而造成积压浪费。维修换件明细表见表6-12。

表6-12　设备维修换件明细表

<table>
<tr><td colspan="2">设备编号</td><td colspan="2"></td><td>设备名称</td><td colspan="5"></td></tr>
<tr><td colspan="2">型号规格</td><td colspan="2"></td><td>F（机/电）</td><td colspan="3">维修类别</td><td colspan="2"></td></tr>
<tr><td>序号</td><td colspan="2">零件名称</td><td>图号、件号、标准号</td><td>材质</td><td>单位</td><td>数量</td><td>单价/元</td><td>总价/元</td><td>备注</td></tr>
<tr><td></td><td colspan="2"></td><td></td><td></td><td></td><td></td><td></td><td></td><td></td></tr>
<tr><td></td><td colspan="2"></td><td></td><td></td><td></td><td></td><td></td><td></td><td></td></tr>
<tr><td colspan="2">编制人</td><td colspan="3"></td><td colspan="2">本页费用小计</td><td colspan="3"></td></tr>
</table>

制表时间：　年　月　日

（1）确定列入维修换件明细表的原则

1）应列入维修换件明细表的零件。

① 需要铸、锻、焊接件毛坯的更换件。

② 制造周期长、精度高的更换件。

③ 需要外购的大型、高精度滚动轴承、滚珠丝杠副、液压元件、气动元件、密封件、链条和片式离合器的摩擦片等。

④ 制造周期不长，需用量较多的零件。

⑤ 采用修复技术在施工时修复的主要零件。

2）下列零件可不列入维修换件明细表。

① 已列入本企业易损件、常备件目录的备件。

② 用型材和通用铸铁毛坯加工、工序少、维修施工时可临时制造而不影响工期的零件。

③ 需要以毛坯或半成品形式准备的零件或需要成对（组）准备的零件，应在维修换件明细表中说明。

④ 对于流水线上的设备和重点设备、关键设备，应当采用“部件维修法”可明显缩短停

歇天数并获得良好的经济效益时，应考虑按部件准备。

部件维修法的经济效益可按以下公式进行计算

$$VTR > CN - CR$$

式中　VTR——缩短生产线停歇天数所获得的生产利润；

CN——新部件的价格；

CR——修复原有部件的费用。

更换下来的设备在设备维修竣工后，可再进行修复，重复使用，经济效益会更好。

（2）维修换件明细表的准确性　可在设备维修完毕后采用“命中率”来衡量。“命中率”的计算公式如下

$$命中率=\left(\frac{B}{A}-\frac{C}{B+C}\right)\times 100\%$$

式中　A——维修换件明细表中零件的总价格；

B——维修换件明细表中实际被使用的零件总价格；

C——实际修换的零件中未列入维修换件明细表的零件总价格。

实际维修换的零件总价格中，不包括易损件、常备件和临时制造的（或采购的）结构简单且加工工序少的零件。

通常，“命中率”按零件的种数或件数计算。考虑到重要零件和使用量多的零件在实际维修换件总价格中所占的比重较大，而且维修换件明细表中漏提重要零件会给维修造成较大影响，因此，以价格计算“命中率”更为合理。

3. 设备维修材料明细表

设备维修材料明细表是设备维修前准备材料的依据，直接用于设备维修的材料列入材料明细表，制造备件、临时件的材料及辅助材料（例如擦拭材料，研磨材料）则不列入该表。设备维修材料明细表的格式见表6-13。

表6-13　设备维修材料明细表

<table>
<tr><td colspan="2">设备编号</td><td></td><td>设备名称</td><td colspan="5"></td></tr>
<tr><td colspan="2">型号规格</td><td></td><td>F（机/电）</td><td></td><td colspan="2">维修类别</td><td colspan="2"></td></tr>
<tr><td>序号</td><td>材料名称</td><td>标准号</td><td>材质</td><td>单位</td><td>数量</td><td>单价/元</td><td>总价/元</td><td>备注</td></tr>
<tr><td></td><td></td><td></td><td></td><td></td><td></td><td></td><td></td><td></td></tr>
<tr><td></td><td></td><td></td><td></td><td></td><td></td><td></td><td></td><td></td></tr>
<tr><td></td><td></td><td></td><td></td><td></td><td></td><td></td><td></td><td></td></tr>
<tr><td colspan="2">编制人</td><td></td><td colspan="3">本页费用小计</td><td colspan="3"></td></tr>
</table>

制表时间：　年　月　日

设备维修常用材料品种有：

1）各种型钢。例如圆钢、钢板、钢管、槽钢、工字钢、钢轨等。

2）有色金属型材。例如铜管、铜板、铝合金管、铝合金板等。

3）焊接材料。例如焊条、焊丝等。

4）电气材料。例如电器元件、电线电缆和绝缘材料等。

5）橡胶、塑料及石棉制品。例如橡胶传动带、运输机用胶带、镶装导轨用塑料板、制动盘用石棉衬板、胶管和塑料管等。

6）维修用粘接剂、粘补剂。

7）润滑油脂。

8）油漆。

9）管道用保温材料。

10）砌炉用各种砌筑材料及保温材料等。

为了便于领料，可按机械、电气、管道、砌炉等分别填写材料明细表。

材料明细表的准确性也可用“命中率”衡量，具体方法可参照维修换件明细表“命中率”的计算公式进行计算。电气材料，例如电器元件、电线、电缆、绝缘材料等。

4. 维修工艺

维修工艺是设备维修时必须认真贯彻执行的维修技术文件。其中，具体规定了设备的维修程序、零部件的维修方法、总装配试车的方法以及技术要求等，以保证达到设备维修的质量标准。维修工艺由维修单位技术人员负责编制，主修技术人员审查会签。

（1）典型维修工艺与专用维修工艺

1）典型维修工艺，是指对某一类型设备和结构形式相同的零部件通常出现的磨损情况编制的维修工艺，它具有普遍指导意义，但对某一具体设备则缺乏针对性；通常各企业对于同样的零部件采用的维修工艺有所不同，这是由于各企业用于维修的装备设施条件不同，因此各企业需要按照自己的具体条件编制适用于本企业的典型维修工艺。

2）专用维修工艺，是指企业对某一型号的设备，针对其实际磨损情况，为该设备某次维修而编制的维修工艺。它对以后的维修仍具有较大的参考价值，但如果再次使用时，应根据实际磨损情况和技术进步对其做必要的修改和补充。

企业在实际操作中，可对通用设备的大修采用典型维修工艺，并针对设备的实际磨损情况编写补充工艺和说明。对专用设备则编制专用维修工艺，经两、三次实践验证后，可以修改完善成为典型维修工艺。

（2）设备修理工艺的内容　设备修理工艺一般应包括以下内容:

1）整机及部件的拆卸程序以及拆卸过程中应检测的数据和注意事项。

2）主要零部件的检查、修理工艺以及应达到的精度和技术条件。

3）部件装配程序、装配工艺以及应达到的精度和技术条件。

4）关键部位的调整工艺和应达到的技术条件。

5）需用的工具、检具、研具、量具、仪器的明细表。其中，专用工具应注明。

6）试车程序及特别需要说明的对象。

7）施工中的安全措施等。

通常情况下，整机的拆卸顺序通常是先拆卸部件，然后再解体部件，拆卸部件的先后顺序视设备的结构而定。有些设备在拆卸部件时须检测必要的技术数据。在设备大修工艺中，一般只规定那些直接影响设备性能、精度的主要零部件的检查、修理和装配工艺。关键部位的装配与调整往往是结合在一起同时进行的，可以在装配工艺中一并说明。

一般情况下，企业应制定各类设备维修通用技术条件，在设备维修工艺中，尽量应用通用技术条件，如果通用技术条件不能满足需要，则再另行规定。需要的工具、检具、研具及量仪，应在各零部件的维修、装配工艺中说明，并汇总成工具、检具、研具及量仪明细表。

（3）注意事项

1）编制修理工艺时应注意的事项。

① 编制修理工艺时，由于无法在维修前对所有零件的磨损情况完全了解，因此既要依据已掌握的维修前缺损状况，也要考虑设备正常的磨损规律。

② 选择关键部位的修理工艺方案时，应考虑在保证修理质量的前提下，力求缩短停歇天数和降低修理费用。

③ 采用先进、适用的修复技术时，应从本企业技术装备和维修人员技术水平的实际出发。

④ 尽量采用通用的工具、检具、研具，必须使用专用工具、检具、研具时，应及早发出其制造图样。

⑤ 修理工艺文件宜多用图和表格的形式，力求简明。

2）重视实践验证。

① 设备解体检查后，若发现修理工艺中有与实际情况不符的内容，应及时修改。

② 在修理过程中，注意观察修理工艺的效果，修复后做好总结，以不断提高修理工艺水平。

6.3.4 设备维修的质量管理

设备维修质量管理，是指为了监测设备技术状态、保证设备维修质量，组织和协调有关职能部门和人员，采取组织、经济、技术措施，全面控制影响设备维修质量的各种因素所进行的一系列管理工作。只有对设备维修进行质量管理，才能保证和不断提高设备维修质量。

1. 设备维修质量管理的工作内容

1）制定设备维修质量标准和为了达到质量标准确定所采取的工艺技术措施。制定设备维修质量标准时，既要考虑技术上的必要性，又要考虑经济上的合理性。

2）设备维修质量的检验和评定工作是保证设备维修后达到规定标准并且具有较好可靠性的重要环节。因此，企业必须建立设备维修质量检验组织，按图样、工艺及技术标准，对自制和外购备件、维修和装配质量、维修后精度和性能进行严格检验，并做好记录和质量评定工作。

3）编制设备维修工艺。它是保证提高设备维修质量、缩短停歇时间、降低维修成本的有效手段。在编制设备维修工艺时，应尽可能采用国内外的有效技术。

4）加强设备维修过程中的质量管理，例如认真贯彻工艺规程，对关键工序建立质量控制点和开展群众性的质量管理小组活动。

5）开展用户服务和质量信息反馈工作，统计分析，找出差距，拟定进一步提高设备维修效果的措施。

6）加强技术业务培训，不断提高维修技术水平和管理水平。

2. 设备维修的质量保证体系

为了提高设备维修质量，必须建立健全设备维修的质量保证体系。设备维修的计划管理、备件管理、生产管理、技术管理、财务管理、维修材料供应等，均从不同角度影响着设备维修质量。从系统的观点看，它们是一个有机的整体，把各方面管理工作组织协调起来，建立健全管理制度、工作标准、工作流程、考核办法等，形成设备维修质量保证体系，以保证设备维修质量并不断提高设备维修质量水平。

按照全面质量管理的观点，应建立质量保证体系，质量保证体系是为了保证设备维修质量达到要求，把组织机构、职责和权限、工作方法和程序、技术力量和业务活动、资金和资源信息等协调统一起来，形成一个有机整体。

设备维修质量保证体系的要素有:① 质量方针和目标；② 质量体系的各级职责及权限；③ 企业设备维修计划和对外承修的合同；④ 设备维修的工作流程（从制定计划至完工验收）及工作标准；⑤ 维修技术文件（包括质量标准）的制定与审核；⑥ 物资采购程序；⑦ 检测仪器及量具的控制；⑧ 维修过程的质量控制；⑨ 不合格品控制；⑩ 工序及维修完工的整机验收与试验；⑪ 合同、计划、技术文件的更改控制；⑫ 认证的申请与执行；⑬ 质量记录及提供质量文件的程序；⑭ 竣工验收程序及文件；⑮ 竣工验收后的用户服务；⑯ 质量成本控制；⑰ 质量信息的收集、加工和分析；⑱ 培训。

3. 设备维修质量的检验

设备维修完工后，必须进行检验与鉴定。设备维修质量检验工作是保证设备修后达到规定质量标准，尽量减少返修的重要环节。检验与鉴定是根据设备维修验收通用技术要求和维修工艺规程，采用试车、测量等方法，对维修后设备的质量特性与规定要求做出判定。企业应有设备维修质量的检验与鉴定的班子，按照图样、工艺及机械维修质量标准，对零件、部件及整机质量严格检验，并认真做好设备维修质量鉴定工作。

（1）维修质量检验班子　大、中型企业应成立设备维修质量检验小组，小型企业根据情况可设专职或兼职检验员，它们应归企业质量检验部门领导，也可以由总机械师和设备动力部门领导。

动力设备较多的企业，可在设备管理部门内设置电工、热工试验组，负责动力设备维修质量的检验工作。

质量检验人员应熟悉机械零件、部件及整机检验、设备维修的技术知识和技能，在工作中严格把好“质量关”，避免不合格的零、部件装配，整机检验时严格按要求进行。

（2）设备维修质量检验的主要内容

1）自制备件和修复零件的工序质量检验和终检。

2）外购备件、材料的入库检验。

3）设备维修过程中的零部件和装配质量检验。

4）维修后的外观、试车、精度及性能检验。

6.3.5　设备维修后的竣工验收

凡是经过维修装配调整好的设备，都必须按有关规定的精度标准项目或维修前拟定的精度项目，进行各项精度检验和试验，例如几何精度检验、空运转试验、载荷试验和工作精度检验等，全面检查衡量所维修设备的质量、精度和工作性能的恢复情况。

设备维修后，应记录对原技术资料的修改情况和维修中的经验教训，做好维修后工作小结，与原始资料一起归档，以备下次维修时参考。

6.4 设备委托维修管理

设备委托维修，是指企业中的独立核算生产单位（例如分厂、分公司等），由于内部在维修技术条件或维修能力方面不能满足生产对设备维修任务的要求，或者从本单位经济效果方面权衡，自行修复不如委托专业维修单位进行维修更为合算时，往往需要将这些维修任务委托给其他单位（主要是设备专业维修厂、专业设备制造厂）进行维修。有关这些方面的业务，称为设备委托维修管理。

设备委托维修的承修单位一般可以分为3类：一是本企业内部独立核算单位之间的相互委托维修；二是经行业管理部门资质认证合格的专业设备维修企业；三是经过资质等级认证的专业设备制造厂或设备原制造厂家。

企业对设备委托维修的管理方式分为4种情况:一是集中管理方式，由企业设备管理部门统一组织管理；二是分散管理方式，由企业内部各独立核算单位的设备维修部门自行负责管理；三是混合管理方式，由企业两级（总公司、总厂及分公司、分厂）设备管理维修部门分工管理；四是在市场经济条件下，由国家设备管理学会、协会及各省市分会作为中介机构，根据其掌握的设备维修市场信息，为企业联系承、托方的委托维修。企业采用哪种方式，应从管理效率与经营效益等方面全面衡量确定。

6.4.1 设备委托维修的原则和工作流程

1. 设备委托维修的原则和条件

经设备管理、生产调度、财会管理等各部门共同审定，主管厂长批准的年度外委设备维修计划，由分管设备委托维修的部门负责对外联系，办理委托维修合同，协调计划的实施。具体负责办理外委维修的人员，应熟悉设备维修业务，充分了解经济合同法，以预防工作失误，造成经济损失。

（1）设备委托维修应掌握的原则　为保证托修任务按照合同及验收标准保质保量按期完成，以满足生产要求，托修单位应掌握以下主要原则：

1）本企业的设备修造厂及各专业厂可以承修设备维修任务时，原则上应安排由本企业完成，以尽可能发挥企业内部潜力。

2）对需要进行对外委托的设备维修项目，要通过调查研究，选择取得国家有关部门资质认定证书，并持有营业执照，维修质量高，能满足进度要求，费用适中，服务信誉好的承修企业。

3）优先考虑本地区的专业维修厂、设备制造厂。

4）对于有特殊专业技术要求的委托维修项目，应尽量选择专业设备制造厂。例如起重设备、电梯、锅炉、受压容器等，承修单位必须有主管部门颁发的生产、制造、安全许可证。

5）对于重大、复杂的工程项目及费用超过一定额度的大项目，应通过招标来确定承修单位。

（2）设备承修单位应具备的条件　从事设备维修的企业应具备以下必要的条件，以保证设备维修质量和进度，保障委托维修单位的利益。

1）必须具有有关主管部门认定的资质等级证书。

2）要有合法的营业执照、银行开户行账号和正规的发票。

3）注册资金应达到一定的数额。

4）维修场地、工艺装备及其他设施要达到承修任务所必需的基本要求。

5）必须拥有与承修任务相关的技术资料、质量标准，同时应拥有相应数量的、经验丰富的、掌握多方面的知识和技能的中高级设备工程师及工人技师指导或参与设备维修工作。

6）要有符合实际需要的质量保证体系和完善的检测手段。

7）要有计算承修费用和价格标准的规范方法及有关规定，作为委托与承修双方议定价格的基础。

2. 委托维修的计划管理

设备委托维修计划，是企业年度、季度设备检修计划的重要组成部分，应在编制年度设备大修计划的同时，根据委托维修的原则，将本年度的委托维修项目按季、月和维修类别（大修、项修、改造），编制出年度设备委托维修计划。

（1）委托维修计划的编制　根据年度维修计划的安排，由机械、动力师提出委托维修计划方案，计划维修员汇总整理，编制分厂设备委托维修年度计划。经机动、生产、财务等部门从人力、物力、财力及时间安排等方面综合平衡并会签后，由分管厂长批准，并于10月份报总厂机动科（处）组织审定。经总厂有关部门与厂长审定后的年度委托维修计划，作为实施与考核的依据。

关于委托维修计划的编制依据、程序以及维修前的准备工作，基本上与大修计划相同，可参考本书设备维修计划管理的有关部分。

（2）委托维修费用预算　委托维修费用预算，是委托单位的计划人员，根据委托维修技术文件中提出的维修项目、内容和技术要求，参考以往同类委托维修实际支付费用，依据现行有关定额计算维修费用，并在年度计划中列入预算计划费用。承修单位则通过维修前预检，提出施工工艺方案，按照城市设备维修行业通用的规范计算出维修工程成本和运营费用。双方在有准备的基础上议定合同价格，以便根据工程进度进行拨款和竣工后的结算。预算工作的质量直接影响委托方的支出与承修方的收入，双方必须认真对待，慎重从事。

委托方估算维修费用可采用以下3种方法：

1）根据维修费用定额估算。维修设备的维修类别（一般分为大修、项修、小修、改装等）确定后，以本企业统一制定的相应定额（即分类设备每一维修复杂系数按维修类别制定的工时定额、材料消耗定额、维修费用定额等）估算维修费用。例如，某台设备大修，该设备的机械维修复杂系数为F_1、电气维修复杂系数为F_2，单位机械维修复杂系数大修费用定额为C_1，单位电气维修复杂系数大修费用定额为C_2，则估算大修费用的计算公式为

$$C=F_1C_1+F_2C_2$$

2）根据以往同类设备同一维修类别的实际委托维修结算费用，计算出平均每一维修复杂系数实际支付的费用，作为估算的依据。

例如，某台设备委托项修，其项修部分的机械维修复杂系数确定为F_1、电气维修复杂系数为F_2，由过去实际委托维修结算计算出的平均单位机械维修复杂系数实际支付的费用为C_{1x}，平均单位电气维修复杂系数实际支付的费用为C_{2x}，则估算的需修设备的项修费用的计算公式为

$$C_x=F_1C_{1x}+F_2C_{2x}$$

在应用实际结算的委托维修费用计算平均C_{1x}，C_{2x}时，要考虑由于年份币值的变动和工

程量的差异做适当的调整。

3）根据编制的维修技术任务书、施工图样、工艺方案与各类定额、价格手册等编制预算。下列计算公式可供应用时参考。

委托维修预算费用= 维修成本费（1+运营费率）

=（材料费+备件费+工时费+外委劳务费）×（1+间接费用率）×（1+运营费率）

$$材料费=\sum_{i=1}^{n}材料i预计耗用量\times材料i计划单价（i=1、2、3、\cdots、n）$$

材料单价依据企业财会部门与供应部门合作编制的或认可的适用于本地区的《材料预算计划价格手册》确定。

备件费（包括自制备件费与外购配套件费）$=\sum_{i=1}^{n}$备件i预计更换量×所换备件i的计划单价（i=1、2、3、…、n）

备件计划单价依据企业财会部门规定的自制备件与外购配套件的出库价格。一般为入库价格×（1+保管费率）。

$$工时费=\sum_{i=1}^{n}分类工种i的工时量\times分类工种i的每工时费用（i=1、2、3、\cdots、n）。$$

每工种费用依据财会部门与劳资部门合作编制的普通各类工种、特定设备工种（含该设备的台班费）的工时计划（预算）费用。

外委劳务费是指承修单位委托外单位施工部分需付出的劳务费用，可分项目估算后汇总。

间接费用包括未计入上述费用的动能、常用工具、辅助材料、辅助工时、折旧费、管理人员工资等车间管理费应分摊的费用。由企业财会部门制定各独立核算的专业厂或车间的间接费用率，一般为成本费用的5%～7.8%。如果企业已将上述间接费用摊入工时费用中，则不应再计入间接费用率，即公式中的间接费用率为零。

运营费用是企业经营运销工作中发生的运营管理费，上缴利税、企业利润等工程、产品所应分摊的费用。运营费率一般按成本费用的百分比确定。城市行业管理部门为使其规范化，通常会规定本行业的有关运营费率范围，一般为8.2%～10%。

应当注意的是，编制单位必须认真执行国家、地区、城市有关主管部门制定颁发的有关编制工程预算、决算的各种文件和规定。

根据上述3种估算结果，经有关人员议定出本年度计划费用，由部门领导批准，用作委托维修费用预算。

为保证委托维修费用预算的质量，委托维修部门有关人员要充分重视原始资料的积累、汇总整理和研究分析，为今后应用打好基础。

3. 委托维修的实施

（1）承修单位的选择　委托单位根据年度设备外委维修计划、委托维修应掌握的原则、承修单位应具备的条件，初选出承修单位并进行业务联系，对各初选单位反馈的信息做综合分析，重点从生产安排、维修质量、费用支付、服务信誉等方面权衡利弊，最后择优确定承修单位。对所选的承修专业维修厂、设备制造厂应考虑建立长期稳定的协作关系。

（2）承修单位专项维修费用预算与报价　承修单位根据维修技术文件和现场预检结

果，制定维修工艺和施工方案，同时按照地区、城市主管部门颁发的规程，编制工程费用预算。在预算的基础上提出报价。

托修单位应及时审查预算质量，双方协商解决有关问题，议定合同价格，为签订合同创造条件。

工程竣工验收后做出的决算，应对照预算找出较大的差异及其产生的原因，做出盈亏分析，以便吸取经验教训，纠正差错。

（3）维修合同的签订

1）托修单位（甲方）向承修单位（乙方）提出“设备维修委托书”（也可以用“设备大修卡”代替）。其内容包括:设备的资产编号、名称与型号、规格、制造厂及出厂年份；机、电、热维修复杂系数；设备加工工艺及技术要求；设备存在的主要缺陷；要求修换的主要零部件与外购配套件目录（其中包括托修单位可提供的备件项目）；设备动力部分的维修改装要求；设备精度检验记录；维修后应达到的质量标准和要求；计划的停歇天数及维修安排的时间范围；联系人及电话等。

2）乙方到甲方现场实地调查了解设备状况、作业环境及拆装、搬运条件等。如果乙方提出局部解体检查及其他需要配合的要求，甲方应给予协助。

3）双方就设备是否要拆运到承修单位进行维修，主要部位的维修工艺、质量标准、停歇天数、验收方法及相互配合事项等进行协商。

4）乙方在确认可以保证维修质量、改装要求及停歇天数要求的前提下，提出维修费用预算（报价）。

5）通过协商，双方对技术、价格、进度及合同中必须明确规定的事项取得一致意见后，即可签订合同。

6.4.2 设备委托维修合同的主要内容

由于设备外委维修工作量大小不同和技术要求不同，面向的企业不同，设备外委维修的合同有多种多样的格式，但一般应包含以下内容：

1）委托单位（甲方）及承修单位（乙方）的名称、地址、法人（或法人代理人）及业务联系人姓名、开户银行、账号、邮编。

2）所签合同的时间与地点。

3）所修设备的资产编号、名称与型号、规格及数量。

4）维修作业地点。

5）主要维修内容。

6）甲方应提供的条件及配合事项。

7）维修费用总额（即合同成交额）及付款方式。

8）验收标准、方法以及乙方在维修验收后应提供的技术记录和图样资料。

9）停歇天数及甲方可供维修的时间范围。

10）合同任何一方的违约责任。

11）双方发生争议事项的解决办法。

12）双方认为应写入合同的其他事项，例如保修期，安全施工协议的签订及乙方人员在施工现场发生人身事故的救护，技术资料、图样的保密要求，包装与运输要求及费用的负担等。

13）如果需要提供担保，应另立合同担保书，作为本合同附件。

有些内容若在乙方标准格式的合同用纸中难以写明，可另写成附件，并在合同正本中说明附件是合同的组成部分。

某企业桥式高速数控铣床机械修理和数控改造合同见表6-14。

表6-14 桥式高速数控铣床机械修理和数控改造合同

RS131 桥式高速数控铣床机械修理和数控改造合同

甲方：甲有限公司

乙方：乙有限公司

甲有限公司（以下简称甲方）委托乙有限公司（以下简称乙方）对RS131高速数控铣床进行机械修理和数控改造，双方经友好协商达成如下合同条款。

一、乙方负责按《RS131桥式高速数控铣床机械修理和数控改造合同》的要求，保质按期完成机床的修理和改造工作。

二、施工工作安排

双方确定按如下步骤进行本项目施工：

1. 双方签约且甲方支付电主轴修复项目的预付款后，乙方人员赴甲方场地对铣头和电主轴部件进行功能检查测试，并将铣头（含A轴、C轴和电主轴部分）拆卸下来运至乙方。

2. 乙方将铣头解体做拆检分析。如果确认电主轴部件故障不能修复，双方按下面的安排进行：

1）甲方支付乙方人员赴甲方场地对铣头（含电主轴）进行检查、拆卸所发生的差旅费、工时费、铣头运输费以及对电主轴的打开检查及组装费等。去除上述费用后，乙方退还电主轴修复项目的预付款全部余款。

2）双方重新讨论电主轴的解决方案和费用。

3. 如果乙方确认电主轴部件故障可以修复，乙方立即通知甲方，双方按下面步骤进行：

1）甲方支付整机修理改造合同预付款，乙方将电主轴彻底修复。

2）如果双方确认电主轴需彻底修复，乙方人员赴甲方拆卸设备，除工作台、立柱、X轴导轨梁和机床护罩外，其他部分运抵乙方施工。

4. 设备在乙方改造完成后，双方共同完成设备的“预验收”。

5. 乙方收到甲方支付的预验收合格付款后，将设备包装运输至甲方。

6. 在甲方安装调试完成后，双方共同完成设备的“终验收”。

三、施工周期

1. 甲方支付合同总额的第一笔30%预付款，且乙方人员第二次抵达甲方场地开始拆运机床之日起算，8个月（不包括国家规定的黄金周假日和春节假日所累计的停工时间）完成改造施工任务。

2. 如果由于以下原因造成竣工日期推迟和延误，经甲方代表确认后，乙方有理由延期完成工程或部分工程。竣工时间延长期限由甲乙双方商议决定。

1）随着工程深入而发现了未能预知的额外或附加的工程量。

2）由甲方造成的延误、障碍、阻止。

（续）

3）甲方未能按合同规定按期支付施工款项。

4）检修前不能确定的必须更换的进口器件交货期过长，影响了总体施工进度。

5）社会、自然界不可抗力造成的干扰和阻碍。

3. 非上述原因，乙方不能按合同工期完成，应承担违约责任，并向甲方支付违约金。违约金支付办法为：每拖延一天按工程结算价的万分之五支付。最高违约金不超过合同额的3%。

四、运输

1. 由乙方负责铣头（含电主轴）拆卸后运输到乙方场地。

2. 乙方人员赴甲方场地拆卸设备后，除工作台、立柱、X轴导轨梁和机床护罩外，其他部分由甲方负责装车运抵乙方。费用由甲方负责。

3. 在乙方场地预验收完成且乙方收到甲方85%合同款后，由乙方负责将机床部件由乙方场地运到甲方场地。费用由乙方负责。

4. 机床部件到达甲方现场后，甲方负责卸车并搬运至机床安装场地。

五、验收

（一）机床精度验收标准

设备修理改造后的验收标准（见附件一）在终验收时执行。此附件为本项目唯一的机床精度验收标准。

（二）预验收

1. 机床在乙方场地修理改造完成后，双方共同对机床已修理部分进行检查确认。

2. 双方共同对机床的如下功能进行检查确认，即：

1）对电主轴的运行状态进行检查确认。

2）对Y、Z、A、C轴的单独运行和联动运行状态进行检查确认。

3）对相关辅助装置的功能和运行状态进行检查确认。

4）对操作面板相关操作功能进行检查确认。

（三）终验收

1. 机床预验收完毕运抵甲方场地安装调试结束后，双方共同对机床进行终验收。

2. 双方按照“机床验收标准”（见附件一）对机床进行精度检测达到要求。并对一个标准试件进行加工检查验收。精度检测和试件加工结果达到要求后，终验收通过。

3. 试件材料和形状由甲方按乙方提供资料准备。与试件加工有关的工艺装备、程序编制、机械加工操作、试件检验等及由此发生的相关费用由甲方负责。

（四）终验收完成，双方签署验收确认文件后，乙方将设备交付甲方使用。

乙方所交物品品种、数量、规格、质量不符合国家法律法规和合同规定的，由乙方负责包修、包换或退货，并承担由此而支付的实际费用。

六、保修

1. 乙方负责自终验收合格之日起对修理部分保修一年。因乙方的责任发生的故障由乙方免费修理，发生费用由乙方承担。所更换的零配件保修期按照零配件供应商承诺的质保期从更换之日起重新计算，但不影响本项目合同质保期的约定。

2. 因甲方的责任发生的故障由乙方取费修理，其费用视机床损坏的程度由双方协商确定。

（续）

3. 保修期内设备发生故障时，自甲方通知之时起乙方须72小时内到达甲方场地进行修理。

七、改造施工费用和付款方式

1. 费用：××万元人民币

2. 付款方式

1）合同签订后7日内，甲方支付电主轴修理项目预付款，即电主轴修理项目全款的50%：××万元人民币。

2）乙方确认电主轴部件故障可以彻底修复，乙方通知甲方，甲方支付合同费用总额的第一笔30%预付款：××万元人民币（内含电主轴修理项目）。

3）第一笔预付款支付2个月，甲方支付第二笔30%预付款：××万元人民币。

4）第一笔预付款支付4个月，甲方支付第三笔款，即合同费用总额的20%：
××万元人民币。

5）预验收合格后10日内，甲方支付合同总额的5%：××万元人民币。

6）终验收合格后30日内，凭乙方开具的等额增值税发票，甲方支付工程款至结算
总价的95%：××万元人民币。

7）余款5%作为质保金，设备在质保期满一年后无质量问题，由甲方在一个月内凭乙方开具的5%增值税发票无息支付给乙方，即：××万元人民币。

需甲方支付的各次货款均采用电汇方式。

八、关于进口更换器件

1. 乙方在开始施工前通过现场调研和技术资料分析，对需要外购和进口的国外品牌系统、装置、器件、备件等，凡能够事先确认规格型号并已获得供应商报价的均列于《RS131桥式高速数控铣床机械修理和数控改造合同》的“国外品牌器件更换表”（见附件二）中，采购这些器件的费用已包含在合同总额中。

2. 经检修确认需要更换且不需要从机床原厂家购买的国外品牌通用元器件，例如电器元器件，密封圈、伺服阀、液压泵等的费用已包含在合同总额中。

3. 经检修确认需要更换且不需要从机床原厂家购买的机械零件，例如齿轮、轴、套等已磨损零件的外购和测绘制作费用已包含在合同总额中。

4. 施工前不能确认是否需要更换的进口器件，以及因事先无法确认规格型号而不能获得供应商报价信息的进口器件，列于“检修前不能确定是否需要更换的进口器件表”（见附件三）中，采购这些器件的费用不包含在合同总额中。

5. 大修改造施工期间，如果发现在技术协议和合同附件中未曾规定、不可预见的整套装置或必须由原厂家提供的关键零部件需要更换，乙方将解决方案和所需增加费用报告甲方，双方友好协商解决。

九、保密及权利保护

1. 双方不得将通过本合同所得知的属于对方的商业、技术秘密透露给任何第三方。

2. 双方为履行本合同而获得的原属于对方的图样等技术资料不得用于合同以外的目的。

3. 甲方由于乙方使用本合同工作成果而因侵犯知识产权被起诉，乙方将为甲方、其后继人及客户辩护，并承担因此类诉讼或索赔引起的所有赔偿、损失、诉讼费、律师费及其他开支的费用和责任。

十、其他

1. 在维修保养、测试检验中，由于乙方的责任对完好物品及其部件的损坏或扩大了待修物品的损坏范围，由乙方赔偿或恢复。

（续）

<table>
<tr><td colspan="2">

2. 甲、乙双方中的任何一方，由于遭受战争、疫病、严重火灾、洪水、台风、地震和其他双方认可的不可抗力事件，致使无法履行合同时，应及时向对方通报不能履行或不能完全履行的理由，并应在14天内提供证明，允许延期履行、部分履行或者不履行合同，并根据情况可部分或全部免予承担违约责任。
3. 乙方为完成承揽项目而需在甲方现场作业的，必须遵守甲方关于外来单位及其人员的行为规范的规章制度。在进行涉及安全问题的作业前，乙方必须与甲方的安全保卫部门签订有关安全协议，否则不得作业。
4. 本合同的三个附件，即《附件一》《附件二》《附件三》，具有与本合同相同的法律效力。
5. 执行本合同发生分歧和纠纷，双方应通过友好协商解决，协商后可续签补充合同。当经协商不能达成协议时，可向甲方所在地人民法院提起诉讼。
6. 本合同一式六份，甲、乙双方各执三份。本合同经甲、乙双方授权代表签字和加盖合同专用章后生效。

</td></tr>
<tr><td>甲方：甲有限公司

授权代表签字：

年　月　日

名称：甲有限公司

通信地址：
邮编：
电话：
开户银行：
账号：</td><td>乙方：乙有限公司

授权代表签字：

年　月　日

名称：乙有限公司

通信地址：
邮编：
电话：
开户银行：
账号：</td></tr>
</table>

6.4.3 设备委托维修后的验收

设备委托维修验收，是保证设备维修后达到规定的质量标准和要求，减少返工维修，降低返修率的重要环节。承、托修双方在工作中一定要严把质量关，把质量问题发现并解决在维修作业场地。

设备大修必须按技术文件中标明的内容完成，并按精度（性能）标准验收。对于项修设备的验收，应根据维修技术文件中的验收标准和合同中的说明进行，并以满足生产工艺要求为基本验收条件。

托修设备应规定保修期，具体期限由甲乙双方事先议定，写入合同中，目前国内许多企业定为半年。在保修期内承修单位接到托修单位由于发生故障要求返修的通知，应及时派人前往现场了解故障原因。属于维修质量造成的故障，应由承修单位负责抢修，其费用由承修单位承担，并按合同中的规定负担用户的停产损失。如果解体检查前难以确定故障原因和责任，承修单位也应先承担排除故障的维修，其维修费用应由最后确定的责任者一方承担。

承修单位在设备维修验收后，应将全部维修文件（包括维修方案、改装部位、换件明细表等）交给托修单位，以便于查阅。

思考与练习

1. 填空题

（1）机电设备常用的维修方式有（　　）、（　　）、（　　）、（　　）和（　　）。

（2）维修类别有（　　）、（　　）、（　　）三种类型。

（3）编制年度设备维修计划时，一般按（　　）、（　　）、（　　）、（　　）四个程序进行。

（4）在设备维修过程中，一般应抓好（　　）、（　　）、（　　）、（　　）和（　　）五个环节。

（5）常用的设备维修技术文件包括（　　）和（　　）。

2. 简答题

（1）年度、季度、月份设备维修计划之间有何关系?

（2）设备维修前要做哪些技术准备?

（3）零件的换修原则是什么?

（4）什么是设备维修的质量管理?

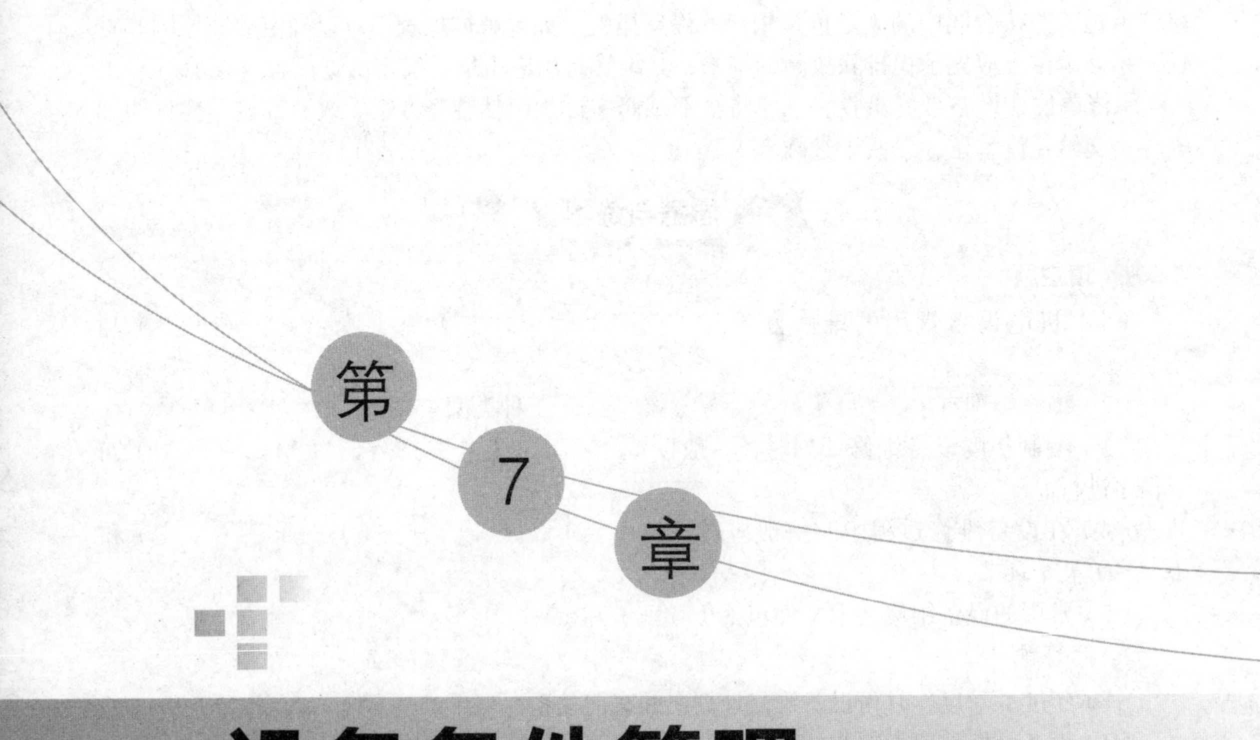

设备备件管理

7.1 备件管理目标任务与工作流程

所谓备件，是指根据设备的磨损规律和零件使用寿命，事先按一定数量采购、加工和储备的易损零、部件。在设备维修过程中，使用这些备件，可以在一定程度上缩短维修工期。

备件种类繁多，通常可以按零件来源、零件的使用特性以及制造复杂程度和精度高低等分类。其中，按零件来源，可分为由企业内部设计、测绘、制造的自制备件和对外订货采购的外购备件；按零件使用特性，可分为经常储备和使用，单价较低，对设备停工造成损失大的常用备件和不经常使用，单价高，对设备停工造成损失小的非常用备件；按备件制造复杂程度和精度高低，可分为制造复杂程度高、精度高、在设备中起核心作用的关键备件和除关键件以外的一般备件。

7.1.1 备件管理的目标和任务

我国不同时期设备备件管理的目标是不一样的。

1）在计划经济时期，设备备件管理的目的是要做到“三保”，即确保设备检修的需要，保质、保量、保时间供应零部件。在此时期，备件准备工作通常只要求确保供应，并不注重经济技术分析。为了达到这个目的，设备管理工作者通常是在检修之前，按照装配图的零件数量、按零件图的质量，预先准备好绝大部分零件或全部零件，但是检修甚至是大修，也仅是更换达到磨损极限而不能修复的那部分零件，并不是大部分零件，更不是全部零件，所以会造成积压浪费。

2）在市场经济时期，设备备件管理的目的增加了经济性方面要求，既要保证设备检修的需求，保质、保量、保时间供应，又不应积压浪费。也即是一方面需要满足维修需要，另一方面还要降低库存资金。这就要求设备管理工作者认真细致地积累有关数据与经验，并应用技术经济基础分析的有关理论知识，找出相应规律，切实做好备件的定额管理、计划管理及仓库管理，较好地达到企业备件管理目标。

总之，以下各项基本要求，也是衡量、检查备件管理工作经济效果的主要标准。企业在制定岗位经济责任制时，要把这些标准内容作为对备件专业管理人员实行责、权、利相结合的依据。

（1）备件管理的具体目标

1）把设备突发故障所造成的生产停工损失减少到最低程度。

2）把设备计划维修的停歇时间和维修费用降到最低程度。

3）把备件的采购、制造和保管费用压缩到最低水平。

4）把备件库的储备资金压缩到合理供应的最低水平。

5）应用先进的备件管理方法，保证信息准确，反馈及时。

（2）备件管理的主要任务

1）及时地向维修人员提供合格的备件。

2）重点做好关键设备维修所需的备件供应工作。

3）做好备件使用情况的信息收集和反馈工作，确定备件的合理储备定额。

4）在保证备件供应的前提下，尽可能减少备件的资金占用量（一般约占企业设备原值的2%~4%），缩短储备金的周转期。

7.1.2 备件管理的工作流程

备件管理的工作流程，如图7-1所示。主要从维修需求出发，由设备管理部门依据设备新旧程度、设备数量、运转状况和维修计划等，建立适合本企业的备件管理目标，制定备件购、制计划并实施，备件品种繁多，必须进行科学有效的管理，以满足设备维修需要，但又不造成资金积压。

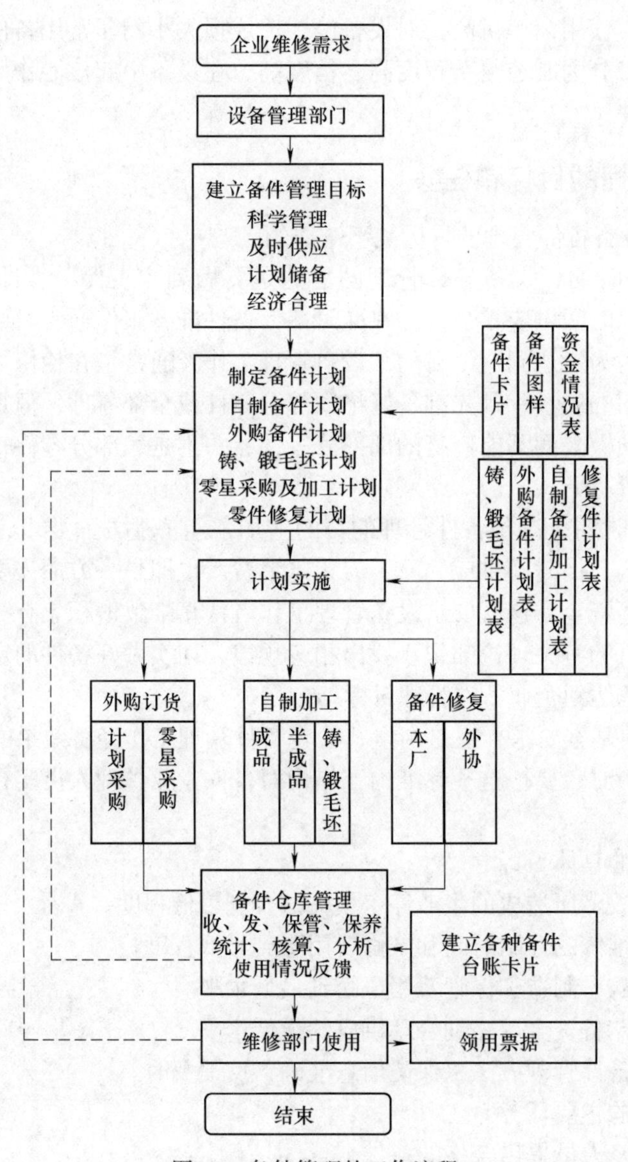

图7-1 备件管理的工作流程

备件管理的工作流程中涉及的职能部门和岗位人员众多，企业必须以制定的岗位经济责任制文件内容为依据，明确分工和岗位职责，实行责、权、利相结合，不论是人工备件管理系统，还是计算机备件管理系统，都要能识别部门和岗位，不同的权限只能操作自己相应的功能。

（1）备件部门负责人　应负责统筹全局，协调各方关系，提供良好的部门工作环境，不断提高备件管理绩效。负责审核备件领用申请单、购制计划、财务账单、各类报表等，关注并解决异常问题。

（2）财务管理人员　应对备件仓库账务进行指导、监督与服务。经常或定期到备件库督促按时记账、稽查和签收各类凭证、稽核账目、抽查库存、考核储备资金占用情况。

（3）维修人员　根据企业维修计划或临时发现的设备故障隐患填写备件领用申请单，报设备备件管理部门审核通过时，则可领取仓库现存或采购的相应备件进行维修作业，然后填写包含设备型号和使用备件编号等信息的维修作业记录单，并进入到人工或计算机设备维修记录管理系统。

（4）备件计划人员　应做出比较准确的备件购制计划并实施，既要保证维修需求供应，又要实现合理库存。除此外还应负责备件库存统计、盘点、跟踪、解决缺件问题以及日报表和月报表的编制。对于首次出现的备件，应录入备件基本信息，建立备件档案。基本信息应包括备件编码、名称、型号、材质、订货单价、库存数量、存储位置等内容。其中，最主要的工作内容是依据备件储备定额，做好购制计划工作。

（5）备件采购员　应依据库存信息、安全库存量、设备维修计划和合格的供应商信息，制定备件采购计划，然后按照计划完成从采购到质量检验入库的一系列工作。严格按照标准的备件分类，填报备件名称、批次号、规格型号、图号、需求数量、用途、需求时间，填报备件入库申请单。负责将质量检测报告录入人工或计算机管理系统，汇总出库备件出现的质量问题并进行反馈。另外，还应负责了解关键备件的市场价格走势，协调备件供应商的交货期，建立供应商档案库，保证紧急状况下的备件供应等工作。

（6）质量管理人员　对于外购备件入库时，定期依据备件质量检验报告、设备质量检验记录的统计结果，以及设备维修记录数据所统计的多个供应商供应的相同备件的平均使用寿命，进行合格供应商的判定和信息更新。

（7）库管人员　主要负责备件验收入库、正确发放、科学保管和保养、管理库存台账、备件的编码及储存等工作。依据入库申请单，对入库备件的品种、质量检验（目测）、数量负责，不合格备件不允许入库。依据出库申请单，在确认并发货后，进行数据录入，对备件库存信息表、库存台账数据进行更新。

7.2　备件管理的工作内容

备件所涉及的范围很广，品种繁多，制造、供应、使用周期差别又很大，因此，备件管理工作是以技术管理为基础，以经济效果为目标的管理。备件管理工作主要包括四个方面，即备件的技术管理、计划管理、库存管理和经济管理。技术管理是基础，计划管理是中心，库存管理是保障，经济管理是目的。

7.2.1　备件的计划管理

备件的计划管理，是指由提出订购和制造计划开始，直至备件入库为止这一段时期的工作，包括计划的编制和组织实施。重点是依据备件储备定额做好购、制计划的编制工作。目的是保证企业生产和设备维修的需要以及备件管理的经济性。因此，备件计划管理是备件管理工作的核心，它是组织备件申请订货、采购和制造的主要依据。

1. 备件计划分类

备件计划，可以按备件来源或备件计划时间进行分类。

（1）按备件来源分类　可分为外购备件计划（包括国内和国外采购备件计划）和外协、自制备件生产计划（包括成品、半成品计划；铸、锻毛坯计划；零件修复计划）。

（2）按备件计划时间分类　可分为年、季、月备件计划。

2. 编制备件计划的依据

1）各类备件卡片：机械备件卡、轴承卡、电器元件卡、液压元件卡等。

2）各类备件统计汇总表：备件达到企业规定的订货点和最小储备量时库房提出的备件申请量表；库存备件领用、入库动态表；备件库存量表。

3）年、季、月设备修理计划。

4）分厂（或生产车间）机械员提出的日常维修备件申请表。

5）本企业的年度生产计划及机修车间、备件生产车间的生产能力、备件供应情况分析。

6）库房或修复小组加收可修复件的情况。

7）本企业备件历史消耗记录和设备开动率。

8）本地区备件生产、协作情况。

3. 备件计划编制工作中需要注意的问题

（1）自制备件与外购备件的选择　确定备件自制或外购时，应从质量、经济两方面综合考虑，能外购的尽量外购。必须自制的备件，要在安排生产和维修计划的同时，考虑和安排备件制造计划。

（2）国内供应与国外供应备件的选择　企业维修用备件种类多，范围广，供应方法也各不相同，原则上应立足国内解决，只有国内不能解决或很不经济时，才可考虑向国外订货。

（3）向国外订购备件时需要注意的事项

1）按照国外订购备件的程序和规定办理订购。

2）认真填写进口备件订货卡片和说明。

7.2.2　备件的技术管理

1. 备件的技术管理工作内容

备件的技术管理，也称为备件的定额管理。备件的技术管理主要包括积累和编制备件技术资料，预测备件消耗量，制定合理的备件储备定额和储备形式等。

具体来说，备件的技术管理包括备件图样的收集、测绘、管理；备件图册的编制；各类备件统计卡片和储备定额等基础资料的设计、编制及备件卡片的编制等工作。通过积累、补充、完善、分析、统计这些基础资料。一方面，备件技术人员可以掌握本企业各类设备的结构特点、使用频率、维修保养水平、备件的自制加工能力等，逐步摸清企业各类设备的磨损、消耗规律、备件需求规律，预测备件消耗量，确定较为合理的备件储备定额、储备形式。另一方面，备件技术人员既要想方设法降低备件的消耗量和储备定额，又要依据本企业生产计划、各类设备运行和内外部环境的变化情况，及时地对备件的消耗量和储备定额做调整，从而为备件的生产、采购和库存提供科学合理的依据。因此，备件的技术管理工作的重点是制定合理的备件储备定额。

2. 备件技术资料

（1）备件技术资料内容　见表7-1

表7-1　备件技术资料内容

类别	技术资料名称和内容	资料来源	备注
备件图册维修手册	液压系统图；传动系统图；电气系统图；轴承位置分布图等	设备使用说明书中的易损件图或零件图；向设备制造厂索取；向制图厂购买；机械行业编制的备件图册；自行测绘；向同行业企业借用	外来资料应与实物校核；编制图册的图样应在图样适当的位置标出原厂图号
备件卡片	机械备件卡；轴承卡；电器元件卡；液压元件卡等	备件图册；设备使用说明书；机械行业有关技术资料；自行绘制；向同行企业借用	
备件统计表	备件型号、规格统计表；备件类别汇总表等	备件卡、备件图册；设备说明书；同行业互相交流；设备台账；机械行业有关资料	

（2）备件汇总表　一般应按厂家备件供应目录进行分类，例如轴承（深沟球轴承、调心球轴承、圆柱滚子轴承）、传动带、链条、皮碗油封、液压元件（例如泵类、阀类）等统计汇总。

（3）编制备件卡

1）5个复杂系数以下的设备或不需要大修的设备可不编制备件卡。

2）如果编制备件卡的设备占全部生产设备的比重很小，根据备件卡整理出的汇总表（主要指配套产品，如轴承）就不能正确反映设备拥有量，这就要求整理这些备件汇总表时，应考虑编制备件卡的设备数量要占应编设备台数（或复杂系数）的75%以上。

3）各类备件卡和汇总表中所列备件，应按顺序排列，以便于查找。

3. 常用备件统计表

（1）备件入库单　见表7-2。

表7-2　备件入库单

备件编号：　　　　　　　　　　　　　　　　　　　　　年　月　日

工作号发票/合同号			备件来源				
设备名称/型号	备件名称	图号或规格	单位	数量	单价	总价	质量情况

实际价格			计划价格		备注
发票价格	运杂费	总金额	单价	总价	

财务审核：　　　　交库人：　　　　仓库保管：

注：备件入库单必须由交货人填写。入库备件必须附有质量合格证。

（2）备件消耗情况月报表　将备件的月消耗量以表格的形式报给备件技术员，以供了解消耗情况及作为修改备件定额的依据。备件消耗情况月报表见表7-3。

表7-3　备件消耗情况月报表

序号	备件名称	设备型号名称	图号或规格	消耗数量					备注
				日常维护	大修	项修	事故	合计	

制表人：　　　　　　　　　　　　　　　　　　　　　　　　　　年　月　日

（3）备件订货表　将消耗到订货点的各种备件以表格形式报给备件技术员，以确定下月备件自制或外购计划。备件订货表见表7-4。

表7-4　备件订货表

序号	备件名称	图号或规格	现有库存量	储备定额		申请量	要求到货期	备注
				最小	最大			

制表人：　　　　　　　　　　　　　　　　　　　　　　　　　　年　月　日

（4）呆滞备件表　将储存一年以上，尚未动用及超过最大储备量的备件以表格形式报给备件技术员，以便进行调剂、处理呆滞备件表见表7-5。

表7-5　呆滞备件表

序号	备件名称	图号或规格	库存量	金额/元	最大储备量	设备名称型号	上次动用时间	呆滞原因分析	处理意见	备注

制表人：　　　　　　　　　　　　　　　　　　　　　　　　　　年　月　日

（5）年度备件库存主要技术经济指标动态表　用于反映备件储备资金的周转情况，以便于财务部门核对资金。年度备件库存主要技术经济指标动态表见表7-6。

表7-6　年度备件库存主要技术经济指标动态表

项目 年份	年初库存	入库与出库备件金额/元								年末库存	全年消耗量	周转率	周转加速率
		自制	外购	其他	合计	领用	外拨	其他	合计				

年末库存备件金额/元　　　　　　　　　　　　　　　　　　本年备件资金周转期/天
制表人：　　　　　　　　　　　　　　　　　　　　　　　　　　年　月　日

4. 备件储备定额

从狭义上讲，备件储备定额是指备件库存管理卡中所列的各类备件的储备量定额。从广义上讲，是指企业为保证生产和设备维修，按照经济合理的原则，在收集各类基础资料并经过计算和进行实际统计的基础上所制定的备件储备数量、库存资金和储备时间等标准限额。

（1）备件储备定额的确定原则

1）备件储备品种取决于备件使用寿命，每个品种备件储备数量，取决于备件消耗量、企业维修能力和该品种备件供应周期。

2）合理的储备定额，应具有应对突发故障和随机故障情况的能力，也就是说，在正常消耗量的基础上，还要增加合理的冗余储备数量。

3）满足维修需要，不超量储备，以免积压资金。

（2）备件储备定额的计算方法　备件储备品种确定以后，储备数量的多少就是备件储备资金计算的关键。以下是按备件的制造周期和应用周期来确定备件储备定额的计算方法。

1）备件的月平均消耗量M，是由该种备件在设备中使用期限、数量和同类型设备拥有数量进行计算的，其计算公式为

$$M=\frac{NP}{T_{\min}}$$

式中　M——备件的月平均消耗量；

$T_{\min}$——该种零件的使用期限；

N——该种零件在同台设备中的使用数量；

P——同类设备拥有台数。

2）备件的最低储备定额，应能保证在订货期（或制造期）供给备件的需要量，其储备（最低）定额的计算公式为

$$C_{\min}=\xi TM=\frac{\xi TNP}{T_{\min}}$$

式中　$C_{\min}$——备件的最低储备量；

ξ——备件制造质量和维护保养水平的系数；

T——备件订购、供货周期或加工制造周期（单位：月）。

当备件的最低储备量计算值不大于0.75时，说明该种零件消耗量、加工等条件随时可以满足需要，可以不做备件储备。但是，如果企业拥有同类设备台数多，在生产中不允许停歇时间过长，并且成批制造该种备件又比较经济合理，制造一批作为备件储备仍是可行的。

3）备件的最高储备定额，应按订货（或制造）周期与批量决定，其计算公式为

$$C_{\max}=\xi ZM=\frac{\xi ZNP}{T_{\min}}$$

式中　$C_{\max}$——备件的最高储备量；

Z——备件最经济的加工循环期。

在正常情况下自制备件的最高储备定额一般不得超过3~4个月的消耗量。外购备件的最高储备定额，一般不超过10~12个月的消耗量。

7.2.3 备件的库存管理

备件的库存管理，又称为备件的仓储管理，是指备件的验收入库、科学保管、正确发放以及库房清洁与安全管理等工作。它是一项复杂而细致的工作，是备件管理工作的关键，也会直接影响到企业的维修成本。

1. 备件的库存管理要素和目标

（1）备件的库存管理要素　备件的库存管理要素包括库存空间、储备的备件、储备形式、人员、货运设备与备件资金等，以及以上各要素之间存在的关联关系。

（2）备件的库存管理目标

1）全面分析备件的特点，确保备件的储存品质。例如备件的材质、重量、体积、抗腐蚀性能、适宜的温度和湿度等特点，选择合理的储存环境。

2）做到存取备件可靠方便，及时地入库和出库，保证维修时保质保量及时供应。

3）做到仓库空间的最大化使用，确保人员配置合理和设备高效利用。

4）保证备件入库和出库过程中，搬运阶段科学合理地依靠人力和机械设备，做到经济且安全。

5）注重管理细节。随时保持仓库干净整洁，保证备件有序地存取及安全运作，保证科学而高效率的工作。

2. 备件的库存管理内容

（1）备件入库　备件入库前，库管员必须逐步进行核对与验收，方可办理入库手续。检查核对内容和具体要求如下：

1）检查核对申请计划，确认已被列入备件计划的备件才能进行下一步工作，否则属于计划外的备件，必须经备件管理责任部门和相关负责人批准。

2）检查核对入库备件是否符合备件申请计划和生产计划规定的品种、数量、规格，并有合格证明，只有均符合时才能做下一步工作。

3）由入库人填写入库单并附有对应的质量合格证，库管员必须查看物品、质量、数量是否与入库单一致。

4）库管员将相应备件及时登记上账，并分类储备。

（2）备件入库后的工作

1）入库备件应由库管员按备件用途、设备属性、型号、挂上标签分类存放。做到涂油防锈、不丢失、不损坏、不变形、不变质、定期检查，还要做好梅雨季节的防潮工作，防止备件生锈。

2）账目清楚，账、卡、物三者相符。入库登账，出库记账、每月结账、定期盘点，随时向有关人员反映备件动态。

3）备件码放整齐，做到“两齐”（库容库貌整齐、账册及卡、牌整齐）“三清”（规格清、数量清、材质清）“三一致”（账、卡、物一致）“四号定位”（区号、架号、层号、件号定位）“五五码放”（按五件一组码放整齐）。

（3）备件发放

1）备件发放需凭备件领用单。对不同备件，要按本企业规定执行领用的审批手续。

2）备件发放后要及时登记和消账减卡，并办理相关财务手续。

3）支援外厂的备件必须经过设备管理负责人批准后方可办理出库手续。

4）备件发放一律实行以旧换新的制度，由领用人填写领用单，注明用途、名称、数量，以便对维修费用进行统计核算。

（4）备件注销和报废处理

1）凡是因技术改造、报废或外调设备而使本企业不再需要的备件，应呈报有关部门后及时销售和处理，做到尽可能回收资金，不随意浪费。

2）凡是经本企业指定的相关权威机构或组织鉴定无修复价值的备件废品，备件管理员要查明报废原因，若因保管不当造成，则需提出处理意见和防范措施，以防同类事件再发生，并呈报有关部门批准后报废。

3. 备件仓库的要求

1）不同企业的备件仓库面积应根据企业规模、设备的数量、备件范围的划分、品种和数量以及管理形式等自定，一般可按每个设备修理复杂系数0.01~0.04m^2的范围参考选择。

2）备件仓库应保持清洁、干燥、通风、明亮、无腐蚀性气体，并有防火、防汛、防盗设施等。

3）备件仓库除配备办公桌、资料柜、货架、吊架外，还应配备简单的检验工具、拆箱工具、去污防锈材料、涂油设施、手推车等运输工具。

4. 备件仓库利用率指标

1）备件库区面积利用率。如果计算出的数值较大，则仓库面积规划合理。反之，仓库规划太大，会造成严重浪费。备件仓库面积利用率可按下式计算：

$$\text{备件仓库面积利用率}=\frac{\text{备件已占用仓库面积}}{\text{备件仓库总面积}}\times 100\%$$

2）备件仓库可存储面积率。通过计算和企业间对比，可判断仓库内通道和库位料架规划是否合理。如果数值较大，则规划合理。反之，则规划不合理，仓库内各种通道占地面积过多，应重新规划。备件仓库可存储面积率可按下式计算

$$\text{备件仓库可存储面积率}=\frac{\text{可供存储备件仓库面积}}{\text{备件仓库面积}}\times 100\%$$

3）备件仓库容积利用率。由计算出的数值可判断仓库库位和料架规划是否合理，数值较大，则合理。反之，不合理。备件仓库容积利用率可按下式计算

$$\text{备件仓库容积利用率}=\frac{\text{备件已占用仓库容积}}{\text{备件库位料架总容积}}\times 100\%$$

4）平均每个品种备件所占库位个数。通过计算可以判断库位料架管理是否合理。平均每个品种备件所占库位个数可按下式计算

$$\text{平均每个品种备件所占库位个数}=\frac{\text{仓库料架库位总数}}{\text{备件总品种数}}$$

5. 备件的储备形式

根据设备修理过程中，备件在设备结构中的使用条件、修理工艺要求和装配特性等，备件的储备可分为以下几种形式。

（1）毛坯储备　对于那些必须在维修过程中，才能按照配合件的修理尺寸来确定加工尺寸、且机械加工工作量又不大的备件，例如带轮、曲轴、开合螺母、铸铁拨叉等，适合于

按毛坯形式储备。毛坯储备形式可以省去设备维修过程中等待准备毛坯的时间。

（2）半成品储备　对于那些为了在维修时进行尺寸链补偿，必须留有一定加工余量的备件，例如箱体主轴孔、大型轴类零件的轴颈、轴瓦、轴套等，则适合于粗加工后作为半成品储备。半成品储备形式既可以预先检查毛坯的质量问题，也可以缩短维修过程中加工备件的时间。

（3）成品储备　在设备维修前期，对于已经定型的备件，例如摩擦片、花键轴、齿轮等，适合于制成（或外购）成品储备；对于那些配合件，例如活塞、缸体等，也可按尺寸分成若干配合等级制成成品进行储备；对于那些流水生产线中的设备或关键设备上的主要部件，例如液压泵、液压操纵板、减速器、高速磨头、金刚刀、镗刀、铣床电磁离合器等，具有制造工艺复杂、技术条件要求高和标准化等特点的部件，则适合于采用部件成品储备形式。成品储备形式，可以很大程度保证设备快速修理，缩短维修工期。同时，也一定要注意平衡停机损失和成品储备数量之间的关系是否达到最优，否则易造成库存积压严重、资金浪费现象。

（4）成对（套）储备　对于配合精度要求高，必须成对（套）制造和成对（套）更换的备件，例如高精度的滚珠丝杠副、高速齿轮副、蜗杆副、弧齿锥齿轮等，则适合于采用成对（套）保存储备。成对（套）储备形式有利于保证维修后机械设备的配合精度和传动精度。

根据备件的使用性质，备件的储备形式还可分为：

（1）经常储备　对于消耗量大、更换频繁的易损备件，需要随时保持一定数量的库存储备。

（2）间隔储备　对于消耗量少、磨损期长、价格昂贵的备件，虽然加工工序多，制造工艺复杂，技术条件要求高，但是设备数量较少，更换一次可使用很久的备件，可根据对设备实际的检测情况，发现零件有磨损和损坏的征兆时，提前生产（外购），进行短期间隔储备。

6. 备件库存的ABC分类管理法

一般来说，企业的备件库存物资种类繁多，每个品种的价格不同，库存数量也不等，有的备件品种不多但价值很高，而有的备件品种很多但价值不高。由于企业的人力、资源和资金有限，因此，对所有的备件品种均予以相同程度的重视和管理是不切实际的。为了使有限的时间、资金、人力、物力等企业资源能够得到更有效地利用，应对库存备件进行分类，依据库存备件重要程度的不同，分别进行不同的管理，这就是ABC分类管理方法的基本思想。应用ABC分类管理法，可以解决备件管理工作繁杂浩大而人员相对较少的矛盾，能起到事半功倍的效果，不但能更好地保证供应生产维修需求，而且可以显著减少储备，加速资金周转。

（1）备件ABC分类管理法的内容　又称为重点管理法或分析法。是指根据备件品种规格多、占用资金多和各类备件库存时间、价格差异等因素，采用ABC分类管理的原则，对品种繁多的备件进行分类，实行资金的重点管理的库存管理方法。它是一种简单可行，能节约大量资金的备件管理方法，已在国内外企业备件管理中得到广泛应用。

通常，按照备件的品种数量和占用资金比重将备件分成A、B、C三类。各类备件所占的品种数及库存资金比重见表7-7

表7-7 备件的ABC分类参考表

备件分类	品种数占库存品种总数的比重	占用资金占总库存资金的比重
A	约10%	50% ~70%
B	约30%	20% ~30%
C	约60%	10% ~20%
合计	100%	100%

（2）备件ABC分类管理法的应用 常用的ABC分类方法有：

1）按备件单价的高低分类。单价高的列为A类，单价低的列为C类。

2）按备件在设备上的重要性分类。将作用重要、设备要害部位的关键备件列为A类，作用次要的一般备件列为C类。

3）按备件结构复杂程度分类。将设计结构复杂、加工难度大、制造周期长的备件列为A类，结构简单、加工容易、制造周期短的列为C类。

4）按备件使用寿命长短分类。将使用寿命短，在生产中大量消耗的备件，也就是一般称为易损件的列为A类，而将使用寿命很长的列为C类。

5）按备件对影响生产的程度分类。将在生产中较多出现问题，要解决又比较困难的备件列为A类，而在生产中很少发生问题，即使出现问题也比较容易解决的备件列为C类。

这样分类后，再将5条标准分出的A、B类备件综合起来，在综合过程中记录其出现的次数（最少一次，最多五次）。最终的目的是达到A类备件的资金占用累计占50% ~70%，而品种累计只占10%左右；C类备件的资金累计占10% ~20%，而品种累计占60%左右；余下的为B类备件，其资金累计占20%-30%，品种累计也占30%左右。

要达到最终要求，显然，一次性综合是不可能达到的，要经过调整、综合、再调整、再综合的多次重复过程才可能达到，在调整过程中反复权衡、比较，使结果逐步接近最终的目标要求。在实际工作中，由于分类工作量太大，因此根据众多企业多年运用ABC分级的经验，最常用的是按照消耗金额中所占的百分比来划分。

（3）备件ABC分类管理的策略

1）A类备件。具有库存品种数量少（约10%），占用资金金额和比重大（50% ~70%），储存期长（周转速度慢）、采购和制造困难、重要程度高和价格高等特点。因此，要重点控制和管理，应以保证供应为前提，严格控制A类备件进货，尽量按最经济、最合理的批量和时间进行订货和采购；采取定时、定量进货供应，保证生产的正常需要。

2）B类备件。与A类备件相比较，具有库存品种数量较多，占用资金金额和比重较少等特点。因此，可根据维修需要，适当加大B类备件的储存量，订货周期可稍有机动，减少采购次数。

3）C类备件。在ABC三类备件中，具有库存品种数量最多，占用资金金额和比重最少等特点。因此，应以充分保证维修需要为前提，适当增大储备量，使订货周期长一些，以减少对C类备件的管理工作量。

据某企业对其仓库库存的22万个品种、7660万元资金的备件进行分类，其中，A、B类备件占6.5万个品种，占29.5%，资金为6900万元，占90.08%。经分类对策的ABC管理之后，备件资金周转天数大幅度减少，流动资金占用减少近千万元，而且各类备件供应都比较及时，临时追加的订货项目大幅度减少，A、B类备件超储情况甚少，在管理人员毫无增加的情况下管理却变得井然有序。

【例7-1】某厂有7种备件，这些备件的单价以及在一个年度以内的消耗数量金额见表7-8。试对这些备件做ABC分类。

解：分析计算步骤如下：

1）计算在1年内各品种备件的消耗金额，计算公式为

某备件消耗金额=该备件单价×该备件的全年消耗数量

2）计算1年内各品种备件累计消耗的总金额，计算公式为

各备件累计消耗的总金额＝∑各品种备件消耗金额

3）按备件消耗金额大小，降序排列。

4）按照ABC各类备件占库存品种总数的比重和占用资金占总库存资金金额的比重进行分类。

该厂7个备件品种中，按照A类占10%左右，应占1个，根据A类备件的特点（品种数目少，所消耗资金数额大），可初步预判消耗金额最大的F-00备件属于A类备件，通过计算得到仅仅F-00一个品种的备件所消耗资金占总库存资金的比重为59.2%，因此确定F-00备件属于A类备件。同理，可以计算得到K-01备件和G-02备件2个品种占比例为28.6%，资金占比例为25.1%，属于B类备件。而剩余的4种备件属于C类备件，具体计算结果数据见表7-8。

表7-8　备件ABC分类计算表

品种目录	单价/元	消耗数量	消耗金额/元	消耗的总金额/元	占品种总数的比重	占库存资金的比重	ABC分类
F-00备件	740	6	4440	4440	14.3%	59.2%	A
K-01备件	51	20	1020	5460	28.6%	25.1%	B
G-02备件	43	20	860	6320			
D-04备件	10	41	410	6730	57.1%	15.7%	C
H-00备件	4	125	500	7230			
H-01备件	2.50	96	240	7470			
H-02备件	3.60	7	25.20	7495.2			

7. 计算机辅助备件库存管理

采用计算机辅助备件库存管理，一方面，可建立企业备件总台账，以减轻日常记录、统计、报表的工作量；另一方面，可随时提供备件储备数量和资金变动信息，为备件计划管理、技术管理、库存管理和经济管理提供可靠的依据，为各个相关部门的决策提供准确、完整、及时的备件信息，从而依据备件管理的内在经济规律，合理地组织备件的生产、采购，加快资金流转，保证供应，降低消耗，节约资金，形成科学合理的库存结构。

（1）建立计算机辅助备件管理信息系统应注意的问题　计算机辅助备件信息库存管理系统是设备综合管理信息系统的一个子系统。在备件管理信息系统设计时，必须首先考虑设备综合管理信息系统对备件管理信息库存管理系统提出的要求，应考虑维修对备件管理工作的要求和企业实际情况设计各功能模块的种类、数量，确保与其他子系统（特别是故障、维

修信息系统）之间的正常通信和数据共享等。

在设计备件管理信息网络时，在保证功能完备的前提下，可以利用日渐成熟和普及的浏览器取代以往复杂的专用软件，但是必须将保障数据安全的任务放在首要的位置。

通过编制备件使用手册、备件供应手册、定额台账、计划台账、合同台账、收入台账、库存台账和出库台账等来规范和监控备件信息管理工作的各个环节，健全并编制备件管理用的各种统计报表、卡片、单据等，备件明细表中所列项目应全面考虑动态管理的需要，例如ABC分类法的应用、各类备件使用规律、经济合理的备件储备量研究、缩短备件资金周转期的途径等，以便于科学地、准确地、全面地收集各种信息数据并输入备件管理信息系统。

（2）备件管理信息系统建立工作流程

1）准备工作：编制和收集各种备件手册和台账，确定各类备件的相关信息。

2）设计并编制程序实现备件管理信息系统功能，包括但不限于以下模块:

① 录入功能：自制、外购备件以及各种收发核算单据的录入。

② 修改功能：改正输入数据的错误。

③ 删除功能：删除已取消的备件。

④ 查询功能：按编号查询备件的库存、单价、资金占用额。查询某一时刻的全部库缺备件。查询所有超储备件或积压备件的品种、数量、金额。查询所有最低储备额的备件。查询应报废的备件等内容。

⑤ 反馈功能：备件信息的跟踪、传输和共享，专用备件的寿命周期反馈等。

⑥ 报警功能：自动检索备件剩余库存量，发现为0或低于最低储备额时自动报警。

⑦ 计算、输出、打印功能：如信息系统能够根据预先设计的程序计算并输出消耗金额、平均储备资金、平均周转期等相关数据，系统设置权限范围内人员可根据工作的需要按操作指令随时打印各种报表。

3）将全部备件信息统计并录入信息系统。

4）测试、使用并完善备件信息管理系统。

7.2.4 备件的经济管理

备件经济管理的主要内容，包括备件库存资金的核定、出入库账目管理、备件资金定额及周转率的统计分析和控制、备件消耗统计、各项经济指标的统计分析等，重点是备件资金的核算和考核工作。

1. 备件储备资金的来源和占用范围

备件储备资金，是指企业用于购置备件、储存备件、管理备件以及其他相关工作的资金总称。它属于企业的流动资金。也就是说，从备件采购的各企业按照一定的核算方法确定，并有规定的储备资金限额，因此，备件的储备资金只能由属于备件范围内的备件占用。

2. 备件资金定额的核算方法

备件储备资金的核定，目前尚无通用核对方法，原则上企业应与自身规模、企业自制备件能力、维修能力和当地外协及外购条件等相联系确定。对于自制备件能力强，当地外协及外购条件好的企业以及新设备较多的新建企业，备件储备资金核算占用额可适度小一些；拥有陈旧设备较多的企业和非标准化设备和高端精密设备较多的企业，备件储备资金核算占用额可多一些。同时，关注市场价格波动，在保证质量的前提下，价格低的备件储备数量可适当增多，凭借长期订购的优势，与备件供应商建立长期合作关系，享受价格优惠。核定企业备件储备资金定额的方法一般有以下几种：

（1）按资金周转期进行核算　用本年度的备件消耗金额乘以备件资金预计的资金周期（年），再乘以修正系数来核算下年度的备件储备金额，通常修正系数为下年度预计修理工作量与本年度实际修理工作量的比值。

（2）按照设备原购置总价值的5%~15%估算　该方法计算简单，通过设备固定资产原值就可以估算出备件储备资金，也便于企业之间比较。其中，设备和备件储备品种较多的大中型企业可取下限，设备和备件储备品种较少的小型企业可取上限。但是，此核算指标偏于笼统，不能清晰地反映出企业设备运转及维修状况。

（3）依据本企业典型设备进行估算　此法准确性差，仅适用于设备和备件储备品种较少的小型企业，并且需要在实践中逐步修订完善。

（4）根据历年统计的备件消耗金额估算　结合历年（特别是上年度）的备件消耗金额及本年度的设备维修计划，核算本年度的备件储备资金定额。

（5）按备件库存管理卡上规定的储备定额核算　此法的合理程度与备件库存管理卡的准确程度密切相关，缺乏本行业企业之间的可比性。

3. 备件经济管理考核指标

（1）备件储备资金定额　它是考核期内所有备件的平均储备资金总额，也是企业财务部门给设备管理部门规定的备件库存资金限额。备件储备资金定额的计算公式为

$$\text{备件储备资金定额}=\sum_{i=1}^{n}\frac{1}{2}(C_{\max}+C_{\min})X_i$$

式中　$C_{\min}$——备件的最低储备量；

$C_{\max}$——备件的最高储备量；

X_i——备件i的单价；

n——备件品种数量。

（2）备件资金周转期　在企业中，减少备件资金的占用量和加速资金的周转期具有很大的经济意义，备件资金周转期也是反映企业备件管理水平的重要经济指标之一，备件资金周转期一般为一年半左右。其计算公式为

$$\text{备件资金周转期（年）}=\frac{\text{年均备件库存资金}}{\text{年消耗备件资金}}$$

若周转期过长会造成占用资金过多，企业就应对备件卡的储备品种和数量进行分析、修正。

（3）备件资金周转率　它是用来衡量库存备件占用的资金。实际上满足设备维修需要的效率。备件资金周转率的计算公式为

$$\text{备件资金周转率}=\frac{\text{年消耗备件资金总额}}{\text{年均备件库存资金}}\times 100\%$$

（4）备件资金占用率　它是用来衡量备件储备占用资金的合理程度，以便控制备件储

备资金占用量。备件资金占用率的计算公式为

$$备件资金占用率=\frac{备件储备资金总额}{设备原购置总值}\times100\%$$

备件资金重置资产占用率的计算公式为

$$备件资金重置资产占用率=\frac{备件平均储备资金}{重置设备资产价值}\times100\%$$

（5）备件资金周转加速率　备件资金周转加速率的计算公式为

$$备件资金周转加速率=\frac{上期备件资金周转率-本期备件资金周转率}{上期备件资金周转率}\times100\%$$

为了反映考核年度备件技术经济指标的动态变化，备件库应对每种备件都要填报年度备件库存主要技术经济指标动态表，见表7-6。

1. 选择题（单选或多选）

（1）备件管理的工作内容包括（　　）。

A. 备件的技术管理　B. 计划管理　C. 库房管理　D. 经济管理

（2）备件保管的“三清”是指（　　）。

A. 规格清　B. 编码清　C. 数量清　D. 材质清

（3）备件保管的“三一致”是指（　　）。

A. 账、卡、物一致　B. 量、卡、物一致

C. 码、卡、物一致　D. 编码、数量、材质一致

（4）备件保管的“五五码放”是指（　　）。

A. 一五一十地码放整齐　C. 五件一组码放整齐

B. 号、账、卡、物、证整齐　D. 二十五件一组码放整齐

2. 简答题

（1）备件管理工作的主要任务有哪些?

（2）什么是备件的计划管理?

（3）备件的技术管理包括哪些内容?

（4）备件入库应做好哪些工作?

（5）备件的保管工作有哪些要求?

（6）什么是备件库存的ABC管理法?

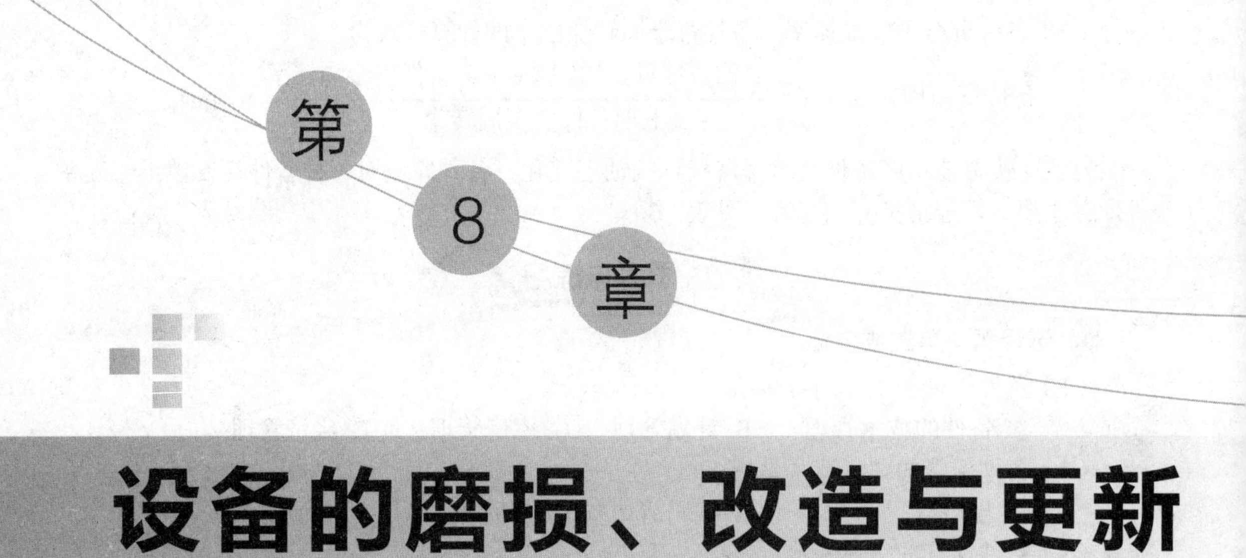

第8章 设备的磨损、改造与更新

采用新技术、新工艺、新设备对现有设备进行改造、更新，是加速企业技术改造、提高企业竞争能力的有效方法。设备改造与更新，是从企业产品更新换代、发展品种、提高质量、降低消耗、提高劳动生产率和经济效益的实际需要出发，进行充分的技术经济分析，有针对性地改造和更新现有设备，提高机械装备的现代化水平，满足企业发展的需要。

8.1　设备的使用寿命与磨损

8.1.1　设备的使用寿命

1. 设备的使用寿命

设备的使用寿命是指设备从投入生产开始至需要进行更新所经历的时间。设备的使用寿命通常可以分为设备的物质寿命、设备的技术寿命与设备的经济寿命三种。

（1）设备的物质寿命　设备的物质寿命又称为物理寿命或自然寿命，它是指设备从开始使用直到报废为止所经过的时间。设备经过使用磨损后，通过维修可以延长物质寿命。但随着设备使用时间延长，支出的维修费日益增加，设备技术状态不断劣化。过分延长设备的物质寿命，在经济上、技术上都是不合理的。

（2）设备的技术寿命　设备的技术寿命是指设备在技术上有存在价值的时间，即设备从开始使用直到因技术落后而被淘汰所经历的时间。设备的技术寿命的长短取决于设备无形磨损的速度。由于现代科学技术的发展速度大大加快，往往会出现一些设备的物质寿命尚未结束，就被新型设备所淘汰的情况。要延长设备的技术寿命，就必须采用新技术对设备加以改造。

（3）设备的经济寿命　设备的经济寿命也称为设备的价值寿命。它是依据设备的使用费用（即使用成本）最经济来确定的使用期限，通常是指设备平均每年使用成本最低的年数。设备的经济寿命用来分析设备的最佳折旧年限和经济上最佳的使用年限，即从经济角度来选择设备的最佳更新时机。设备的经济寿命是设备更新、改造决策的重要依据，影响设备的经济寿命或更新期的主要因素有以下三种:

1）效能衰退，指现有设备与其全新状态相比较，在工程效率上降低。

2）技术陈旧，由于新技术的出现和应用，产生了新型设备，而现存设备与新型设备相比较工程效率低，生产费用高。

3）资金成本，即购置新设备所支出的资金或投资的成本。

2. 设备役龄、新度系数和更新换代频数

反映一个国家（行业或企业）装备更新换代水平的重要标志是设备役龄、设备新度系数和设备更新换代频数，即技术性无形磨损速度。

从各国工业发展的速度来看，一般设备的役龄以10～14年较为合理，而以10年最为先进。美国为了加速更新，规定了各类设备的服役年限，例如机床工具行业和电子机械工业的设备平均服役年限为12年，上限为14.5年，下限为9.5年。

设备的新旧也可以采用新度系数来表示，所谓设备新度系数就是设备固定资产净值与原值之比。设备新度系数可分别按设备台数、类别、企业或行业的主要设备总数进行统计计算，其平均值可反映企业装备的新旧程度。从设备更新的意义上看，平均新度系数可在一定程度上反映装备的更新速度，某些行业把设备新度系数作为设备管理的主要考核指标之一。

表示技术进步程度的另一个标志是设备更新换代频数，即使设备役龄很“年轻”，也不能称设备属于先进水平。因此，考虑设备的更新问题时要将平均役龄、平均新度系数和更新换代频数等指标结合起来进行逐一分析才较为全面和客观。

8.1.2 设备的磨损及其补偿方式

1. 设备的有形磨损

设备的有形磨损是指设备在实物形态上的磨损。这种磨损又称为物质磨损。按其产生的原因不同，有形磨损可分为以下两种。

（1）设备的使用磨损　设备的使用磨损通常表现为机器设备零部件原始尺寸、形状发生变化，公差配合性质改变，以及精度降低、零部件损坏等，大致可分为以下三个阶段。

1）初期磨损阶段。在这个阶段，设备各零部件表面的宏观几何形状和微观几何形状都发生明显变化。原因是零件在加工制造过程中，其表面不可避免地具有一定粗糙度。此阶段磨损速度很快，一般发生在设备调试和初期使用阶段。

2）正常磨损阶段。在这个阶段，零件表面上高低不平及不耐磨的表层已被磨去，故磨损速度较以前缓慢，磨损情况较稳定，磨损量基本上随着时间均匀增加。

3）急剧磨损阶段。这一阶段的出现往往是由于零部件已达到它的使用寿命（自然寿命）而仍继续使用，破坏了正常磨损关系，使磨损加剧、磨损量急剧上升，造成机器设备的精度、技术性能和生产效率明显下降。

（2）设备的闲置磨损　设备在闲置过程中，由于自然力的作用而腐蚀，或由于管理不善和缺乏必要的维护而自然丧失精度和工作能力，使设备遭受有形磨损。

在实际生产中，除去封存不用的设备外，以上两种磨损形式往往不是以单一形式表现出来，而是共同作用于机器设备上。有形磨损的技术后果是机器设备的使用价值降低，降低到一定程度可使设备完全丧失使用价值。设备有形磨损的经济后果是生产效率逐步下降、消耗不断增加、废品率上升，与设备有关的费用也逐步提高，从而使所生产的单位产品成本上升。当有形磨损比较严重时，如果不采取措施，会引发事故，进而造成更大的经济损失。

2. 设备的无形磨损

设备的无形磨损又称为经济磨损，就是由于科学技术进步而不断出现性能更加完善、生产效率更高的设备，以致使原有设备价值降低；或者是生产同样结构的设备，由于工艺改进或加大生产规模等原因，使得其重置价值不断降低，即原有设备贬值。这样，设备的无形磨损也可分为以下两种形式。

（1）第一种无形磨损　也被称为经济性无形磨损，是由于相同结构设备重置价值的降低而带来的原有设备价值的贬值。

（2）第二种无形磨损　即技术性无形磨损，是指由于不断出现性能更完善、效率更高的设备而使原有设备在技术上显得陈旧和落后所产生的无形磨损。

3. 设备磨损的补偿方式

设备遭受磨损以后，应当进行补偿。设备磨损形式不同，补偿的方式也不一样。常见的设备磨损的补偿方式见表8-1。

表8-1 设备磨损的补偿方式

设备磨损	具体种类	补偿方式
有形磨损	可消除性的有形磨损	对零部件进行修理，局部改造
	不可消除性的有形磨损	更换磨损零件或设备，局部改造
无形磨损	第一种无形磨损	对原有设备进行现代化改造，使之得到局部补偿
	第二种无形磨损	采用结构相同的设备或更先进的设备来更换原有设备

8.2 设备的改造与更新

8.2.1 设备改造

设备改造是指按照生产需要，采用现代技术成就和先进经验来改造现有设备的结构，改善现有设备的技术性能，使之全部或局部达到新设备的技术性能。

设备改造是克服现有设备技术陈旧状态，补偿无形磨损的重要方式。设备改造是促进现有设备技术进步的有效方法之一，是提高设备质量的重要途径。因此，要依靠自己的力量，采用现代技术，对老旧设备进行改装、改造，走花钱少、见效快、符合企业实际的道路。

设备改造的实质是设备局部更新。设备改造可以使原有设备获得技术上的先进性和较高的可用性，同时具有投资少、针对性强、收效快的优点。这是目前企业解决设备陈旧问题的一种经常性手段。

1. 设备改造的原则

（1）针对性原则　从实际出发，按照生产工艺要求，针对生产中的薄弱环节，采取有效的新技术，结合设备在生产过程中所处的地位及其技术状态，决定设备的技术改造。

（2）技术先进适用性原则　由于生产工艺和生产批量不同，设备的技术状态不一样，设备的技术标准应有区别，重视先进适用，不盲目追求高指标，防止功能过剩。

（3）经济性原则　在制定技改方案时，要仔细进行技术经济分析，力求以较少的投入获得较大的产出。

（4）可能性原则　在实施技术改造时，应尽量由本企业技术人员和技术工人完成。若技术难度较大，本单位不能单独实施时，可以请有关生产厂方、科研院所协助完成，但本企业技术人员应能掌握，以便于以后的管理与检修。

2. 设备改造的方式

设备改造的方式，分为设备局部的技术更新和增加新的技术结构。

1）局部的技术更新，是指采用先进技术改变现有设备的局部结构。

2）增加新的技术结构，是指在原有设备基础上增添部件和新装置等。例如，在普通机床上增加数控装置。

3. 设备改造实施

为了保证设备改造达到预期的目标、取得应有的效果，企业及有关部门负责人应注意技术改造的全过程，特别要明确技术改造的前期和后期管理是整个技术改造的关键之一。一般来说，企业设备技术改造可参照以下程序进行。

1）企业车间提出设备技术改造项目，即填写设备改造清单，报送企业设备处。

2）设备处审查批准，列入公司设备技术改造计划，并通知各车间填写设备技术改造立项申请单，报送设备处。重大设备技术改造项目要进行技术改造经济分析，报送设备处，并经处长或企业主管负责人审批方可实施。

3）设备技术改造的设计、制造、调试等工作，原则上由各车间的主管部门负责实施。车间设计制造能力不足，需要委托外单位时，委托单位应提供详细的技术要求和参考资料，并填写设计制造委托申请书。

4）设备改造工作完成后，需经设备处技改负责人联合验收。

5）设备技术改造验收后，车间需要填报技术改造竣工验收单和设备技术改造成果报送设备处。

8.2.2　设备更新

设备更新，是指采用新的设备替代原有的技术性能落后、经济效益差的设备。设备更新可对设备的有形磨损和无形磨损进行综合补偿，以保证简单再生产的需要，同时对扩大再生产也起到一定的作用。设备更新一般不采用原样或原水平的设备去旧换新，而是根据企业需要，尽可能地以高水平的设备替换技术落后的老设备，促进企业的技术进步和提高经济效益。

1. 设备更新的原则

企业设备更新，应当遵循以下原则：

1）设备更新应当紧密围绕企业的产品开发和技术发展规划，有计划、有重点地进行。

2）设备更新应着重采用技术更新的方式，来改善和提高企业技术装备素质，达到优质高产、高效低耗、安全环保的综合效果。

3）更新设备应当认真进行技术经济论证，采用科学的决策方法，选择最优的可行方案，以确保获得良好的设备投资效益。

2. 设备更新对象的选择

企业应当从生产经营的实际需要出发，对下列设备优先安排更新：

1）役龄过长、设备老化、技术性能落后、生产效率低、经济效益差的设备。

2）原设计、制造质量不良，技术性能不能满足生产要求，而且难以通过修理、改造得到改善的设备。

3）经过预测，即使进行大修理，其技术性能仍不能满足生产工艺要求、不能保证产品质量的设备。

4）设备运行时，耗能大，严重污染环境，危害人身安全与健康，进行改造又不合算的设备。

5）按国家或有关部门规定应该淘汰的设备。

3. 设备更新规划

（1）设备更新规划的编制　设备更新规划的制定，应在企业主管厂长的直接领导下，以设备动力部门为主，并在企业的规划、技术发展、生产、计划、财务部门的参与和配合下进行。

（2）设备更新规划的内容　设备更新规划的内容，主要包括现有设备的技术状态分析，需要更新设备的具体情况和理由，国内外可订购到的新设备的技术性能与价格，国内有关企业使用此类设备的技术经济效果和信息，要求新购置设备的到货和投产时间，资金来源等。

设备更新是企业生产经营活动的重要一环，要发挥企业各部门的作用，共同把这项工作做好。为避免工作内容的重复，应对设备更新规划和计划的编制做适当分工，一般可采用以下方法。

1）因提高设备生产效率而需要更新的设备，由生产计划部门提出。

2）为研制新产品而需要更新的设备，由技术部门提出。

3）为改进工艺、提高产品质量而需要更新的设备，由工艺、技术部门提出。

4）因设备陈旧老化、无修复价值或耗能高而需要更新的设备，由设备动力部门提出。

5）因危及人身健康、安全和污染环境而需要更新的设备，由安全部门提出。

6）由于上述需要又无现成设备更换的，由规划和技术发展部门列入企业技术改造规划，作为新增设备予以安排。

设备更新规划的编制，应立足于通过对现有生产能力的改造，来提高生产效率和产品水平。也就是说，设备更新要与设备大修理和设备技术改造相结合，既要更换相当数量的旧设备，又要结合具体生产对象，采用新部件、新装置、新技术等对旧设备进行技术改造，使旧设备的技术性能达到或局部达到先进水平。

4. 设备更新经济分析

补偿设备的磨损是设备更新、改造和修理的共同目标。选择什么方式进行补偿，由其经济分析决定，并应以划分设备更新、技术改造和大修理的经济界限为主。可以采用寿命周期内的总使用成本互相比较的方法来进行。

5. 设备更新实施

（1）编制和审定设备更新申请单　设备更新申请单由企业主管部门根据各设备使用部门的意见汇总编制，经有关部门审查，在充分进行技术经济分析论证的基础上，确认实施的可能性和资金来源等方面情况后，经上级主管部门和厂长审批后实施。设备更新申请单的主要内容包括以下几点。

1）设备更新的理由，如有需要可附技术经济分析报告。

2）对新设备的技术要求，包括对随机附件的要求。

3）现有设备的处理意见。

4）订货方面的商务要求及要求使用的时间。

（2）对旧设备组织技术鉴定，确定残值，区别不同情况进行处理　其中对报废的受压容器及国家规定淘汰的设备，不得转售其他单位。

目前尚无确定残值的较为科学的方法，但它是真实反映设备本身价值的量，确定它很有意义。因此，残值确定得合理与否，直接关系到经济分析的准确与否。

思考与练习

1. 选择题（单选或多选）

（1）设备的使用磨损通常经过哪几个阶段？（　　）。

A. 初期磨损阶段　　B. 正常磨损阶段

C. 急剧磨损阶段　　D. 快速磨损阶段

（2）设备改造的原则有哪些？（　　）。

A. 针对性原则　B. 可能性原则　C. 经济性原则　D. 技术先进适用性原则

（3）设备从开始使用直到报废为止所经过的时间，称为设备的（　　）。

A. 物质寿命　B. 技术寿命　C. 经济寿命　D. 价值寿命

2. 简答题

（1）设备改造的方式有哪些?

（2）什么是设备的技术寿命？怎样提高设备的技术寿命?

（3）设备更新的原则有哪些?

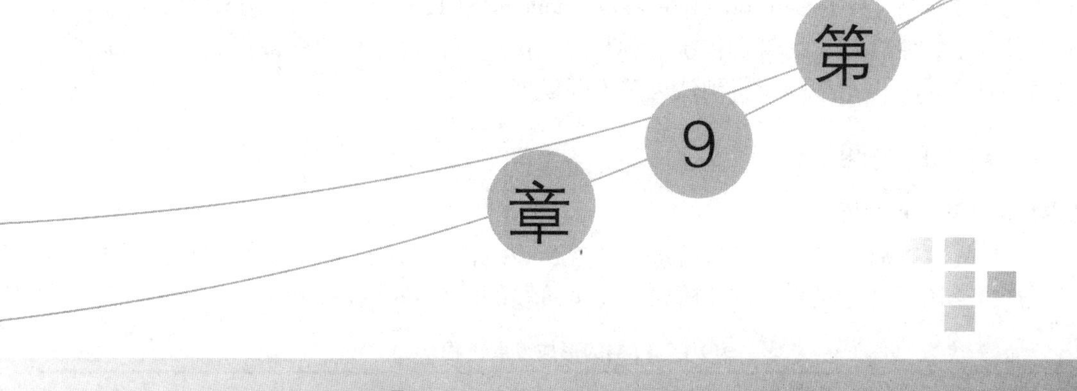

第9章 先进设备管理模式的应用

在市场经济体系日益发展、市场竞争日益激烈的今天，经济效益的提高越来越依赖于人的素质的提高，尤其是管理者素质的提高。管理科学是提高企业效益的根本途径，管理人才是实现现代化管理的重要保证。我国现有的管理水平与国际先进管理水平相比还有一定差距，管理落后是不少企业生产经营困难的重要原因之一。因此，采用先进的设备管理模式，实施科学管理，是企业提高生产效益，保证生存的重要因素，也是企业发展的当务之急。

9.1 全员生产维修制（TPM）

全员生产维修制，（Total Productive Maintenance简称TPM），是日本在学习美国生产维修经验的基础上，结合日本的管理传统，逐步形成的一套比较完整的设备管理与维修制度。TPM已经在日本及世界很多国家得到认可并不断发展。

9.1.1 TPM的内涵

1. TPM的形成和发展

第二次世界大战后，日本的设备管理大体经历以下四个阶段：事后维修阶段、预防维修阶段、生产维修阶段和全员生产维修阶段。每个阶段的内容和特点见表9-1。

表9-1 TPM的形成发展过程

阶段	第一阶段	第二阶段		第三阶段		第四阶段				
年份	1950年以前	1951年	1954年	1957年	1960年	1962年	1970年	1971年	1972年	1974年以后
内容	事后维修	预防维修	生产维修	改善维修	维修预防	可靠性工程	设备综合工程学	全面生产维护	日本型设备	预知维修
									日本型设备综合工程	
								全面生产维护		
							设备综合工程学			
						可靠性工程等				
					维修预防					
				改善维修						
			生产维修							
		预防维修								
	事后维修									
要点	设备坏了再修	从美国引进预防维修	为提高生产率，从美国通用电气公司引进生产维修	强调改善设备的素质	在新设备设计时考虑可靠性	强调设备的可靠性、维修性、经济性	强调设备寿命周期费用管理	提倡日本式的设备工程	推广日本式的设备综合工程	强调状态监测

（1）事后维修（BM）阶段（1950年以前） 二战前及战后初期的日本企业以事后维修为主。战后一段时期，日本经济陷入瘫痪，设备破旧，故障多，停产多，维修费用高，生产的恢复十分缓慢。

（2）预防维修（PM）阶段（1950～1960年） 20世纪50年代初，受美国的影响，日本企业引进了预防维修制度。对设备加强检查，设备故障早期风险早期排除，使故障停机大大减少，降低了成本，提高了效率。在石油、化工、钢铁等流程工业系统，效果尤其明显。

（3）生产维修（PM）阶段（1960～1970年） 日本生产一直受美国影响，随着美国生产维修体制的发展，日本也逐渐引入生产维修的做法。这种维修方式要贴近企业的实际，也更经济。生产维修对部分不重要的设备仍实行事后维修（BM），避免了不必要的过剩维修。同时对重要设备通过检查和监测，实行预防维修。为了提高设备性能，在修理中对设备进行技术改造，随时引进新工艺、新技术，这也就是改善维修（CM）。

到了20世纪60年代，日本开始重视设备的可靠性、可维修性设计，从设计阶段就考虑到如何提高设备寿命，降低故障率，使设备少维修，易于维修，这也就是维修预防（MP）策略。维修预防的目的是设计设备时，就赋予其高可靠性和高维修性，最大可能地减少使用中的维修，其最高目标可达到无维修设计。日本在20世纪60年代到70年代是经济大发展的10年，家用设备生产发展很快。为了提高自己产品的竞争力，他们的很多产品采用了无维修设计。

（4）全员生产维修（TPM）阶段（1970年至今） 全员生产维修（TPM）又称为全员设备管理与维护，是日本设备管理协会（中岛清一等人）在美国生产维修体制之后，在日本的Nippondenso电器公司试点的基础上，于1970年正式提出的。

在前三个阶段，日本基本上是学习美国的设备管理经验。随着日本经济的增长，在设备管理上，一方面继续学习其他国家的成功经验，另一方面进行了适合日本国情的创造，这就产生了TPM。这既是对美国生产维修体制的继承，又包含了英国综合工程学的思想，还吸收了中国“鞍钢宪法”中工人参加、群众路线、合理化建议及劳动竞赛的做法。最重要的一点是，日本人身体力行地把TPM贯彻到底，并产生了突出的效果。

2. TPM的定义

（1）TPM的定义 以最有效的设备利用率为目标，以维修预防（MP）、预防维修（PM）、改善维修（CM）和事后维修（BM）综合构成生产维修（PM）为总体的运行体制。由设备的计划、使用、维修等所有有关人员，从最高经营管理者到第一线作业人员全体参与，以自主的小组活动来推行PM，使损失为零。

TPM是以改善设备状况，改进人的观念、精神面貌及改善现场工作环境的方式来改革企业的体制，建立起轻松活泼的工作氛围，使企业不断进步。

（2）TPM的要素 TPM包含以下五个方面的要素：

1）以设备综合效率最大化为目标。

2）在整个设备一生建立彻底的预防维修体制。

3）由各部门共同推行（生产部门、计划部门、维修部门、经营部门、管理部门等）。

4）通过自主的小组活动推进。

5）从最高领导到生产一线员工，全员参加。

3. TPM的特点

（1）三个全

TPM的一个重要特点是三个全，即全效率、全系统、全员参与，如图9-1所示。

所谓的全系统是指生产维修的各个方面，如预防维修、维修预防、必要的事后维修和改善维修；全效率是指设备寿命周期费用评价和设备综合效率；全员参加是指从公司经理到相关科室，直到全体操作工人都要参加。

三个全之间的关系为：全员为基础，全系统为载体，全效率为目标。

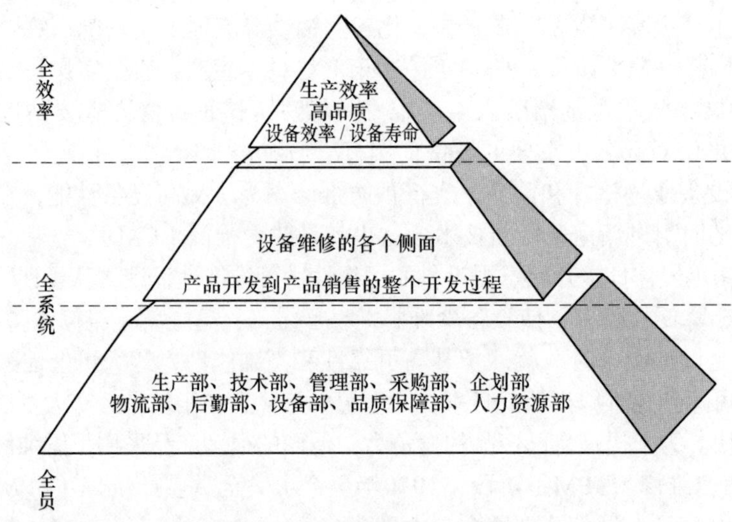

图9-1　TPM的特点：三个全

（2）四个零

随着TPM的不断发展，日本提出以实现四个零为发展目标。即：灾害为零、不良为零、故障为零、浪费为零。

为实现这四个零，TPM以“预防保全（维修）”手法为基础展开活动。预防保全用一句话说就是：为了防止不良或故障等的发生，而将设备的机能维持正常状态的活动。

9.1.2　推行TPM的阶段与步骤

1. 实施TPM的阶段与步骤

实施TPM的阶段与步骤见表9-2。

表9-2　实施TPM的阶段与步骤

阶段	说明	步骤	时间
可行性研究（调研）	提供工厂或业务系统实际需要的信息。确定实际情况与理想情况的差距	1. 找出设备问题 2. 问题按轻重缓急排序 3. 确定目前业绩—实际产出、效率、人员、维护 4. 拟定初步改进目标 5. 拟定成本估计的投资回报（ROI） 6. 确定实施计划	6~8周
准备实施	确定TPM计划并确定在本单位有效执行的办法	7. 宣布实施TPM的决定 8. 进行TPM教育 9. 成立TPM组织 10. 制定TPM目标和政策（实施教育后，由全体有关人员参与） 11. 制定总计划 12. 推出首期计划	8~16周
实施	实施分为两步： （1）试行实施，以找出困难所在 （2）在全系统内全面实施TPM计划	13. 个别设备效率的改善 14. 制定自主维修方案 15. 为维护部门制定有计划维修的方案 16. 视需要，为维修和操作人员提供补充培训 17. 形成设备的初期管理体制	6个月稳定下来，3年完成
巩固	坚持TPM并对计划加以完善，以求持续改进	18. 完善实施工作，提高TPM水平	继续

2. TPM自主维修体系的建立

TPM以最大限度地发挥设备功能，以灾害为零、不良为零、故障为零、浪费为零为目标，以5S为基础，以小组活动方式开展自主维修，以降低设备六大损失来提高设备综合效率。TPM管理推进的核心是建立自主维修体系。

自主维修体系，是以生产现场操作人员为主，对设备按照人的五感（听、触、嗅、视、味）和简易检测诊断仪器来进行检查，并对加油、紧固等维修技能加以训练，使之能对小故障进行修理。通过不断地培训和学习，使现场操作人员逐渐熟悉、了解设备的构造和性能，不但会操作，而且会保养，会诊断故障，会处理小故障。自主维修体系关键在于真正做到“自主”，使现场设备保养、维护和维修成为操作员工的自觉行为。

自主维修体系建立分为七个阶段：初期清扫、发生源及困难部位对策、制定自主保全临时基准、总点检、自主点检、标准化、自主管理。

（1）初期清扫　首先要做基础清洁。清洁的必要性是：了解机器构造和污染物的位置，了解机器的弱点和弱点的补救方法，只有在干净的机器和设备上才容易找出问题所在，清洁是改进的前提。

清洁时，要关注设备经常出现问题的部位（部件），例如螺钉、污物、切屑、油标等。清洁的同时拧紧螺钉。发现并修正误差（例如油标），找出问题所在。

清扫就是点检，把垃圾、灰尘、异物等有害的东西清除掉，用五官和直觉发现任何异常并找到问题的发生源。

（2）发生源及困难部位对策　首先要解决清扫、清洁中的障碍，即难于清扫的部位和易于污染的部位。对于难于清洁的部位，要设计相应的清洁工具或想其他办法解决；对于易于污染的部位，要制作防护罩，以彻底解决问题，减少这些部位的清洁时间。每个车间应该对自己的工作区域负责，维修技术人员应协助车间解决一些清扫、清洁中遇到的难题。

（3）制定自主保全临时基准（维护标准、点检标准等）　找到问题所在，并采取当前最佳的方法解决，制定解决问题的标准，制定快速和有效地进行基础保养和防止劣化的措施，例如清洁、润滑、紧固的标准和规范。显然能够分配给清洁、润滑、紧固和点检的时间是有限的，应给操作人员一个合理的目标时间，例如设备运行前与运行后的10min，周末30min，月底1h等，如果在限定的时间内不能完成，就要设法改进清洁、润滑、紧固操作方式，同时制定具体的规范，包括标准、方法、工具、周期等内容。

（4）总点检　通过自主维修的第一步到第三步，可以通过清洁、润滑、紧固的方式来防止设备劣化，使其保持基本状态。第四步是通过总点检来度量设备的劣化。TPM小组首先要进行点检程序的培训，把点检知识传达给每一位员工。攻关小组成员对点检中发现的问题制定技术对策，改善劣化部位。

（5）自主点检　在这一步，操作人员可以根据第一步到第三步建立起来的检查标准，评价维修活动与设定的目标有何差异，采取措施缩小差距，并提出改善的建议。

（6）标准化　专业点检人员和设备操作人员根据制定的点检标准对设备点检，在点检中进一步发现问题，完善维护标准和点检标准。

（7）自主管理　通过第一步到第六步的小组活动，员工逐渐变得更自觉、更有能力，最后成为独立的、有技能的、充满自信的员工，能够监督自己的工作，不断地改进工作。在这个阶段，小组活动应集中在减少设备六大损失，这时自主维修进入自主管理的新阶段。

9.1.3 TPM给企业带来的影响

追求利润是企业永恒不变的核心价值。TPM将这种理念贯穿于生产设备、生产体系及经营体系之中，展开一系列与时代同步的生产革新活动。

1. 从事后到预防

TPM的核心价值是“预防哲学”。它更注重问题发生前的预防，即以“重要因素管理”“过程管理”为基础，防止问题再次发生而面向未来的工作，这种预防观念在当前这个市场需求不确定的时代中明显更为有效，更能产生效益。

2. 打破部门和分工壁垒

（1）促进生产部门和设备管理部门的合作　生产部门的操作人员负责日常保全，设备部门负责专业检查、修理。生产部门负责日常保全，一方面可以提高员工对设备的关注度和熟悉度，减少人为故障的发生；另一方面还可以在向设备部门学习日常保全技能的过程中加强彼此的交流，提升员工的技能和满足感。

（2）促进生产部门和间接职能部门的交流合作　间接职能部门包括行政、人事、采购、品质、工艺、技术等。这些部门在公司价值链上是不直接产生价值的，它们是消耗型的保障性部门，其存在的最大价值是为生产一线服务，保证生产的正常运行。通过推行TPM，间接职能部门能够从公司整体价值流程、生产工艺流程、事务处理流程上全过程关注其合理性，优化流程的有效性和反应速度。TPM这个目标任务，也为生产部门和间接职能部门的交流合作提供了最佳的平台，使间接职能部门由管理角色向服务角色转变，最终全方位实现了以生产为核心焦点的跨部门合作。

3. 提升企业综合效益和知名度

日本尼桑公司在推行TPM的最初三年里，劳动生产率提高了50%，设备综合效率从64.7%提高到82.4%，设备故障从4740次减少到1082次，一共减少了70%。

意大利的一家公司推行TPM三年，生产率增长33. 9%，机器故障减少95.8%，局部停机减少78%，润滑油用量减少39%，维修费用减少17.4%，工作环境大大改善，空气粉尘减少90%。

目前，推行TPM的企业遍及北欧、西欧、北美、亚洲、大洋洲。我国的一些著名企业，例如上海宝山钢铁集团公司、海尔集团公司等也引进了TPM管理模式，取得了明显成效。

9.2 全面规范化生产维修制（TnPM）

9.2.1 TnPM的内涵

1. 什么是TnPM

Total Normalized Productive Maintenance 简称TnPM，其意为全面规范化生产维护。这是广州大学李葆文教授及其团队，在中国引进和推广日本TPM管理模式的过程中不断发展和完善，建立起来的一整套适合中国国情的TPM。

TnPM是以设备综合效率（OEE）和完全有效生产率(TEEP)为目标，以全系统的预防维修系统作为载体，以规范员工的行为作为过程，全体人员参与作为基础的生产和设备维护、保养和维修体制。

TPM强调三个全，即全效率、全系统和全员。在我国，全系统和全效率都可以实现，唯独全员难以操作且鲜有成功。很多企业都面临员工纪律性差的问题，而解决这个问题则要靠规范化。

TnPM就是规范化的TPM，是全员参与的，通过制定规范、执行规范、评估效果、不断改善来推进的TPM。

TnPM的成功推行，离不开八个要素的相互配合和支持，这八个要素分别是：

1）最高的设备综合效率（OEE）和完全有效生产率（TEEP）为目标。

2）全系统的预防维修体系为载体。

3）公司所有部门都参与其中。

4）从最高领导到每个员工全体参加。

5）小组自主管理和团队合作。

6）合理化建议与现场持续改善相结合。

7）变革与规范交替进行，变革之后，马上规范化。

8）建立检查、评估体系和激励机制。

2. TnPM的四个全

TnPM的核心是四个全，即：全效率、全系统、全规范和全员。

（1）以全效率和完全有效生产率为目标　对于设备系统而言，TnPM追求的是最大的设备综合效率（OEE）；对于整个生产系统而言，TnPM追求的是最大的完全有效生产率（TEEP）。设备综合效率（OEE）反映了设备本身的潜力挖掘和发挥，即对设备的时间利用、速度和质量的追求。管理者要致力于六大损失的控制。完全有效生产率（TEEP）反映了整个生产系统的潜力挖掘和发挥，即从设备前期管理的有效性、企业生产流程、系统同步运行、瓶颈工序攻关、生产计划、组织协调、主次分析等方面提升效率，达到最优。

（2）以全系统的预防维修体制为载体　全系统的概念是由时间维、空间维、资源维和功能维构成的四维空间。其中，时间维代表设备的一生，从设备的规划到报废全过程；空间维代表从车间、设备到零件的整个空间体系，由外到内，由表及里，包含整个生产现场；资源维代表全部的资源要素，由资金到信息，代表系统的物理场；功能维代表全部的管理功能，是PDCA循环的拓展，从认识到反馈，代表一个完整、科学的管理过程。TnPM全系统的四维结构如图9-2所示。

在这个四维结构之中，任何一个要素发生变化，都会影响其他相应的要素。另一方面，每一要素都会在其他的要素维（空间）上得到映像。例如设备的“安装”，它是四维空间中时间维上的一个环节，它在空间维上会有车间、现场，设备、整机、部件以及零件上的结点；在资源维上又离不开资金、材料、人工、能源和信息这些要素；同样，从管理功能上，一定有一个认识、计划、组织、实施、控制、评价以及反馈的过程。TnPM是在一个四维空间上讨论预防性维修的运作，是一种完备的全系统概念。

（3）以员工的行为全面规范化为过程　规范是对行为的优化，是经验的总结。规范是根据员工素质和生产、设备实际状况而制定的，它高于员工的平均水准，而又是可以达到的。员工经过适当的培训，就可以掌握规范和执行规范。规范是适应员工水平和企业设备状况的维护、保养以及维修行为准则。

TnPM在员工的现场改善活动中，不断地规范着员工的行为。除了生产现场，还包括设

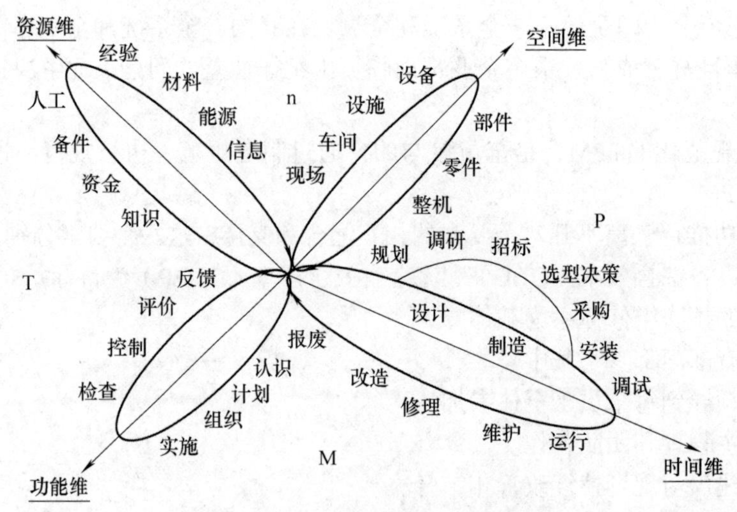

图9-2　TnPM全系统的四维结构

备润滑、备件管理、维修管理、故障管理、前期管理、资产管理，都要寻求一个最佳的模式，把这个模式固化、文件化，也就是使之规范化，从随机走向科学。

从规范做起，促进良好习惯的养成，形成团队的品格、气质和形象，结果和成就就是顺理成章的事。

（4）以全体人员参与为基础　“全员”已成为当代企业管理普适的理念。在当代形形色色的管理模式中，无论是TQM，还是JIT，或是精益生产（Lean Production），几乎都离不开全员的参与。TnPM同样以全员为基础。

首先是横向的全员，即所有部门的参与。生产现场的设备维护体系不仅是设备部门的工作，生产、工程、人力资源、财务、工艺等各个部门都应该参与其中。

其次是纵向的全员，即从最高领导到一线的每个员工都关注生产现场的设备维护保养。5S/6S活动不仅要在生产车间进行，还要推广到办公室，即办公室的5S/6S活动。最后还包括小组自主活动，这是全员参与中最活跃的细胞之一。

一个企业最本质、最重要的内容就是生产现场，是生产现场的设备和员工把蓝图变成产品的。唯有走进现场，调查现事，观察现物，分析原理，制定原则才是有效管理的精髓。

以上四个方面可以概括为四个“全”，设备的综合效率和完全有效生产率简称为全效率；全系统的预防维修体系简称为全系统；以员工的行为规范化为过程，简称为全规范；以全体人员参与为基础简称为全员。四个“全”之间的关系为：全效率是目标，全系统为载体，全规范为过程，全员是基础。四个“全”之间的关系如图9-3所示。

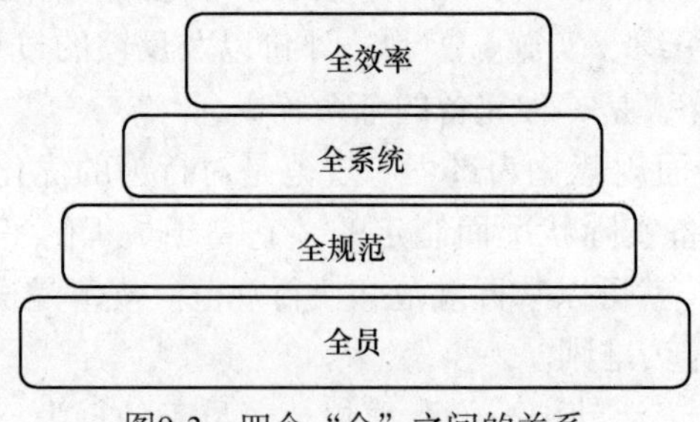

图9-3　四个“全”之间的关系

9.2.2　TnPM的整体结构

1. TnPM规范化的范畴

TnPM规范化的范畴包括：现场管理规范化；维修管理规范化；前期管理规范化；备件管理规范化；润滑管理规范化；设备技术改造规范化；设备专业管理规范化。

（1）现场管理规范化　TnPM主张操作人员自主维修，实施时应根据实际情况，采取谨慎地、循序渐进的方式进行。由于操作人员自身素质参差不齐，因此有必要制定出相应规范，加以指导。规范的原则包括以下几点：

1）确定人员。出现在生产现场的具体人员，每一个人都参与设备管理，让设备现场处处有人管。

2）确定关键点。确定对象设备上的关键点，即需要清洁、点检、保养、润滑的点。

3）确定项目。根据确定下来的关键点，选择相应的项目加以实施。

4）确定周期。项目实施应结合设备实际情况确定不同的周期，尽可能做到合理、必须，在保证做好维护工作的同时不过分增加工作量。

5）确定标准。对项目的操作，应制定相应完成目标或标准。

6）确定方法。对操作方法应加以规范，包括用什么工具，怎么做，用什么材料，开机前还是开机后实施等。

7）确定班次。应结合一天中不同班次人员的不同状态，科学合理地分配工作任务。

8）确定路线。应根据现场实际情况，合理地确定并优化工作路线，提高工作效率，降低劳动强度和危险性。

此外，还要做好相应的检查评估，没有监督机制的规范化是无法长期执行下去的，同时质量也无法保证。

（2）维修管理的规范化　主要包括：维修策略、维修技术和维修工艺的规范化。

维修策略的规范化，是指对不同设备采取不同的维修策略。对于主线设备、重要的关键设备，可以采用状态维修。对于一般设备或不重要的设备，可以根据情况采取定期维修或事后维修的策略。

由于设备种类繁多，千差万别，维修技术和维修工艺的规范化难度较大，具有较高的技术要求。维修技术和维修工艺的规范化主要就是对维修的方法、维修的步骤加以规范，对过程进行监控，做好相关记录并留档，做到工艺合理，步骤正确，维修恰当，记录完整，管理有序。

（3）前期管理规范化　设备前期管理包括：设备的规划、选型、招标、采购、安装调试、验收等环节，以及从设备订货到验收全过程的合同管理。

设备前期管理规范化的主要工作，是设计一个适合企业实际的立项、规划、可行性分析、一次审批、选型合理性分析、二次审批、订货合同会审、三次审批，以及设备引进的合同管理、安装调试管理、验收程序及初期管理程序。其目的做到减少失误，保护企业利益。

（4）备件管理规范化　备件管理的规范化应做好以下工作：

1）按照零部件的重要程度进行ABC分类，确定不同的优先级。

2）按照备件的损耗规律，确定不同的库存类型。

3）根据备件库存类型的不同优先级，构造不同的库存模型。

4）对于当前耗损规律不明的备件，可以先确定一个较大的上下限值，并加以标记，在

明确其耗损规律后再加以优化。

5）对库存备件标记条码化，纳入计算机进行模型化管理。

通过规范化管理，使备件库存日渐透明合理，在保证正常的生产运行的同时减少资金占压，提高企业的经济效益。

（5）润滑管理规范化　润滑管理规范化应做好以下工作：

1）建立制度规范和组织机构，明确职责。

2）严格执行润滑操作规程，按照“五定”原则实施润滑，管理好润滑材料。

3）做好润滑状态管理，治理漏油，做好废油回收，保护环境。

4）开展设备状态监测，及时换油，预防设备故障，保障设备运行正常。

5）推广应用新技术、新材料、新装置，开展专业培训，提高润滑技术水平。

（6）设备技术改造规范化　设备技术改造规范化，是指在技改和大修前应进行科学严格的论证，控制审批程序，做好相关记录并留档。

（7）设备专业管理规范化　水、电、液、气、能源、特种设备、特殊设备等的管理，必须专业化、规范化，并建立完善的专业管理程序，做到每一台设备都能得到有序、规范的管理，不出现遗漏，不留存缺陷。

2. TnPM的体系框架

整体TnPM管理模式体系，是建立在计算机资产管理信息系统（EAM）基础上，运用6大工具（6T），持续开展6S和6H活动，通过6项改善（6I），追求6个零目标（6Z）。TnPM管理模式体系结构如图9-4所示。

TnPM体系的核心是设备维修模式的系统设计（SOON），即通过维修模式设计（S）、设备状态管理（O），进行设备维修资源组织的优化设计和配置（O），建立现场作业规范和维修作业规范（N）。

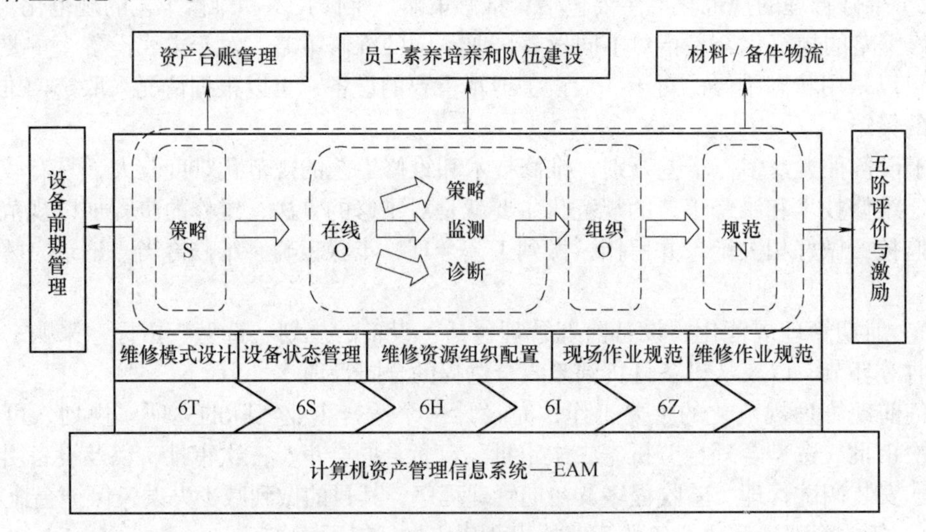

图9-4　TnPM管理模式体系结构

TnPM在理论体系中涵盖了设备前期管理和设备资产台账管理，提出了设备健康管理的概念；设计了员工与企业同步成长的FROG模型，对材料物流和备件进行管理优化和规范化。TnPM还建立了五阶六维的评价指标体系和激励机制，引导企业不断前进。

TnPM的理论体系包含的内容非常丰富，下面仅简要介绍五个“6“架构，设备维修模式的系统设计（SOON）、员工成长（FROG）模型、五阶六维评价体系等可参阅相关文献。

3. TnPM的五个“6”架构

五个“6”架构，即为开展6S活动、清除6源（6H）、6项改善（6I）、6个零目标（6Z）和6大工具运用（6T）。以下进行简要介绍。

（1）开展6S活动　TnPM的6S是从TPM的5S基础上发展起来的。即在整理、整顿、清扫、清洁、素养基础上，后面又增加了对中国企业来讲至关重要的“安全”。“6S”是指在生产现场中对人员、机器、材料、方法、环境等生产要素进行管理的一种方法。开展以整理、整顿、清扫、清洁、素养、安全为内容的活动，称为6S活动。

6S管理的目的，是建立、完善生产工作场所的标准，使清扫、组织、维持一个整洁、有序、安全的工作场所和周边环境，包括设备，使偏离标准的情况得以纠正，消除浪费，降低成本。

6S活动的目的，不但要求员工将东西摆好，将设备擦干净，最主要的是通过活动潜移默化地改变员工的思想，使它们养成良好的习惯，变成一个有高尚情操的优秀员工。

6S的精髓，是管理标准化、制度化和员工修养的提高，使工作现场的作业标准化、制度化，防止意外事件（安全、质量、设备、物料等）的发生，提高现场管理水平，达到管理标准化、制度化。

（2）清除6源（6H）　清除6源（6H）活动是非常重要的一个环节。在推进6S活动中，员工将会发现一些问题的“源头”。TnPM将主动引导员工去寻找和解决“6源”，这“6源”指的是污染源、困难源、故障源、浪费源、缺陷源和危险源。

1）污染源：即灰尘、油污、废料、加工材料屑的来源。更深层的污染源还包括有害气体、有毒液体、电磁辐射、光辐射以及噪声方面的污染。要鼓励员工去寻找、搜集这些污染源的信息。同时，激励员工自己动手，以合理化建议的形式对这些污染源进行治理。污染源的治理主要有源头控制和防护两个方向。

2）困难源：清扫困难源是指难以清扫的部位，包括空间狭窄、没有人的工作空间，设备内部深层，无法使用清扫工具的地方；污染频繁，无法随时清扫；高空、高温、设备高速运转部分，操作工难以接近的区域等。解决清扫困难源也有两个方向，一个方向是控制源头，使这些难以清扫的部位不被污染，例如为设备加装防护盖板等；另一个方向是设计开发专用的清扫工具，使难以清扫变成容易清扫，例如使用长臂毛刷和特殊吸尘装置等。

3）故障源：故障源是指造成故障的潜在因素。通过PM分析方法，逐步了解故障发生的规律和原因，然后采取措施加以避免。如果是因为润滑不良造成的故障，就应该加强润滑频度，甚至加装自动加油装置来解决；如果是因为温度高、散热差引起的故障，就应该加装冷风机或冷却水装置来解决；如果是因为粉尘、铁屑污染引起的故障，就通过防护、除尘方式来解决。

4）浪费源：生产现场的浪费是多种多样的。第一类浪费是开关方面的浪费。例如人走灯还亮，机器仍空转，气泵仍开动，冷气、热风、风扇仍开启等方面的能源浪费。此类浪费可通过在开关处的提示以及员工良好习惯的养成来解决。第二类是“漏”，包括漏水、漏油、漏电、漏汽和漏气，也是能源或材料的浪费。要采取各种技术手段解决防漏、堵漏工作。例如使用高品质的接头、阀门、密封圈和龙头，带压堵漏材料的应用等。第三类是材料的浪费，包括产品原料、加工用的辅助材料。一方面通过工艺和设计的改进节省原材料；另一方面可以在废材料的回收、还原、再利用方面下功夫。第四类的浪费是无用劳动、无效工序、无效活动方面的浪费。例如工序设计不合理、无用动作过多，甚至工序安排出现不平衡，中间停工待料时间过长。无效活动还包括无效的会议、无效的表格和报告等。

5）缺陷源：通过6S活动还可能发现产品缺陷源，即影响产品质量的生产或加工环节。解决缺陷要从源头做起，从设备、工装、夹具、模具、材料以及加工工艺、热处理工艺、装配工艺的改善做起，同时也要从员工的技术、工艺行为规范着手。

6）危险源：危险源即潜在的事故发生源。海因利奇（Heinrich）曾经选取330件工业意外进行统计实验，其中300件不会造成伤害，29件会引起轻微伤害，仅有一件会造成严重伤害。按照海因利奇安全法则，要想减少严重伤害事件，必须让那些轻微伤害和无伤害的意外事件同时减少。

寻找和解决6源是员工主观能动意识的体现，它与现场持续改善难题攻关及合理化建议活动融为一体，能够成为持续改善的强大推动力。

（3）6项改善（6I） 6I，即6个Improvement，又称为6项持续改善，包括：

1）改善影响生产效率和设备效率的环节。

2）改善影响产品质量和服务质量的细微之处。

3）改善影响制造成本之处，例如不增值劳动、能源、材料等各种浪费。

4）改善造成工人超强劳动、局部疲劳动作的环节。

5）改善造成火灾、事故、环境危害的隐患之处。

6）改善工作和服务态度。

6I活动的具体内容是：

1）对不合理的工艺流程、作业指导、材料及消耗品利用方法进行改善和节约。

2）进行设备改善、工装改善、工序改善、减少人力资源浪费。

3）改善工装模具、工位器具，从而提高产品质量和工作效率。

4）持续解决和改善每一工序质量问题。

5）进行动作研究，消除不必要的操作，实施“无为操作趋于零”的连续改善。

6）推进物料管理零库存的连续改善。

7）改善不合理的生产、工艺、设备管理环节。

8）实施各类堵漏活动，堵住漏水、漏油、漏电、漏气、漏汽，以及各种生产用介质的泄漏。

9）从设计、工艺等各个环节，减少原、材、辅料的浪费，减少非生产用品和办公用品的浪费。

10）推进“危险预测”和寻找“事故隐患”活动，对危险点实施“警示标签”管理。

11）组织结构扁平、精益化。

12）理顺、简化管理软流程。

13）建立内部“客户”指针概念，步步传递指向外部客户。

14）高层管理者为基层和生产现场服务，基层管理为生产现场服务，生产现场为外部客户服务。

改善活动的开展方法是：以点带面，全面铺开，点面结合，整体推进，评价激励，不断循环。

（4）6个零目标（6Z） 6Z，即6个Zero，又称为追求6个零目标的活动，包括：

1）追求质量零缺陷：Zero Defect。

2）追求材料零库存：Zero Inventory。

3）追求安全零事故：Zero Accident。

4）追求工作零差错：Zero Mistake。

5）追求设备零故障：Zero Fault。

6）追求生产零浪费：Zero Waste。

6Z活动的具体内容是：

1）开展挑产品小毛病活动，创造绿化工序。

2）建立报废台账和快速信息反馈系统，跟踪、统计、分析报废材料，制定控制程序。

3）平整工序，理顺流程，增强柔性，缩短工作周期。

4）以零库存为目标，制定物控定期、定量标准。

5）设立安全管理看板，安全控制目标警示板，安全作业卡，警示标签，开展全员危险预测活动。

6）建立安全管理程序和规范。

7）建立日工作差错记录——预防卡。

8）对工作差错进行统计、分析，设立防止差错行为规范机制。

9）制定完善的设备操作、维护一体化作业指导文件、图解和培训体系。

10）设计设备检修对策和故障防护体系。

11）采取有效措施，消除潜在和显在问题，控制有规律故障，降低无规律故障。

12）寻找浪费源，导入精益生产方式。

13）模拟市场规律的企业内部成本精细管理。

（5）6大工具运用（6T） 6T，即6个Tool，又称为6大工具，其内容是：

1）建立教育型团队，让全员人人都是教师，形成单点教材体系，进行广泛的内部培训。

2）以生动的可视化管理，辅助TnPM的推进，激励员工。

3）以目标管理分层次、分阶段落实推进过程。

4）运用企业教练法则，引导干部队伍以教练的素养，带好自己的团队。

5）以企业形象法则，塑造生产现场，锤炼员工品格。

6）以项目管理方式，创造企业内部多个小的增值闭环。

TnPM五个“6”之间的关系是：6S是基础，跟踪6H，活用6T，6I永续不断，6Z是目标。其关系如图9-5所示。

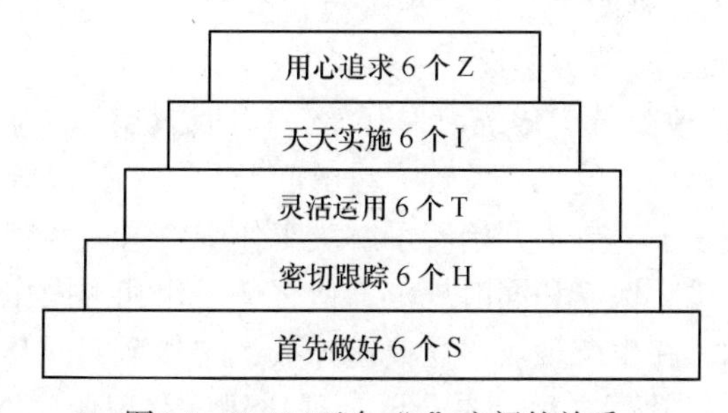

图9-5 TnPM五个“6”之间的关系

9.2.3 TnPM实施的关键和推进流程

1. TnPM成功实施的关键

TnPM是一项领导参与的管理工程，其组织架构同TPM的开展一样，与企业原有的组织基本上是重叠在一起的，只是要求赋予这个组织架构以TnPM的推进功能。TnPM成功推进的关键是：

（1）建立一个直属公司最高领导的专门推进机构　不少企业的实践证明，没有一个直属公司最高领导、具有整体协调能力的专门推进机构，一项管理工程就很难持续进行。企业推进TQM，贯彻ISO体系都是如此。TnPM的专门机构，可以称为TnPM执行委员会，也可以称为领导小组，或称为TnPM推进办公室。这个专门机构的成员，应该是精明强干、善于组织、对设备体系和生产现场熟悉的管理人员。人数不必太多，视企业大小而定，多则五六个人，少则一两个人。

（2）设计合理的目标、计划和推进程序　TnPM的发动和组织者要在深入调查的基础上，给企业设定半年、一年乃至三年的推进目标和推进计划，要设计合理、科学的推进程序、方法和手段。TnPM的推进，既要有战略设计，又要有战术设计；既要包含长久的框架计划，又要有短时期、具体的实施计划。

（3）要建立系统的考核、评估和激励体系　一支足球队在比赛中，每个队员都奋不顾身的拼搏，他们分工不分家，互相补位，甚至于受伤之后仍咬牙坚持。他们之所以如此努力，是因为其考核评价体系的明确化，他们每胜一球，既有奖金，又有球迷的欢呼，一切透明公开。因此建立TnPM的评估体系对于这项管理工程的推动作用是不容忽视的。在评估体系之中，既应重视对日常6S活动、规范化行为的评价，又应重视阶段经济指标的评价。评价层次性是分明的，对管理部门、办公室的评价与对生产现场的评价，其侧重点应有所不同。评价的重点在于团队，而不在于个人。另外，要将评价体系与激励机制有效地结合起来。

2. TnPM的推进阶段

TnPM的推进，从大的结构上，可以划分为三个阶段：

1）第一阶段：建立组织，培训人才，确定目标，制定计划。

首先要建立公司的TnPM组织机构，尤其是TnPM的专职推进机构。其次，分不同层次展开TnPM的培训。公司要利用各种宣传媒体来宣传TnPM，广泛造势，形成全公司TnPM的氛围。TnPM的组织者要深入全公司各个部门，深入到生产现场进行调查研究，了解现状，掌握资料，确定推进的基准和起点。然后再制定各个阶段的推进目标。有了目标，要制定推进的框架计划和实施计划时间表，落实责任到个人。

2）第二阶段：6S切入，难题攻关，样板规范，全面推广，合理提案，现场改善，建立检维修体系（SOON）和员工成长方案设计（FROG）。

TnPM应由易到难，从改变员工传统习惯开始，一般以6S活动为切入点，从设备和现场的清扫开始。在清扫的过程中，员工会发现大量的问题，例如污染源、故障源以及难以清扫的部位。在技术骨干的指导下，员工开始着手解决工作中的这些问题。然后制定适合设备现状的设备操作、清扫、点检、保养和润滑规范，使之文件化和可操作化，甚至可以用看板、图解方式加以宣传和提示。在生产现场树立典型样板，向整个部门及全系统推广。当规范已被大多数生产现场所接受、执行之后，再开展合理化建议和现场改善相结合的活动。TnPM

鼓励员工积极地提出问题和解决问题，不断地改善生产现场，规范也随着现场的进步而不断改进和提高。

设备管理与维修部门开始进行SOON体系的总体设计，包括维修模式的选择、资源配置比例的确定、流程组合维修模式设计以及相关管理流程策划。同时，通过员工能力分析、成长约束分析、积极思维的引导、自我成长计划、四维培训计划以及单点课程体系的建立，让员工同企业一同成长。

3）第三阶段：考核量化，指针评价，员工激励，循环前进。

为了使员工的热情持久，使规范成为习惯，使现场状况不断改善，建立可以量化的考核评价体系是十分必要的。这个评价体系可以评价班组乃至机台的进步状况和TnPM的表现、现场的6S状况、规范化作业状况以及合理建议状况。同时将这些评价结果加以综合，得到一个综合评估指标。然后与员工的奖酬、激励与晋升结合起来，对那些有突出贡献的员工给予特殊的奖励。所有这些激励均应做到制度化、透明化、公平化。对于长周期的评估，如半年、一年还应该对单位的经济指标，例如OEE、TEEP、能源消耗、备件消耗、事故率、废品率，维修费用加以评价，对团队的总体成就给以奖励，促进团队协作风气的形成。以一年，两年、三年为周期，不断制定新的发展目标，周而复始地螺旋上升推进。

以上就是TnPM开展的三个阶段。每个公司在具体实施TnPM时，可以将以上三个阶段再细化，展开为若干步骤，这些步骤如何设置，应视公司的具体情况、员工的素质、原有的管理基础而定。无论步骤有多少，也无论如何划分，上述三个基本阶段是不可少的。

3. TnPM在中国的实施

1998年，以广州大学李葆文教授为首的团队第一次明确提出了更加适合中国企业的"TnPM——全面规范化生产维护"的管理模式。

2003年，中国设备管理协会全面生产维护委员会成立全国第一个指导企业推进TnPM/TPM的工作平台。

2004年，中国设备管理协会全面生产维护委员会颁布了评价企业设备管理水平的五阶六维评价体系和标准文件。

2006年，中国机械工程学会设备与维修分会在上海成立了TnPM推进中心。为企业提供包含体系推进、点检与检测信息化、全面润滑解决方案以及管理信息系统在内的一揽子解决方案。

包括马鞍山钢铁股份有限公司、安阳钢铁股份有限公司、中石化广州分公司、中石油兰州分公司、秦皇岛戴卡轮毂制造有限公司、重庆烟草工业公司、重庆建峰化工总厂化肥公司等一大批国内知名的大中型企业先后在企业内部推广实施TnPM，取得了良好的效果。企业环境更加整洁美观，设备运行质量大幅度提高，员工精神面貌也有了明显改善。

相对于TPM，TnPM更适合我国的实际情况，推广实施TnPM能够使企业管理更加科学、严谨，能够帮助企业在复杂多变、市场竞争激烈的环境中生存和发展下去。

思考与练习

1. 选择题（单选或多选）

（1）战后日本的设备管理大体经历以下哪些阶段（　　）。

A. 事后维修阶段　B. 预防维修阶段　C. 生产维修阶段　D. 全员生产维修阶段

（2）TPM的三个全是（　　）。

A. 全规范　B. 全效率　C. 全系统　D. 全员参与

（3）TPM的四个零是（　　）。

A. 灾害为零　B. 不良为零　C. 库存为零

D. 故障为零　E. 浪费为零　F. 伤害为零

（4）TnPM的五个“6”是（　　）。

A. 开展6S活动　B. 清除6源（6H）　C. 6项改善（6I）

D. 6大成果　E. 6个零目标（6Z）　F. 6大工具运用（6T）。

2. 简答题

（1）什么是TPM?

（2）请谈一下TPM和TnPM之间的异同。

（3）TnPM规范化的范畴包括哪些?

（4）TnPM成功实施的关键是什么?

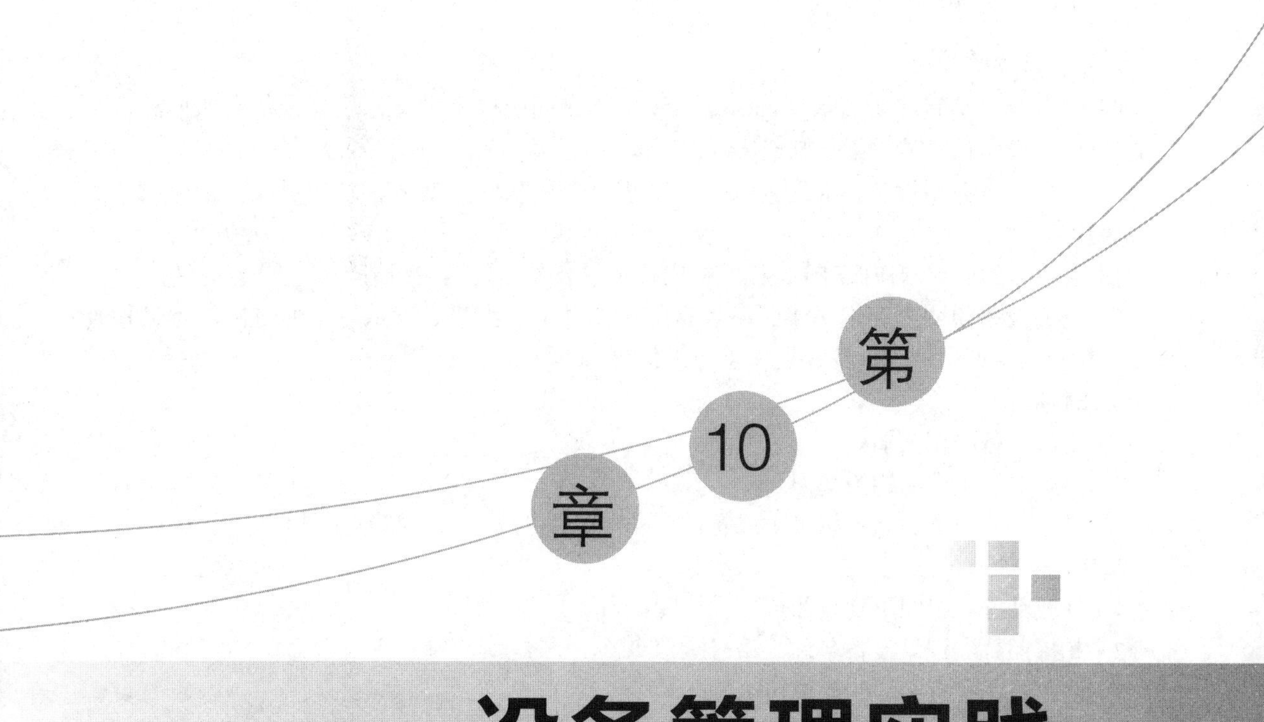

第10章 设备管理实践

10.1 设备认知

1. 任务要求

1）到企业、车间或实训基地调研，认识加工车间的典型设备，填写设备台账信息表。完成5台以上设备信息的采集，制成Excel表格。

2）选择一台典型设备，对照实物初步认识设备的功能、型号、结构组成，拍下设备的外观照片。

3）将拍下的照片制作成PPT文档，标出机械设备的主要结构组成。

4）查阅设备说明书，进一步了解设备的主要功能、型号、参数等。通过网络等途径查询该类设备的生产厂家、价格、发展趋势等信息。

2. 工作准备

1）学习设备的相关知识。

2）了解安全生产的相关知识。

3）准备好笔记本、笔、相机（或有拍照功能的手机）、计算机等工具。

3. 工作实施

1）在教师统一组织下到企业或实训车间调研。

2）拍摄照片，记录设备名称、型号等信息。

3）收集、整理资料，制作成PPT文档。

4. 实践指导

1）制定设备信息表。待填写的设备信息表格式见表10-1。

表10-1　待填写的设备管理信息表格式

设备编号	设备名称	型号规格	出厂编号	电气容量/（kW/kVA/A）	制造厂家	安装地点	设备类别	备注

2）找到设备所在地点。如图10-1所示。

3）找到设备铭牌和编号所在位置。如图10-2所示。

图10-1　立式加工中心

图10-2　设备铭牌

4）根据设备卡片、厂家铭牌等提供的信息，完成相关信息填写，如图10-3~图10-5所示。

图10-3　设备卡片

图10-4　厂家铭牌

图10-5　电气数据铭牌

5）检查填写结果。见表10-2。

表10-2　设备信息表

设备编号	设备名称	型号规格	出厂编号	电气容量/（kW/kVA/A）	制造厂家	安装地点	设备类别	备注
20071046	立式加工中心	VDL-600A	G00284	20 kVA	大连机床集团有限公司	天工楼一楼	A	

6）照上述步骤填写其他设备的信息。

7）选择一台设备拍下照片，可以拍下设备全局和局部，要能够反映设备结构组成和特点。

8）通过查阅设备说明书、网络等途径，进一步了解设备功能、特点、价格等信息。

9）整理所收集的资料，制作成电子台账表（Excel）及设备介绍演示文档（PPT）。

5. 实践报告

实践报告样式见表10-3。

表10-3　实践报告样式

<table>
<tr><td colspan="2">专业、班级：</td><td>姓名：</td><td colspan="3">完成日期：</td></tr>
<tr><td>实践任务</td><td colspan="5"></td></tr>
<tr><td>任务要求</td><td colspan="5"></td></tr>
<tr><td rowspan="7">工作计划</td><td colspan="5">完成任务工作计划表（独立或合作）</td></tr>
<tr><td colspan="2">工作项目</td><td>完成时间</td><td>负责人</td><td>协作人</td></tr>
<tr><td colspan="2"></td><td></td><td></td><td></td></tr>
<tr><td colspan="2"></td><td></td><td></td><td></td></tr>
<tr><td colspan="2"></td><td></td><td></td><td></td></tr>
<tr><td colspan="2"></td><td></td><td></td><td></td></tr>
<tr><td colspan="2"></td><td></td><td></td><td></td></tr>
<tr><td>工作过程记录</td><td colspan="5"></td></tr>
<tr><td>工作总结</td><td colspan="5"></td></tr>
</table>

10.2　编制设备选型方案

1. 任务要求

1）熟悉设备选型的正确步骤。

2）会合理选择设备参数，并进行比较、分析。

3）能够编制设备选型方案。

2. 工作准备

1）学习设备选型的相关知识。

2）了解安全生产的相关知识。

3）准备好笔记本、笔、相机（或有拍照功能的手机）、计算机等工具。

3. 工作实施

1）在教师统一组织下到企业或实训车间调研，了解现有设备情况。

2）按照要求进行数控车床或数控加工中心设备选型及进行参数对比。

3）收集、整理资料，制作文档。

4. 选型案例

××模具制造有限公司数控龙门铣床选型方案

一、背景

随着经济的逐步复苏，居民们的购车需求大大增强，汽车销售市场正在快速成长，根据今年经济形势的预测，汽车销量从下半年开始有加快增长的趋势。近几个月来，××模具制造有限公司承接的大型覆盖件模具数量增长较快，对大型工件的加工能力需求不断增长，为提高公司加工大、中型汽车覆盖件类模具的型面、型腔等的生产加工能力，公司决定引进一台大型数控龙门铣床。

经过生产、技术、工艺、设备等部门深入研究，确定了设备的主要参数如下：

1）工作台面积不小于5000mm×2500mm。

2）工作台承重不小于20t。

3）机床行程（*X*轴、*Y*轴、*Z*轴）分别不小于3000mm、3000mm、600mm。

4）有数据通信接口（RS232口）。

5）定位精度不大于0.05mm。

设备预算为500万元人民币左右，交货期不能超过9个月，要求设备使用维护方便，零备件、易损件补充容易，售后服务响应时间短。

由于是大型设备的引进，应本着严谨、求实、认真负责的态度，通过广泛的市场调研，进行科学选型，综合考虑，谨慎决策。

二、工作过程

首先，开展广泛的市场调研，采用多种手段、多种渠道：

1）到网上查找数控龙门铣床生产厂家。

2）到本地机床销售市场搜集产品广告，向各供应商或代理商索取产品样本。

3）调研本地或外地知名企业数控龙门铣床的使用情况。

4）参加各种机床展销会，收集信息、资料。

通过对以上各种信息的汇总整理可知，目前市场上销售的数控龙门铣床有国内外几十个生产厂家的几十种型号。

其次，对收集的各种型号机床进行初步筛选。出于价格、售后服务的响应时间和零、备件供应方面的考虑，将纯进口品牌排除在外；余下国内公司（包括自有品牌和合资品牌）的产品，通过搜集产品广告，向各代理商索取产品样本或登录公司网站查看其产品型号、规格，再将知名度不高，产品陈旧或不满足参数需求的一些公司筛选掉之后，还有7家公司的7种型号的产品基本满足参数需求，再电话联系机床生产厂家，按预选出的厂家和机型，直接进行产品咨询，了解其各项参数、产品报价、销售情况、售后服务等，列表对比见表10-4。

表10-4　7种型号机床产品技术参数对比

供货方 项目	A公司	B公司	C公司	D公司
型号	XKA2425	LG5030	XA2420	FV-5234
产品图片				
机床结构	龙门框架，床身、工作台、立柱、横梁铸造	龙门框架式，床身焊接	床身、立柱、横梁全焊接	龙门框架式，床身、横梁铸造，立柱焊接
机床外形/mm	15200×8110×6150	12000×6000	12500×6000	12500×6000
机床重量/t	110	47	38	51

（续）

项目 \ 供货方		A公司	B公司	C公司	D公司
型号		XKA2425	LG5030	XA2420	FV-5234
工作台面积/mm × mm		5000 × 2500	5000 × 2700	4000 × 2200	5000 × 3000
两立柱间距/mm		3100	3700	2800	3500
主轴转速/(r/min)		6 ~ 2000	10 ~ 4000	4000	4000
主轴电动机功率/kW		60	22	22	22
工作台承重/t		30	20	15	20
导轨形式		床身双矩形静压	*X*轴采用两条日本线性轨	*X*轴三条线性轨	*X*轴三条线性轨
主轴头形式		滑枕式主轴头、变速箱	方箱型内藏式、齿轮传动	齿轮箱、带	ZF齿轮箱、带
*Z*轴配重		双液压缸	双液压缸	双液压缸	双液压缸加储能
数据传输		RS-232	RS-232	RS-232	RS-232
机床行程/mm	*X*轴	5400	5000	4000	5000
	*Y*轴	4500	3000	2500	3000
	*Z*轴	1250	1000	600	900
	*W*轴	无	无	无	无
主轴端至台面/mm		500 ~ 1500	200 ~ 1200	120 ~ 850	120 ~ 1020
位置反馈		全闭环	*X*轴全闭环	半闭环	半闭环
快速/(mm/min)	*X*轴	10000	10000	10000	10000
	*Y*轴	6000	15000	6000	10000
	*Z*轴	3000	10000	3000	10000
定位精度/mm		德国检验标准	+/–0.02（全程）	0.02/500	0.01/300
数控系统		西门子840DE	FANUC 18iMB	FANUC 18iMB	FANUC 21iMB
主轴伺服系统		西门子	FANUC	FANUC	FANUC
对环境要求		空气纯净、干燥，需要空气干燥机	空气纯净、干燥，需要空气干燥机	空气纯净、干燥，需要空气干燥机	空气纯净、干燥
附件		带刀库，直角铣头二套，排屑机	排屑机	排屑机	排屑机
标配价格/万元		485（不含运费）	425	380	435.6
厂家交货时间		9个月	6个月	5个月	5个月
售后服务		北京	北京	广州	柳州常驻两人
保修期		机械、数控一年	机械一年、数控二年	机械、数控一年	机械、数控一年

（续）

项目＼供货方		E公司	F公司	G公司
型号		FV-5225	XH2420A	XHAD2425
产品图片				
机床结构		龙门框架式，床身、横梁铸造，立柱焊接	龙门框架，床身、工作台、立柱、横梁铸造	龙门框架式，床身、横梁铸造，立柱焊接
机床外形/mm		12500×6000	13600×9120	15000×8000×6500
机床重量/t		42.5	95	130
工作台面积/mm×mm		5000×2500	5000×2500	5000×3200
两立柱间距/mm		3200	3100	4500
主轴转速/(r/min)		4000	10~3000	6~2000
主轴电动机功率/kW		22	40	60
工作台承重/t		20	25	30
导轨形式		*X*轴三条线性轨	*X*轴二条线性轨	床身双矩形静压
主轴头形式		ZF齿轮箱、带	滑枕和ZF变速箱	滑枕式主轴头、变速箱
*Z*轴配重		双液压缸加储能	双液压缸	双液压缸加储能
数据传输		RS-232	RS-232	RS-232
机床行程/mm	*X*轴	5200	5550	5400
	*Y*轴	2500	3650	4500
	*Z*轴	600	1250	1250
	*W*轴	无	无	无
主轴端至台面/mm		120~900	200~1450	80~1450
位置反馈		半闭环	全闭环	全闭环
快速/(mm/min)	*X*轴	10000	8000	10000
	*Y*轴	10000	8000	10000
	*Z*轴	10000	8000	10000
定位精度/mm		0.01/300	0.04（全程）	0.01/1000
数控系统		FANUC 18iMB	FIDIA C2	西门子840D

（续）

项目 \ 供货方	E公司	F公司	G公司
型号	FV-5225	XH2420A	XHAD2425
主轴伺服系统	FANUC	西门子	西门子
对环境要求	空气纯净、干燥	空气纯净、干燥，需要空气干燥机	空气纯净、干燥，需要空气干燥机
附件	排屑机	排屑机	带刀库，直角、斜角铣头各一套，排屑机
标配价格/万元	395	436	630
厂家交货时间	5个月	6个月	10个月
售后服务	柳州常驻两人	济南	深圳
保修期	机械、数控一年	机械、数控一年	机械、数控一年

注：表中阴影字体部分是不满足要求项

通过联系近三年来使用这些公司同型号机床的客户，了解用户的使用情况，发现除C公司的XA2420型数控龙门铣床，用户满意度不高外，其余型号的用户满意度都不错，但由于C公司的XA2420、E公司的FV-5225和G公司的XHAD2425三种型号数控龙门铣床存在不满足需求的关键项，可以排除，最后筛选出4家企业的4种型号的数控龙门铣床（见表10-5）。

表10-5　筛选后机床产品性能及售后、培训情况对比

比较项目 \ 供货方	A公司	B公司	D公司	F公司
型号	XKA2425	LG5030	FV-5234	XH2420A
产品图片				
机床结构	龙门框架，床身、工作台、立柱、横梁铸造	龙门框架式，床身焊接	龙门框架式，床身、横梁铸造，立柱焊接	龙门框架，床身、工作台、立柱、横梁铸造
机床外形/mm	15200×8110×6150	12000×6000	12500×6000	13600×9120
机床重量/t	110	47	51	95
工作台面积/mm×mm	5000×2500	5000×2700	5000×3000	5000×2500
两立柱间距/mm	3100	3700	3500	3100
主轴转速(r/min)	6～2000	10～4000	4000	10～3000
主轴电动机功率/kW	60	22	22	40
工作台承重/t	30	20	20	25
导轨形式	床身双矩形静压	*X*轴采用两条日本线性轨	*X*轴三条线性轨	*X*轴二条线性轨

（续）

比较项目 \ 供货方		A公司	B公司	D公司	F公司
型号		XKA2425	LG5030	FV-5234	XH2420A
主轴头形式		滑枕式主轴头、变速箱	方箱型内藏式、齿轮传动	ZF齿轮箱、带	滑枕和ZF变速箱
Z轴配重		双液压缸	双液压缸	双液压缸加储能	双液压缸
数据传输		RS-232	RS-232	RS-232	RS-232
机床行程/mm	X轴	5400	5000	5000	5550
	Y轴	4500	3000	3000	3650
	Z轴	1250	1000	900	1250
	W轴	无	无	无	无
主轴端至台面/mm		500 ~ 1500	200 ~ 1200	120 ~ 1020	200 ~ 1450
位置反馈		全闭环	X轴全闭环	半闭环	全闭环
快速/(mm/min)	X轴	10000	10000	10000	8000
	Y轴	6000	15000	10000	8000
	Z轴	3000	10000	10000	8000
定位精度		德国检验标准	+/−0.02（全程）	0.01/300	0.04（全程）
数控系统		西门子840DE	FANUC 18iMB	FANUC 21iMB	FIDIA C2
主轴伺服系统		西门子	FANUC	FANUC	西门子
对环境要求		空气纯净、干燥，需要空气干燥机	空气纯净、干燥，需要空气干燥机	空气纯净、干燥	空气纯净、干燥，需要空气干燥机
附件		带刀库，直角铣头二套，排屑机	排屑机	排屑机	排屑机
标配价格/万元		485（不含运费）	425	435.6	436
厂家交货时间		9个月	6个月	5个月	6个月
售后服务		北京	北京	柳州常驻两人	济南
保修期		机械、数控一年	机械一年、数控二年	机械、数控一年	机械、数控一年
机械性能		刚性好	一般	一般	刚性好
培训时间		安装调试好后，不少于5个工作日	安装调试好后，不少于3个工作日	安装调试好后，不少于5个工作日	安装调试好后，不少于5个工作日

为慎重起见，公司派遣专业人员分别到这4家生产厂家进行了实地考查，考查企业的实际生产实力，设备生产情况，质量控制以及工艺保证情况，对重点关注型号设备的结构设计、制造工艺等做了深入了解，并且有目的地同制造厂家对数控龙门铣床的价格、供货时间、随机附件、附具、图样资料、培训方式、培训时间以及可能的技术服务等项目开展协商、谈判，同时对协商谈判的内容做出详细记录，然后将各次考查所取得的数据整理汇总。

在考查之后，召集设备管理部门、工艺部门、生产部门、财务部门、采购部门等相关部门开会，通报所获取的以上4家公司的4种数控龙门铣床的各项参数、性价比、售后服务、人员培训等信息，由各相关部门进行讨论并做出综合评判，最终认定D公司的FV-5234型数控龙门铣床，各项参数均能满足要求，数控系统较为先进，且能耗较低，对环境要求较为宽松，交货周期最短，在本地驻有公司售后服务人员，售价也相对较低，是本次选型的最佳选择。

5. 实践报告

见表10-3。

10.3　运用设备管理软件对设备资产进行管理

1. 任务要求

1）安装设备管理软件。

2）熟悉设备管理软件各功能模块。

3）完成初始化。

4）录入设备数据。

5）完成设备管理操作。

2. 工作准备

1）学习设备资产管理相关知识。

2）学习设备信息化管理相关知识。

3）了解设备管理相关软件。

4）准备好设备台账信息数据表（可以用实践任务中采集到的设备台账数据）。

5）准备笔、笔记本、计算机。

3. 工作实施

1）教师组织在机房上机学习。

2）学生课后在自己的计算机上安装软件并练习。

4. 实践指导

以维克设备管理系统——工业版2.45（试用）为例学习设备管理软件的运用。

（1）软件安装　将软件安装文件复制到计算机上，双击setup.exe文件，按照提示安装即可。文件安装完毕后会在计算机桌面显示快捷图标
。

（2）初始化

1）清除原有数据。双击快捷图标进入系统，单击文件——初始化数据，在数据清理界面选择清除所有数据。如图10-6、图10-7所示。

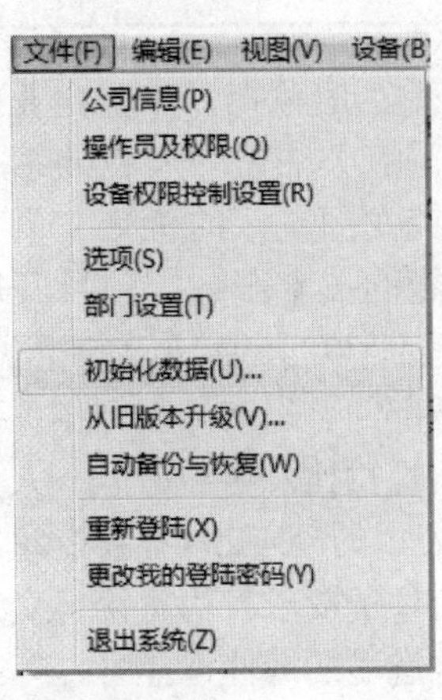

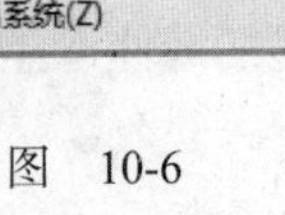

图　10-6

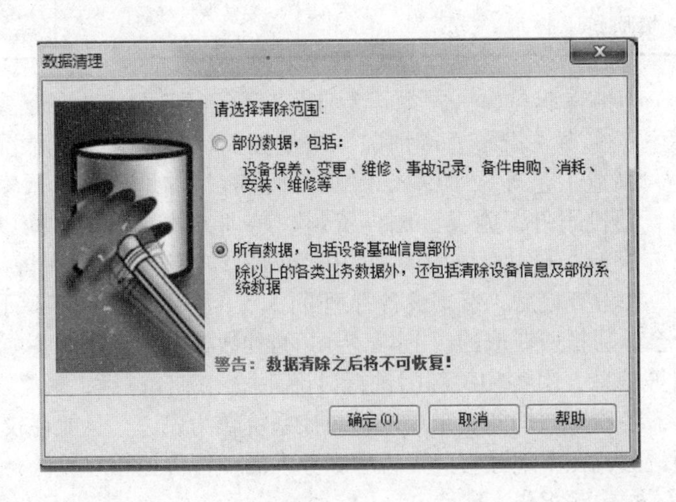

图　10-7

2）设置使用部门。重新启动软件，以超级管理员身份登录系统，进行初始化设置。

单击“文件”→“部门设置”，进入部门设置界面，如图10-8所示。单击“功能”下拉菜单，选“添加子类”，根据提示输入“西部工厂”并单击确定，则建立了西部工厂部门。重复添加子类，依次建立东部工厂、涂装车间、维修部等部门，如图10-9、图10-10所示。

3）定义操作人员。单击“文件→操作员及权限”，进入操作员设置界面，如图10-11所示。单击“添加”按钮，在弹出的操作员属性界面输入操作员的信息，并在右侧权限栏中勾选操作员的权限。单击确定完成操作员设置。重复添加可设置多个操作员。一般可设置系统管理员、设备管理员、设备经理等不同角色，给不同角色赋予不同管理权限，如图10-12、图10-13所示。

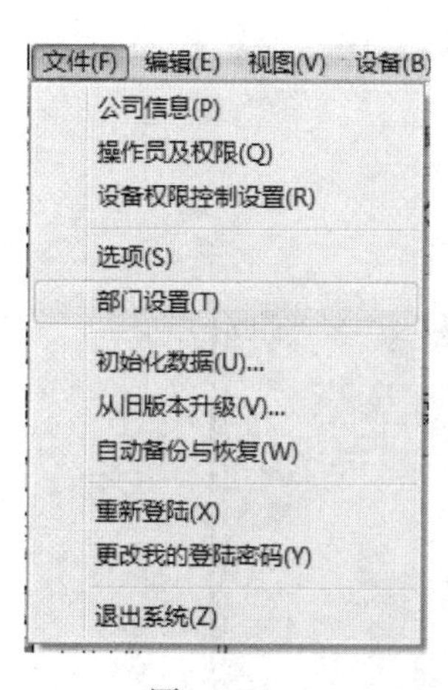

图 10-8

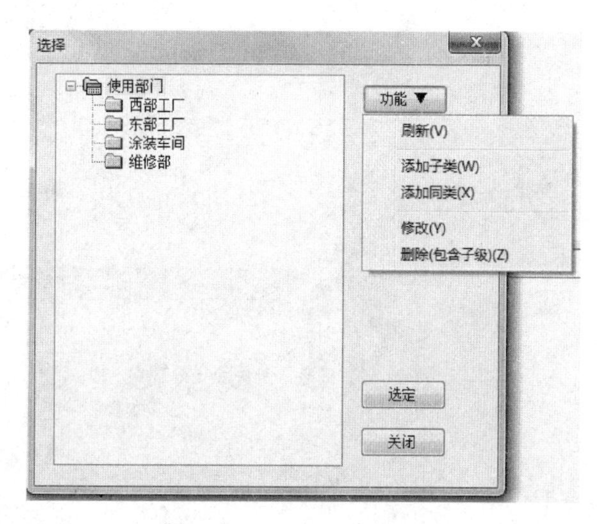

图 10-9

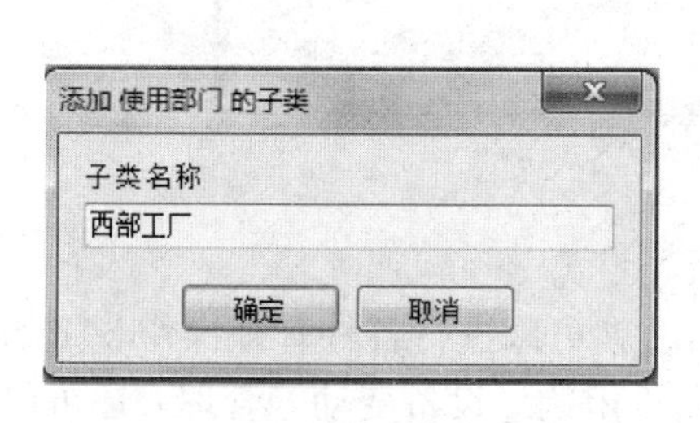

图 10-10

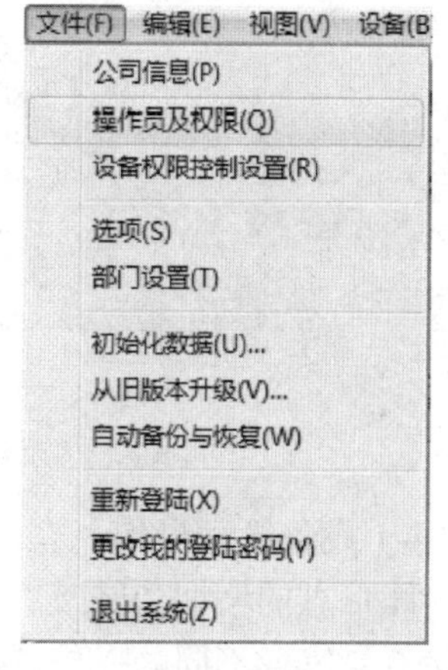

图 10-11

（3）录入设备数据　在台账管理界面录入设备数据，包括基础数据（设备编号，设备名称，型号规格等）、扩展数据、附件、图片等。设备台账录入界面如图10-14所示。

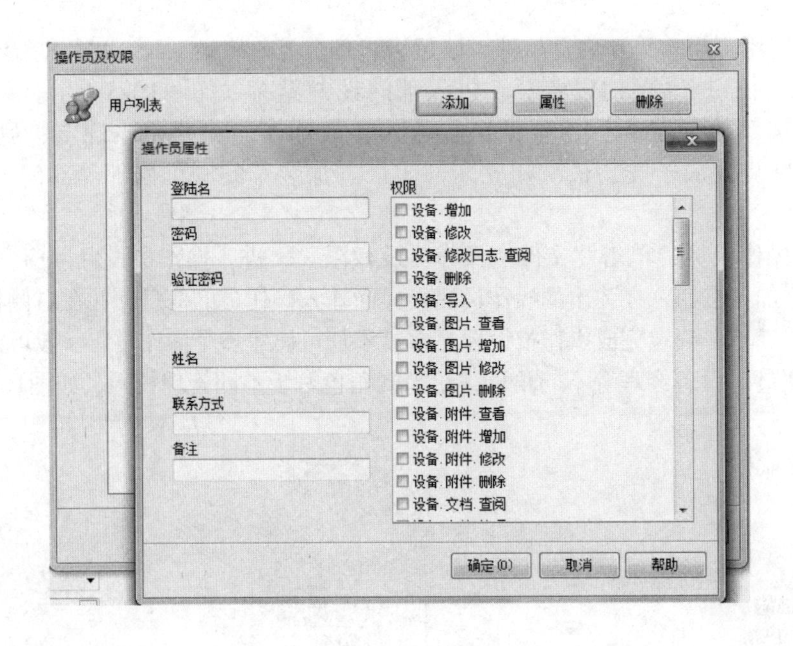

图 10-12

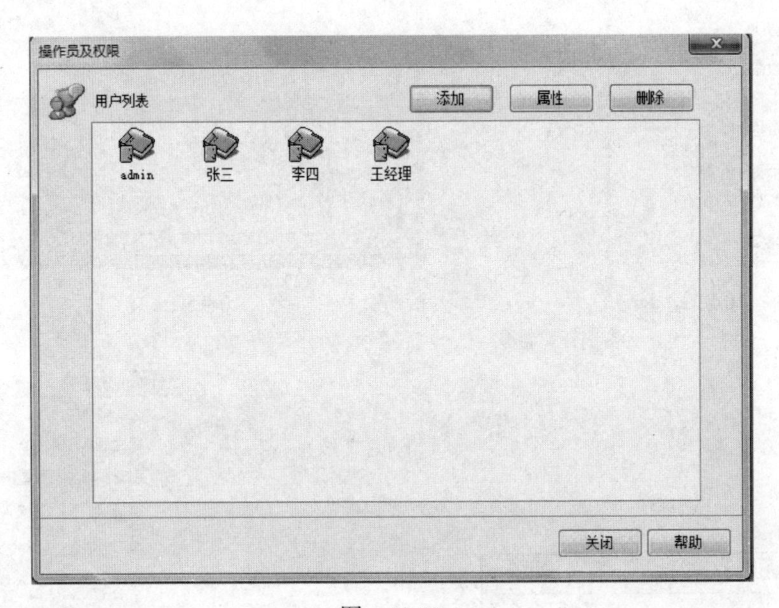

图 10-13

（4）设备管理操作　在录入了设备台账数据后，就可以进行各种管理操作。例如进行设备台账信息的增加和修改、设备维修计划制定、备件申购、设备变动等管理。还可以用不同身份登录完成不同的操作，例如维修经理身份可以完成维修申请的审批。公司总经理身份可以完成设备报废申请审批等。

在学习软件操作时，可以打开帮助文档，帮助文档里有较详细的安装、操作等指导，如图10-15所示。

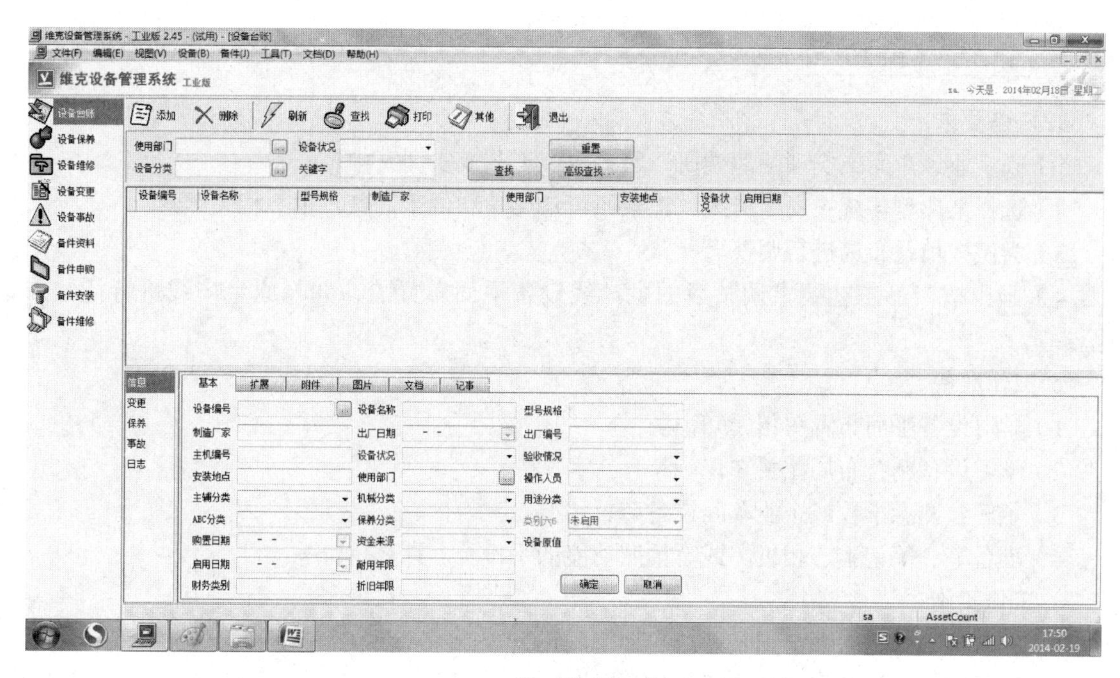

图 10-14

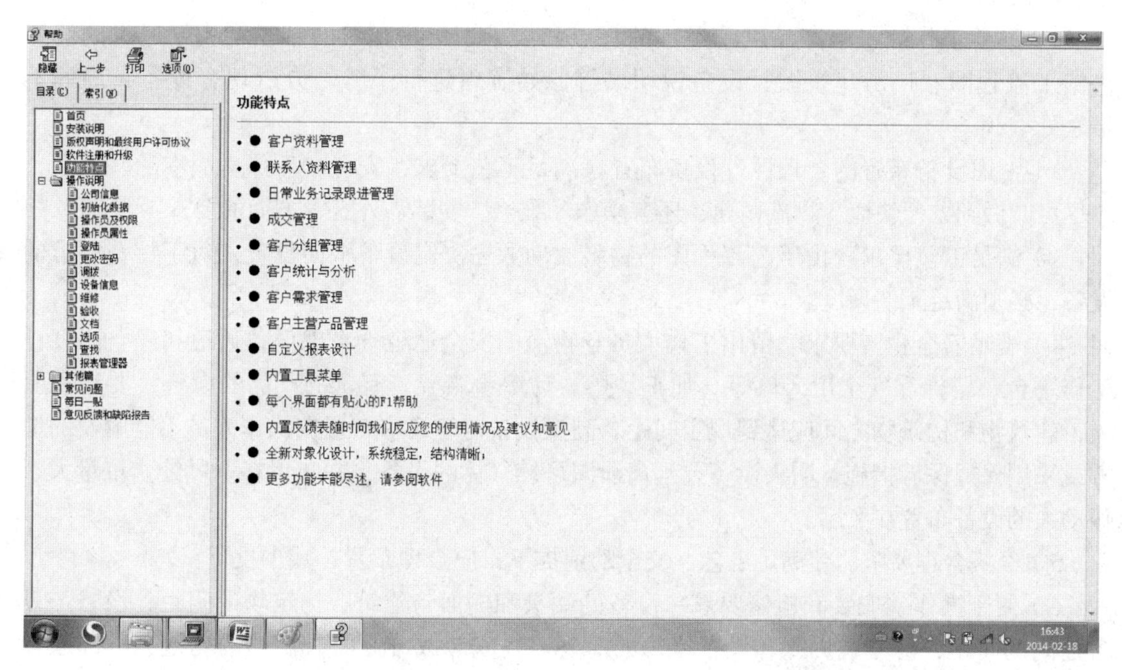

图 10-15

5. 实践报告

见表10-3。

10.4 优化设备布局

1. 任务要求

1）到企业、车间或实训基地调研，熟悉生产工艺或实训安排。

2）选择某典型传统布局生产线，记录原设备尺寸和位置信息，拍下相关照片。

3）尝试按精益布局进行调整。

4）画出按产品工艺要求调整后的生产线设备平面布置图，并与原生产线进行优缺点比较。

2. 工作准备

1）学习设备平面布置图相关知识。

2）学习设备精益布局相关知识。

3）了解、熟悉学校或企业车间设备布置情况。

4）准备笔、笔记本、相机（或有拍照功能的手机）、计算机。

3. 工作实施

1）在教师统一组织下，到企业或实训车间调研。

2）测量并记录设备尺寸、位置等信息。

3）收集、整理资料，优化改进设备布局。

4. 实践指导

1）准备工作。了解产品工艺过程的特点和要求、厂房建筑的基本结构，通过阅读工艺施工流程图、厂房建筑图、设备说明书等原始资料进行了解，分析现有设备布局的不足之处。

2）考虑设备布置的合理性。设备布置在满足工艺要求、安全、环保、成本的基础上，应尽可能做到方便快捷、物流畅通，还有操作、维修、安装、外观等方面的要求。

3）满足工艺要求。由工艺流程图的物料流动顺序决定设备平面位置，对于特殊要求的设备，必须满足工艺高度。

4）满足安全生产要求。留出工作人员和物流的安全通道；考虑设备通道和净空高度，工作平台、楼梯和安全出入口等。加工易燃、易爆、高温、有毒的产品的设备，要远离明火，建筑物和构筑物之间应达到规定间距。高温设备与管道应布置在操作人员不能触及的地方或采用保烫保温措施。明火设备要远离泄漏可燃气体的设备，并布置在下风处。重量大、振动大的设备布置在底层。

5）经济合理要求。在满足工艺、安全的前提下，应合理布置，减少投资。

6）便于操作、安装和检修要求。设备的端头和侧面与建筑、构筑物的间距、设备与设备之间的间距，应考虑拆卸和设备维修的需要。在安装或维修时有足够的场地、拆卸区及通道。

7）按照优化方案绘制新的设备布局图。设备布置尽可能整齐、美观、协调。

5. 实践报告

见表10-3。

10.5 编制设备日常点检标准作业指导书及点检表

1. 任务要求

1）编制设备日常点检标准作业指导书。

2）编制设备日常点检表。

2. 工作准备

1）查阅设备资料，收集设备信息，并初步确定设备点检关键部位。

2）熟悉设备日常点检标准作业指导书及日常点检表编制流程。

3）掌握制作设备日常点检表、点检标准作业指导书的格式。

4）准备笔、纸、相机（或能拍照的手机）、计算机。

3. 工作实施

1）研究设备资料及所获取的设备信息，初步确定日常点检项目、点检内容、点检方法等各点检要素，初步确定设备日常点检标准作业指导书及日常点检表框架内容。

2）在教师统一组织下到企业或实训车间开展相关信息收集。

3）了解设备的使用状况，确定点检部位、点检项目，拍摄照片，记录设备名称、型号、归属部门等信息。

4）整理资料，填写日常点检项目、点检内容、点检方法等内容，编制设备日常点检标准作业指导书及日常点检表。

5）将制作好的点检作业指导书交给操作人员试行，针对不足进行修改。

6）将修改好的点检作业指导书和点检表交给企业或实训车间指导老师审核、发布。

4. 实践指导

以VMC650型数控加工中心（图10-16）为例，编制日常点检标准作业指导书及点检表。

1）查阅设备使用说明书，收集同型号机床的点检指导书、技术图样等相关资料，初步确定点检部位，可按照润滑系统、冷却系统、电气控制系统、操作面板、外观等进行划分，准备好点检标准作业指导书的格式文档。

2）找到设备所在地点，记录设备名称、型号、归属部门等信息。

图10-16　VMC650型数控加工中心

3）了解设备的使用状况，进一步确定点检部位和点检项目，拍摄设备的点检部位照片如图10-17、图10-18所示。

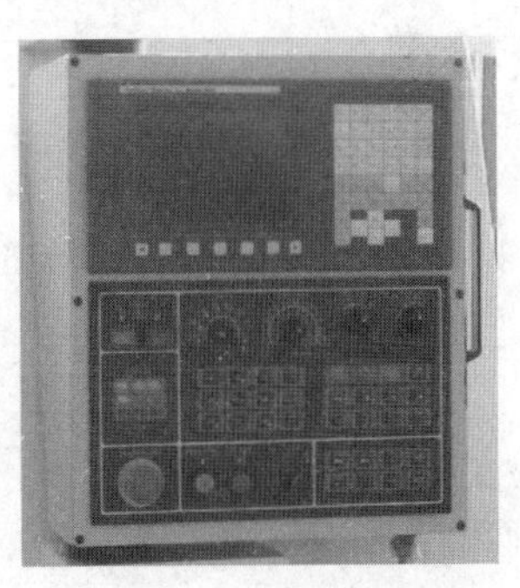

图10-17　点检部位（润滑系统）

图10-18　点检部位（气压系统）

4）整理资料，填写日常点检项目（图、文），确定点检方法、点检状态、点检标准、点检周期。点检方法主要采用人的视觉、听觉、嗅觉。点检状态分为开机前（后）及运行中，点检标准根据具体的项目确定，对于润滑油量、气压等定量的参数，要给出明确正常范围的数值。

5）编制日常点检表。点检表反映设备名称、设备编号等信息，点检表的点检记录总天数与大月31天相吻合。点检表记录符号应简单、表达信息准确，常用符号有表示正常的“O”，表示异常的“×”等。

制作好的点检标准作业指导书（部分）及点检表分别如图10-19、图10-20所示。

设备日常点检标准作业指导书

设备名称：立式加工中心		型号：VMC650			资产编号：	页码：1/4
					点检周期：每班	点检人：操作者
点检部位简图	点检部位	点检项目	方法		标准	异常处理方法
			点检手段	点检状态		
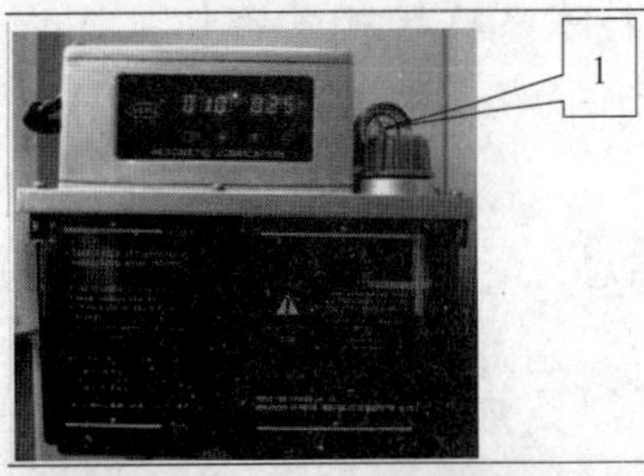 1	润滑系统	1. 压力表	目视	开机前	压力表指针在绿色区域内（压力范围）	1. 报告老师 2. 调定压力
		2. 润滑油	目视	开机前	1. 润滑油箱油位不超过H刻度，不低于L刻度 2. 润滑油外观良好，无污染	1. 报告老师 2. 添加或更换润滑油
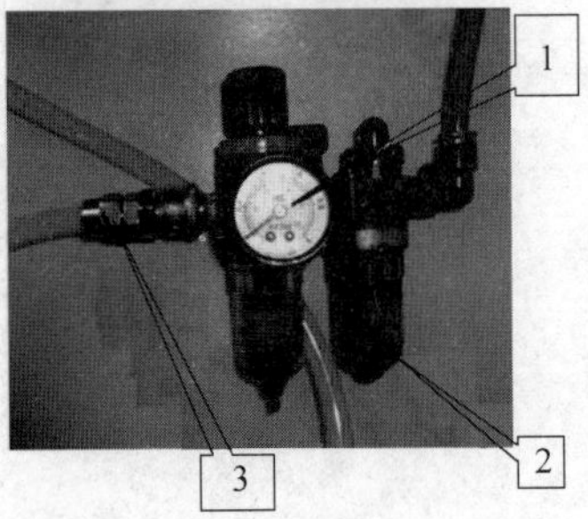 1、2、3	气压系统	1. 压力表	目视	开机前	开机前，压力表指针在绿色区域内（压力范围0.7～1MPa）	1. 报告老师 2. 重新调定压力
		2. 油雾器	目视	开机前	油雾器清洁透明，润滑油外观良好，无污染，油量不多于4/5，不少于1/5。	报告老师
		3. 气管及管接头	目视、听、手摸	开机前	1. 气管接头良好，无漏气声 2. 气管无破损，无漏气	报告老师

编制：　　审核：　　会签：　　批准：

图10-19　设备日常点检标准作业指导书

××公司设备日常点检表

设备名称：立式加工中心　型号：VMC 650　机台号：　资产编号：　年　月　（第1页，共1页）

序号	检查点	检查内容	点检方法	点检状态	班次	1	2	3	4	5	6	7	8	9	10	11	12	13	14	15	16	17	18	19	20	21	22	23	24	25	26	27	28	29	30	31
1	润滑系统（润滑油箱油位）	1. 压力表指针在绿色范围内 2. 润滑油箱油位不超过H刻度，不低于L刻度油箱油位计指示的油位 3. 润滑油外观良好，无污染	看	关	1																															
					2																															
					3																															
					4																															
2	气压系统（气路、油雾器）	1. 气源压力不小于0.7MPa 2. 油雾器清洁透明，润滑油外观良好，无污染，油量在绿线内 3. 管路无破损，无漏气声	看、听	关	1																															
					2																															
					3																															
					4																															
3	电气柜（电气柜风扇）、可见的线路	1. 通电后，风扇运转正常、无阻滞、无异常噪声 2. 散热口正常排风 3. 电线无损坏	看	开	1																															
					2																															
					3																															
					4																															
4	操作面板	1. 急停及各按钮及软键元损坏、急停开关有效，旋转能回位 2. 开机自检正常，MESSAGE界面无异常报警信息	看、试	开、关	1																															
					2																															
					3																															
					4																															
5	机床内外及周边	1. 机床外观各处标识及固定装置无缺失 2. 机床门窗使用正常 3. 手轮使用正确 4. 集油盘无异物、无大量集油 5. 警示灯无报警	看、试	关	1																															
					2																															
					3																															
					4																															
6	主轴锥孔面及工作台	1. 主轴与夹刀柄无碰伤、研伤等 2. 工作台无碰伤、研伤	看	关	1																															
					2																															
					3																															
					4																															
7	冷却系统，照明系统、排屑系统	1. 水管无破损，无泄漏、冷却液正常 2. 工作灯开关正常 3. 排屑机运行正常	看	开	1																															
					2																															
					3																															
					4																															
8	机床各部位	开机运转正常，无异味，无异常响声	看、听、嗅	开	1																															
					2																															
					3																															
					4																															

备注：1. 依据《设备日常点检标准》来执行点检作业。
2. 填写办法，无异常填○，异常填×，异常处理OK后在×外加○变成⊗。

图10-20　日常点检表

5. 实践报告

见表10-3。

10.6　编制设备维修计划

1. 任务要求

1）收集设备运行状况信息。

2）编制设备维修计划。

2. 工作准备

1）学习设备维修计划编制相关知识。

2）掌握设备维修计划的格式。

3）准备笔、纸、计算机。

3. 工作实施

1）查阅设备资料，收集设备运行状况信息。

2）在教师统一组织下到企业或实训车间开展相关信息收集。

3）整理资料，编制设备维修计划。

4. 实践指导

设备维修计划，通常包括维修项目及内容、维修时间（及持续时间）、维修技术要求、配件及辅助材料、维修人员安排、维修工具和安全注意事项等内容。在实际使用中，应根据企业设备的维修特点设置相应的栏目，重点突出维修项目及主要内容、维修技术要求等栏目的内容，以提高设备维修计划使用效果。

编制完成一份机电设备维修计划表，需要具备比较丰富的设备维修工作经验，表中关键栏目内容的确定方法如下：

（1）收集设备运行状况信息

1）设备的技术状态信息，包括设备运行记录、设备维修记录等历史档案、定期检测记录、现场调查和检测记录及设备状态分析结果等。

2）生产工艺及产品质量的要求。

3）生产计划（产量、时间、进度等的安排）。

4）设备安全、环保信息。

5）以往设备维修计划及其执行情况、存在问题等。

（2）编制维修计划

1）根据生产计划的产量和进度计划，分析确定准确的维修时间，保证设备维修对生产的影响最小化，甚至不受影响。

2）制定设备维修计划的维修项目和技术要求。根据设备运行状态参数所反映的设备性能劣化程度，确定设备维修的项目和内容，按说明书或行业标准技术参数的要求确定维修质量标准。

3）根据维修项目确定更换件，并根据维修内容、维修消耗定额确定辅助材料。

4）根据维修项目内容、人工消耗定额等，确定维修人员工种和人员数量。

5）根据维修项目内容、维修工中的作业内容，确定维修工具、运输工具等。

6）根据维修项目作业内容，提出避免出现安全隐患和事故的注意事项。

（3）维修计划样例　编制好的维修计划样例，见表10-6。

5. 实践报告

见表10-3。

表10-6　冲压设备的故障维修计划表

维修编号：　　　　　　　　　　　　　　　　　　　　　　编制日期：　年　月

设备编号	设备名称及型号	设备安装位置	维修项目	维修主要内容及技术要求	维修工具	配件及辅助材料	维修时间	维修人员安排	安全注意事项	项目负责人
A-12	JN23—63t开式可倾压力机	冲压车间	滑块保险块支承面的修复	1. 拆卸滑块，进一步检查保险块支承面的磨损量 2. 镗铣滑块的保险块支承平面，要求切除原磨损面的全部痕迹，保持保险块支承平面与轴线垂直度误差小于0.05mm 3. 镶嵌补偿滑块轴向镗铣厚度 4. 安装滑块并装上保险块，检验滑块的保险块支承平面与保险块的接触应均匀 5. 调整滑块的间隙、与工作台的垂直度以及滑块的运动精度	1.简易悬臂起重机 2.宽座角尺 3.百分表及磁性表座 4.塞尺 5.钳工常规工具等	1.锂基润滑脂0.3kg 2.柴油1kg 3.棉纱头0.3kg	2天	钳工，3人；机械加工车间镗工等配合	停掉相关电源、工作台垫安全挡块	×××

编制：　　　　　　　　　　审核：　　　　　　　　　　批准：

10.7　运用设备管理软件对设备备件进行管理

1. 任务要求

1）掌握设备备件管理相关知识。

2）熟悉设备管理软件备件管理模块各项功能。

3）完成设备备件管理相关操作。

2. 工作准备

1）学习设备备件管理相关知识。

2）学习设备信息化管理相关知识。

3）了解设备管理软件备件管理模块各项功能。

4）准备笔、纸、计算机。

3. 工作实施

1）教师组织学生在机房上机学习备件管理模块各项功能。

2）学生在计算机上练习各项功能并模拟实践。

3）学生课后自行上机练习。

4. 实践指导

以维克设备管理系统——工业版2.45（试用）为例，学习设备管理软件的运用，复习在本章第3节中学习的操作，在此基础上，进行备件管理相关操作，例如备件申购、备件入库、出库管理等。

5. 实践报告

见表10-3。

10.8　编制设备改造申请单

1. 任务要求

1）收集故障设备信息。

2）分析设备故障原因，提出改造措施。

3）编写设备改造申请单。

2. 工作准备

1）学习设备改造申请单的编制相关知识。

2）掌握设备改造申请单的格式。

3）准备笔、纸、计算机。

3. 工作实施

1）查阅设备资料，收集设备运行状况信息。

2）在教师统一组织下到企业或实训车间开展相关信息收集。

3）整理资料，编制设备改造申请单。

4. 设备改造申请样例

设备改造申请单样例，见表10-7。

表10-7　设备改造申请单

部门：××车间　　　　　　　　　　　　　　　　　填写日期：××年××月××日

<table>
<tr><td>设备编号</td><td>C1-SX-002</td><td>设备名称</td><td>数控仿形铣床</td><td>设备型号</td><td>XKF718</td></tr>
<tr><td>更新/改造理由与经济分析</td><td colspan="5">改造理由：
1.现使用的软驱为专用软驱，对环境要求较高，易损坏，断电必须重新加装系统，系统易丢失，加工可靠性差
2.主轴电源控制模块极易出现故障，相当不稳定，开机时正常，停机1h，或1天后再开机，主轴控制板极易坏掉，维修时间长，且费用较高
3.该机床采用全闭环的玻璃光栅尺形式，这种玻璃光栅尺对环境要求较高，在潮湿环境下，水蒸气会导致光栅尺雾化，造成对数不准、找不到零点的现象，导致无法加工或加工位置偏差较大
4.滑枕在Z轴向运动时抖动，加工速度越快，抖动越严重，影响加工精度和加工质量，经拆解检查发现是Z轴丝杠磨损严重所致，无法通过补偿修正
5.根据上一年度统计，该机床使用率不足50%，维修等待时间比加工时间还长
综上所述，该机床精度差，故障率高，维修时间及费用较高，经济效益差，必须进行更新或改造</td></tr>
<tr><td>更新/改造的要求、型号</td><td colspan="5">本着经济性和先进适用性原则，根据该机床的使用需求，建议对该机床做如下改造：
1.采用FIDIA数控系统对机床电气系统进行彻底的数控改造
2.鉴于Z轴丝杠磨损严重，更换Z轴丝杠
3.根据该机床使用要求（能够满足所加工零件的精度要求），取消该机床光栅尺</td></tr>
<tr><td rowspan="2">资金来源与费用预算</td><td>调拨</td><td>外购</td><td>自制</td><td>改造</td><td>其他</td></tr>
<tr><td></td><td></td><td></td><td>√</td><td></td></tr>
<tr><td colspan="2">设备部门意见：
签名：
日期：</td><td colspan="2">技术部门意见：
签名：
日期：</td><td colspan="2">领导审批意见：
签名：
日期：</td></tr>
</table>

5. 实践报告

见表10-3。

10.9　编制推行TnPM设备管理模式宣传小报

1. 任务要求

1）掌握TnPM相关知识。

2）编制推行TnPM设备管理模式宣传小报。

2. 工作准备

1）学习TnPM相关知识。

2）学习小报的排版要求和格式等相关知识。

3）学习掌握PPT、图片处理等软件相关知识。

4）准备笔、纸、相机（或能拍照的手机）、计算机。

3. 工作实施

1）教师组织在课堂学习，并初步编制小报草稿。

2）学生课后在自己的计算机上完成。

4. 宣传小报样例

TnPM管理模式宣传小报样例，如图10-21所示。

5. 实践报告

见表10-3。

TnPM 活动宣传小报

全面规范化生产维护（Total Normalized Productive Maintenance，简称：TnPM），是规范化的TPM，是全员参与的，步步深入的，通过制定规范，执行规范，评估效果，不断改善来推进的TPM。TnPM 是以设备综合效率和完全有效生产率为目标，以全系统的预防维修为载体，以员工的行为规范为过程，全体人员参与为基础的生产和设备保养维修体制。

TnPM的核心是四个“全”

1、以全效率和完全有效生产率为目标
2、以全系统的预防维修体制为载体
3、以员工的行为全规范化为过程
4、以全体人员参与为基础

维护从自我做起

TnPM的推进流程

改变从习惯开始

一、起步认识：导入培训，概念开发
二、全面调研：认识基准和起点，树立目标
三、建立组织：成立 TnPM专职机构
四、制定目标、推进计划和实施计划
五、TnPM发动：舆论工具宣传造势
六、以 6S切入，开展 TnPM
七、第六步“六源”的解决
八、以规范化为主线，创建样板机台
九、样板示范，全面推广
十、现场改善、合理化提案和 OPL活动
十一、展开“员工未来能力持续成长”活动
十二、建立TnPM考核评估体系和激励机制
十三、第十二步与其他标准化体系衔接

为何推行TnPM管理

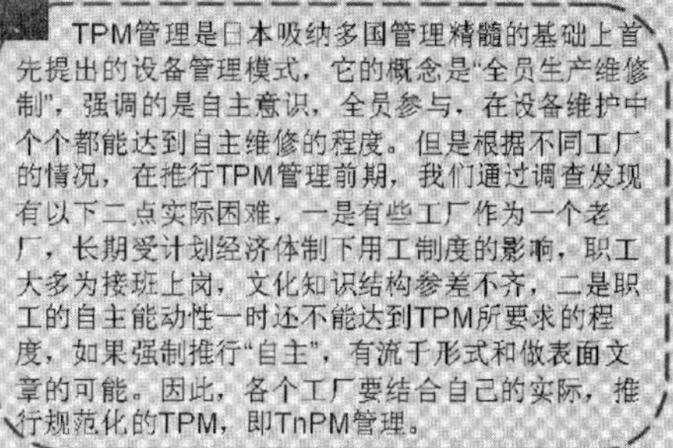
TPM管理是日本吸纳多国管理精髓的基础上首先提出的设备管理模式，它的概念是“全员生产维修制”，强调的是自主意识，全员参与，在设备维护中个个都能达到自主维修的程度。但是根据不同工厂的情况，在推行TPM管理前期，我们通过调查发现有以下二点实际困难，一是有些工厂作为一个老厂，长期受计划经济体制下用工制度的影响，职工大多为接班上岗，文化知识结构参差不齐，二是职工的自主能动性一时还不能达到TPM所要求的程度，如果强制推行“自主”，有流于形式和做表面文章的可能。因此，各个工厂要结合自己的实际，推行规范化的TPM，即TnPM管理。

图10-21　TnPM活动宣传小报

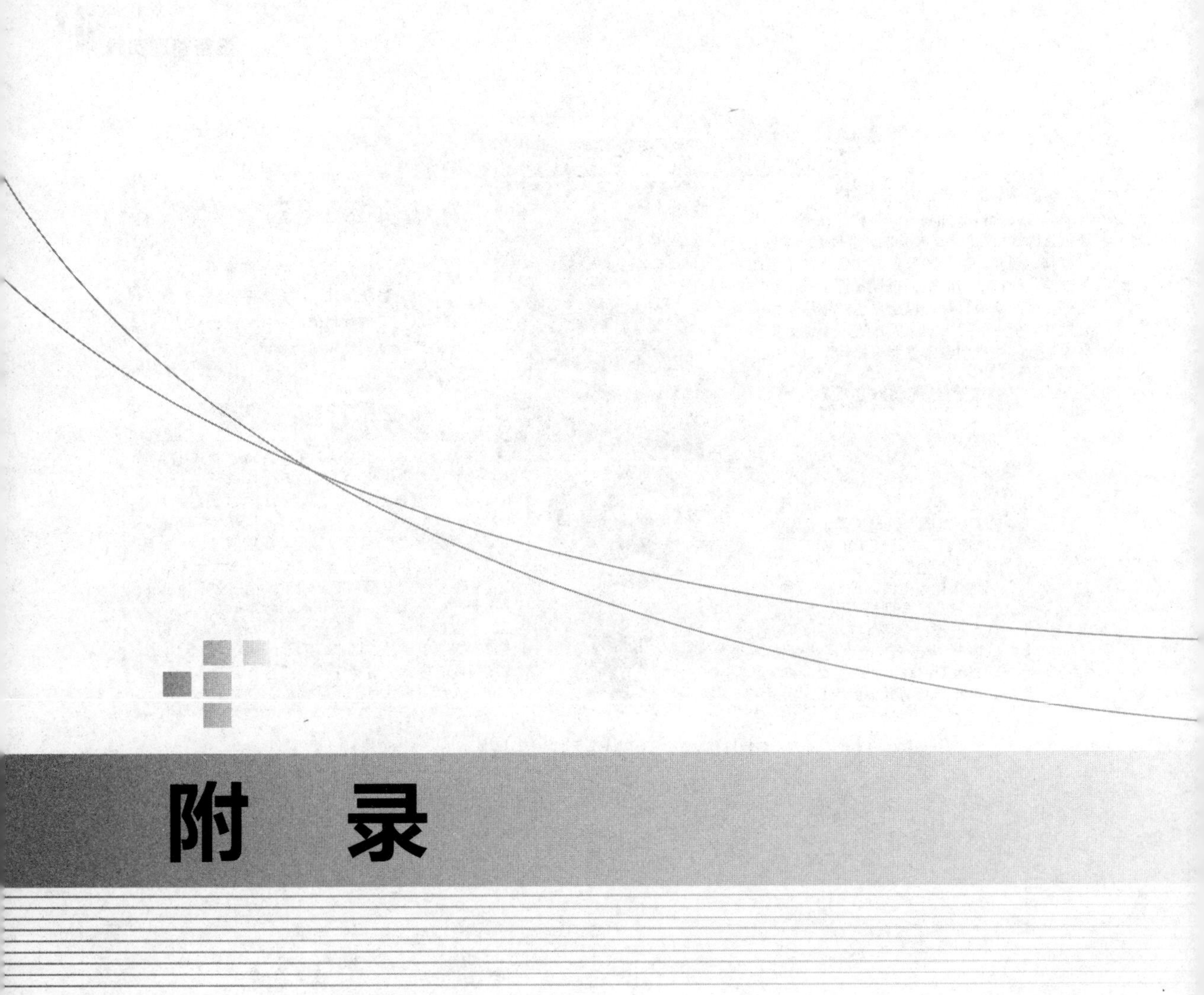

附　录

附录A 企业设备管理条例

第一章 总则

第一条 为规范设备管理，提高企业技术装备水平和经济效益，保证设备安全运行，促进国民经济可持续发展，制定本条例。

第二条 本条例适用于各种所有制企业的全部生产、运营设备管理。

第三条 企业设备管理应当遵循依靠技术进步、促进生产经营活动和预防为主的方针，坚持设计、制造与使用相结合，维护与检修相结合，修理、改造与更新相结合，专业管理与群众管理相结合，技术管理与经济管理相结合的原则。

第四条 企业设备管理的主要任务，是对设备实行综合管理，保持设备性能的完好，不断改善和提高技术装备素质，充分发挥设备效能，降低设备寿命周期费用，使企业获得良好的投资效益。

第二章 政府有关部门的职责

第五条 国务院有关部门应当按照各自的职责，依据国家的法律、法规，制定有关设备管理的规章与办法，对企业设备管理工作实施监督管理与规范管理。

第六条 各省、自治区、直辖市人民政府有关部门，应当按照国家有关法律、法规和规章，对企业的设备管理实行监督和指导。

第七条 国务院有关部门和各省、自治区、直辖市人民政府有关部门根据工作需要，委托全国和行业、地方设备管理协会，负责规范和协调企业的设备管理工作。

第三章 设备资产管理

第八条 企业设备资产是企业总资产的主要组成部分。企业设备不仅是生产经营活动的重要手段，也是企业投资。设备资产购置或建造时应进行认真的经济技术分析和安全、环保性能评价。企业董事会和经理（厂长）要对投资决策承担责任。

第九条 按照财政部门规定的限额标准，确定企业固定资产。企业固定资产设备应按照有关规定折旧，并保证企业设备的改造与更新。

第十条 企业大型、成套设备的购置或建造应实行招标和投标制度。

第十一条 企业大型、成套设备的制造、安装应实行监理制度。企业的自制设备应实行严格的验收制度，并纳入固定资产管理。

第十二条 企业大型、成套设备的处置应实行技术鉴定与价值评估，量质论价转让或淘汰报废。

第四章 设备安全运行管理

第十三条 设备制造单位应具备良好的生产备件，具有工商行政管理部门颁发的《营业执照》和有关部门颁发的《生产许可证》。设备制造单位生产的设备和选用的备件均应达到技术质量要求，保证用户安全使用。

第十四条 企业对各类设备均应制定安全操作规程和保养、检修规程。严禁违章操作、带病作业和超过负荷标准运行。

企业起重运输设备（含电梯）、锅炉、压力容器（含压力管道）、汽车、供变电设施和大型游艺设施等特种设备，要按照国家有关部门制定的规程，定期进行安全检测，发现异常应停止使用，及时修理。

第十五条 生产易燃易爆危险品的企业，所使用的设备必须具备防爆性能。

第十六条 企业发生设备事故，应当认真分析原因，确定事故性质与类别，确定责任者，并做出妥善的处理。企业发生重大、特大设备事故，应及时报告安全生产监督管理部门。各行业设备事故分类标准，由行业主管部门或委托行业设备管理协会制定。

第十七条 从事特种设备检测、修复、安装和改造的单位，应按照国家有关部门的规定，严格履行市场准入制度，以保证特种设备的安全运行。

第五章 设备节约能源管理

第十八条 企业购置或建造能耗高的设备与设施，应按照《合理用能标准》和《节能设计规范》进行审核。

第十九条 企业对在用能耗高的设备，应采用先进技术进行节能改造。国家鼓励企业实现电动机、风机、泵类设备和系统的经济运行，采用电动机调速节能和电力电子节能技术。

第二十条 企业对无法改造或无改造价值的能耗高设备，应按国家有关部门规定的淘汰目录与淘汰期，实行资产报废。属于淘汰范围的能耗高的设备，不准转让。

第六章 设备环境保护管理

第二十一条 企业购置设备和实施技术改造，应选用污染物排放量达标的设备。防治污染的设施，未经环境保护主管部门的同意，不准擅自拆除或闲置。

第二十二条 企业在生产作业过程中，各类设备向大气排放烟尘、废气浓度和向自然水域排放废水、废液的有害物质含量，均应低于国家有关标准。企业对超过标准的设备应停止使用，及时治理或改造。

第二十三条 企业在生产作业过程中，各类设备产生的噪声，其界域边缘应低于国家有关标准。企业对超过标准的设备应及时治理或改造。企业在城市建筑施工工作过程中，各类设备产生的噪声应低于国家有关标准，并应在规定时段作业。

第二十四条 国家对严重污染环境的落后设备实行淘汰制度。企业必须在国家有关部门的期限内，停止生产、销售、进口和使用淘汰目录中规定的设备。前款规定被淘汰的设备，不得转让给他人使用。

第七章 设备资源市场管理

第二十五条 国务院有关部门和各省、自治区、直辖市人民政府有关部门应积极培育与规范设备维修市场、设备备品配件市场、设备租赁市场、设备调剂市场和设备技术信息市场等设备资源市场。

第二十六条 设备资源市场的交易与服务实行合同制度。合同应包括当事人、交易内容、交易质量、交易期限、交易金额和违约责任以及解决争议的方法等项内容。合同纠纷按国家有关规定处理。

第二十七条 限设备维修（含改造）交易活动技术性较强。国务院有关部门和各省、自治区、直辖市人民政府有关部门应主持制定各类设备修理技术标准，以保证设备维修质量。

在国家、行业和地区修理技术标准不足的情况下，企业应自订标准。从事设备修理的企业应根据相关标准制定设备修理规程。

第二十八条 从事特种设备维修（含检测、安装、改造）的企业，需经国家规定的专业部门资格认证后，到工商行政管理部门核准、注册登记，领取《营业执照》后方可营业。

第二十九条 生产与销售设备备品、配件的企业，要保证备件的质量，严禁以次充好。

第三十条 出租设备的企业应保证设备性能良好、运行安全可靠和及时进行检测与修理。

第八章 设备规范管理

第三十一条 企业应不断规范设备管理，积极采用以计算机为主要手段的设备管理方式，采用以状态监测为基础的设备维修方式，采用以可恢复性技术为主的修理方式，采用以微电子技术为重点的设备技术改造方法。

第三十二条 为保证设备管理任务的完成，企业应根据生产规模、运营性质和设备数量与复杂程度，配备高效、精干的设备管理与维修部门和人员。

第三十三条 企业应根据国家有关法律、法规和规章，制定和完善设备管理制度和技术规程与技术标准。

第三十四条 企业应加强设备管理基础工作，完善凭证管理、数据管理、定额管理和档案资料管理，并定期进行统计分析，作为企业规划、决策和改进设备管理工作的依据。

第三十五条 企业应重视设备经济管理，加强设备资产核算与折旧工作，合理制定维修费用指标。

第三十六条 企业应重视对各级设备管理与技术人员以及操作者的培训，提高他们的技术、业务素质，使其达到岗位要求。

第九章 法律责任

第三十七条 国务院有关部门和各省、自治区、直辖市人民政府有关部门应根据相关法律、法规和规章，对违法行为予以处罚。

第三十八条 用企业违反本条例规定，违反操作规程和检修规程，导致发生设备事故，应追究相关人员的责任。

（一）对于一般事故，对直接责任人给予经济处罚。

（二）对于重大事故，对主管负责人和直接责任人给予经济处罚和行政处分。

（三）对于特大事故，对经理（厂长）、主管负责人和直接责任人给予经济处罚和行政处分。情况特别严重构成犯罪的，依法追究刑事责任。

第三十九条 企业违反规定，使用国家明令淘汰的用能设备和严重污染环境的设备，由县以上有关部门责令停止使用或没收；情节严重的，可报县以上人民政府批准，责令停业整顿或关闭。

第四十条 企业违反规定，转让国家明令淘汰的用能设备和严重污染环境的设备，由县以上有关部门没收非法所得，并处以相应罚款。

第四十一条 企业违反规定，向大气排放污染物超过国家标准的，应当限期整改，并由县以上地方人民政府有关部门处以一万元以上、十万元以下的罚款。

第四十二条 企业违反规定，向自然水域排放污染物超过国家标准的，或在噪声敏感建筑物集中区域造成严重环境噪声污染的，应限期治理。逾期未完成治理任务的，除按国家规定征收两倍以上超标准排污费外，可以根据所造成的危害和损失，由环境保护部门处以罚款，或者由县以上地方人民政府决定责令其停业、搬迁或者关闭。

第四十三条 企业违反规定，未经环境保护部门同意擅自拆除或者闲置环境保护防治设施，致使排放超过规定标准的，由县以上地方人民政府环境保护部门责令改正，并处罚款。

第四十四条 企业违反本条例规定，未经资质认证从事特种设备检测、修理、安装和改造，造成重大设备事故的，给予经济处罚和责令停业整顿。情节特别严重构成犯罪的，依法追究刑事责任。

第四十五条 企业违反本条例规定，生产、销售伪劣设备、备件，由县以上地方人民政府有关部门予以没收，并处以罚款。

第十章 附则

第四十六条 本条例原则上也适用于各种所有制事业单位的设备管理工作。

第四十七条 本条例由国家发展和改革委员会、国家经济贸易委员会会同国务院有关部门组织实施。

第四十八条 国务院有关部门和各省、自治区、直辖市人民政府，可根据本条例制定实施办法。

第四十九条 本条例自发布之日起施行。1987年7月28日国务院颁布的《全民所有制工业交通企业设备管理条例》同时废止。

附录B 机电产品国际招标投标实施办法（试行）

第一章 总则

第一条 为了规范机电产品国际招标投标活动，保护国家利益、社会公共利益和招标投标活动当事人的合法权益，提高经济效益，保证项目质量，根据《中华人民共和国招标投标法》（以下简称招标投标法）、《中华人民共和国招标投标法实施条例》（以下简称招标投标法实施条例）等法律、行政法规以及国务院对有关部门实施招标投标活动行政监督的职责分工，制定本办法。

第二条 在中华人民共和国境内进行机电产品国际招标投标活动，适用本办法。

本办法所称机电产品国际招标投标活动，是指中华人民共和国境内的招标人根据采购机电产品的条件和要求，在全球范围内以招标方式邀请潜在投标人参加投标，并按照规定程序从投标人中确定中标人的一种采购行为。

本办法所称机电产品，是指机械设备、电气设备、交通运输工具、电子产品、电器产品、仪器仪表、金属制品等及其零部件、元器件。

第三条 机电产品国际招标投标活动应当遵循公开、公平、公正、诚实信用和择优原则。机电产品国际招标投标活动不受地区或者部门的限制。

第四条 商务部负责管理和协调全国机电产品的国际招标投标工作，制定相关规定；根据国家有关规定，负责调整、公布机电产品国际招标范围；负责监督管理全国机电产品国际招标代理机构（以下简称招标机构）；负责利用国际组织和外国政府贷款、援助资金（以下简称国外贷款、援助资金）项目机电产品国际招标投标活动的行政监督；负责组建和管理机电产品国际招标评标专家库；负责建设和管理机电产品国际招标投标电子公共服务和行政监督平台。

各省、自治区、直辖市、计划单列市、新疆生产建设兵团、沿海开放城市及经济特区商务主管部门、国务院有关部门机电产品进出口管理机构负责本地区、本部门的机电产品国际招标投标活动的行政监督和协调；负责本地区、本部门所属招标机构的监督和管理；负责本地区、本部门机电产品国际招标评标专家的日常管理。

各级机电产品进出口管理机构（以下简称主管部门）及其工作人员应当依法履行职责，不得以任何方式非法干涉招标投标活动。主管部门的工作人员对监督检查过程中知悉的国家秘密、商业秘密，应当依法予以保密。

第五条 商务部委托专门网站为机电产品国际招标投标活动提供公共服务和行政监督的平台（以下简称招标网）。机电产品国际招标投标应当在招标网上完成招标项目建档、招标过程文件存档和备案、资格预审公告发布、招标公告发布、评审专家抽取、评标结果公示、异议投诉、中标结果公告等招标投标活动的相关程序，但涉及国家秘密的招标项目除外。

招标网承办单位应当在商务部委托的范围内提供网络服务，应当遵守法律、行政法规以及本办法的规定，不得损害国家利益、社会公共利益和招投标活动当事人的合法权益，不得泄露应当保密的信息，不得拒绝或者拖延办理委托范围内事项，不得利用委托范围内事项向有关当事人收取费用。

第二章 招标范围

第六条 通过招标方式采购原产地为中国关境外的机电产品，属于下列情形的必须进行国际招标：

（一）关系社会公共利益、公众安全的基础设施、公用事业等项目中进行国际采购的机电产品。

（二）全部或者部分使用国有资金投资项目中进行国际采购的机电产品。

（三）全部或者部分使用国家融资项目中进行国际采购的机电产品。

（四）使用国外贷款、援助资金项目中进行国际采购的机电产品。

（五）政府采购项目中进行国际采购的机电产品。

（六）其他依照法律、行政法规的规定需要国际招标采购的机电产品。

已经明确采购产品的原产地在中国关境内的，可以不进行国际招标。必须通过国际招标方式采购的，任何单位和个人不得将前款项目化整为零或者以国内招标等其他任何方式规避国际招标。

商务部制定、调整并公布本条第一项所列项目包含主要产品的国际招标范围。

第七条 有下列情形之一的，可以不进行国际招标：

（一）国（境）外赠送或无偿援助的机电产品。

（二）采购供生产企业及科研机构研究开发用的样品样机。

（三）单项合同估算价在国务院规定的必须进行招标的标准以下的。

（四）采购旧机电产品。

（五）采购供生产配套、维修用零件、部件。

（六）采购供生产企业生产需要的专用模具。

（七）根据法律、行政法规的规定，其他不适宜进行国际招标采购的机电产品。

招标人不得为适用前款规定弄虚作假规避招标。

第八条 鼓励采购人采用国际招标方式采购不属于依法必须进行国际招标项目范围内的机电产品。

第三章 招标

第九条 招标人应当在所招标项目确立、资金到位或资金来源落实并具备招标所需的技术资料和其他条件后开展国际招标活动。

按照国家有关规定需要履行项目审批、核准手续的依法必须进行招标的项目，其招标范围、招标方式、招标组织形式应当先获得项目审批、核准部门的审批、核准。

第十条 国有资金占控股或者主导地位的依法必须进行机电产品国际招标的项目，应当公开招标；但有下列情形之一的，可以邀请招标：

（一）技术复杂、有特殊要求或者受自然环境限制，只有少量潜在投标人可供选择。

（二）采用公开招标方式的费用占项目合同金额的比例过大。

有前款第二项所列情形，属于本办法第九条第二款规定的项目，招标人应当在招标前向相应的主管部门提交项目审批、核准部门审批、核准邀请招标方式的文件；其他项目采用邀请招标方式应当由招标人申请相应的主管部门做出认定。

第十一条 招标人采用委托招标的，有权自行选择招标机构为其办理招标事宜。任何单位和个人不得以任何方式为招标人指定招标机构。

招标人自行办理招标事宜的，应当具有与招标项目规模和复杂程度相适应的技术、经济等方面专业人员，具备编制国际招标文件（中、英文）和组织评标的能力。依法必须进行招标的项目，招标人自行办理招标事宜的，应当向相应主管部门备案。

第十二条 招标机构应当具备从事招标代理业务的营业场所和相应资金；具备能够编制招标文件（中、英文）和组织评标的相应专业力量；拥有一定数量的取得招标职业资格的专业人员。

招标机构从事机电产品国际招标代理业务，应当在招标网免费注册，注册时应当在招标网在线填写机电产品国际招标机构登记表。

招标机构应当在招标人委托的范围内开展招标代理业务，任何单位和个人不得非法干涉。招标机构从事机电产品国际招标业务的人员应当为与本机构依法存在劳动合同关系的员工。招标机构可以依法跨区域开展业务，任何地区和部门不得以登记备案等方式加以限制。

招标机构代理招标业务，应当遵守招标投标法、招标投标法实施条例和本办法关于招标人的规定；在招标活动中，不得弄虚作假，损害国家利益、社会公共利益和招标人、投标人的合法权益。

招标人应当与被委托的招标机构签订书面委托合同，载明委托事项和代理权限，合同约定的收费标准应当符合国家有关规定。

招标机构不得接受招标人违法的委托内容和要求；不得在所代理的招标项目中投标或者

代理投标，也不得为所代理的招标项目的投标人提供咨询。

招标机构管理办法由商务部另行制定。

第十三条 发布资格预审公告、招标公告或发出投标邀请书前，招标人或招标机构应当在招标网上进行项目建档，建档内容包括项目名称、招标人名称及性质、招标方式、招标组织形式、招标机构名称、资金来源及性质、委托招标金额、项目审批或核准部门、主管部门等。

第十四条 招标人采用公开招标方式的，应当发布招标公告。

招标人采用邀请招标方式的，应当向3个以上具备承担招标项目能力、资信良好的特定法人或者其他组织发出投标邀请书。

第十五条 资格预审公告、招标公告或者投标邀请书应当载明下列内容：

（一）招标项目名称、资金到位或资金来源落实情况。

（二）招标人或招标机构名称、地址和联系方式。

（三）招标产品名称、数量、简要技术规格。

（四）获取资格预审文件或者招标文件的地点、时间、方式和费用。

（五）提交资格预审申请文件或者投标文件的地点和截止时间。

（六）开标地点和时间。

（七）对资格预审申请人或者投标人的资格要求。

第十六条 招标人不得以招标投标法实施条例第三十二条规定的情形限制、排斥潜在投标人或者投标人。

第十七条 公开招标的项目，招标人可以对潜在投标人进行资格预审。资格预审按照招标投标法实施条例的有关规定执行。国有资金占控股或者主导地位的依法必须进行招标的项目，资格审查委员会及其成员应当遵守本办法有关评标委员会及其成员的规定。

第十八条 编制依法必须进行机电产品国际招标的项目的资格预审文件和招标文件，应当使用机电产品国际招标标准文本。

第十九条 招标人根据所采购机电产品的特点和需要编制招标文件。招标文件主要包括下列内容：

（一）招标公告或投标邀请书。

（二）投标人须知及投标资料表。

（三）招标产品的名称、数量、技术要求及其他要求。

（四）评标方法和标准。

（五）合同条款。

（六）合同格式。

（七）投标文件格式及其他材料要求：

1. 投标书。

2. 开标一览表。

3. 投标分项报价表。

4. 产品说明一览表。

5. 技术规格响应/偏离表。

6. 商务条款响应/偏离表。

7. 投标保证金银行保函。

8. 单位负责人授权书。

9. 资格证明文件。

10. 履约保证金银行保函。

11. 预付款银行保函。

12. 信用证样本。

13. 要求投标人提供的其他材料。

第二十条 招标文件中应当明确评标方法和标准。机电产品国际招标的评标一般采用最低评标价法。技术含量高、工艺或技术方案复杂的大型或成套设备招标项目可采用综合评价法进行评标。所有评标方法和标准应当作为招标文件不可分割的一部分并对潜在投标人公开。招标文件中没有规定的评标方法和标准不得作为评标依据。

最低评标价法，是指在投标满足招标文件商务、技术等实质性要求的前提下，按照招标文件中规定的价格评价因素和方法进行评价，确定各投标人的评标价格，并按投标人评标价格由低到高的顺序确定中标候选人的评标方法。

综合评价法，是指在投标满足招标文件实质性要求的前提下，按照招标文件中规定的各项评价因素和方法对投标进行综合评价后，按投标人综合评价的结果由优到劣的顺序确定中标候选人的评标方法。

综合评价法应当由评价内容、评价标准、评价程序及推荐中标候选人原则等组成。综合评价法应当根据招标项目的具体需求，设定商务、技术、价格、服务及其他评价内容的标准，并对每一项评价内容赋予相应的权重。

机电产品国际招标投标综合评价法实施规范由商务部另行制定。

第二十一条 招标文件的技术、商务等条款应当清晰、明确、无歧义，不得设立歧视性条款或不合理的要求排斥潜在投标人。招标文件编制内容原则上应当满足3个以上潜在投标人能够参与竞争。招标文件的编制应当符合下列规定：

（一）对招标文件中的重要条款（参数）应当加注星号（“*”），并注明如不满足任一带星号（“*”）的条款（参数）将被视为不满足招标文件实质性要求，并导致投标被否决。

构成投标被否决的评标依据除重要条款（参数）不满足外，还可以包括超过一般条款（参数）中允许偏离的最大范围、最多项数。

采用最低评标价法评标的，评标依据中应当包括：一般商务和技术条款（参数）在允许偏离范围和条款数内进行评标价格调整的计算方法，每个一般技术条款（参数）的偏离加价一般为该设备投标价格的0.5%，最高不得超过该设备投标价格的1%，投标文件中没有单独列出该设备分项报价的，评标价格调整时按投标总价计算；交货期、付款条件等商务条款的偏离加价计算方法在招标文件中可以另行规定。

采用综合评价法的，应当集中列明招标文件中所有加注星号（“*”）的重要条款（参数）。

（二）招标文件应当明确规定在实质性响应招标文件要求的前提下投标文件分项报价允许缺漏项的最大范围或比重，并注明如缺漏项超过允许的最大范围或比重，该投标将被视为实质性不满足招标文件要求，并将导致投标被否决。

（三）招标文件应当明确规定投标文件中投标人应当小签的相应内容，其中投标文件的报价部分、重要商务和技术条款（参数）响应等相应内容应当逐页小签。

（四）招标文件应当明确规定允许的投标货币和报价方式，并注明该条款是否为重要商务条款。招标文件应当明确规定不接受选择性报价或者附加条件的报价。

（五）招标人设有最高投标限价的，应当在招标文件中明确最高投标限价或者最高投标限价的计算方法。招标人不得规定最低投标限价。

（六）招标文件应当明确规定评标依据以及对投标人的业绩、财务、资信等商务条款和技术参数要求，不得使用模糊的、无明确界定的术语或指标作为重要商务或技术条款（参数）或以此作为价格调整的依据。招标文件对投标人资质提出要求的，应当列明所要求资质的名称及其认定机构和提交证明文件的形式，并要求相应资质在规定的期限内真实有效。

（七）招标人可以在招标文件中将有关行政监督部门公布的信用信息作为对投标人的资格要求的依据。

（八）招标文件内容应当符合国家有关安全、卫生、环保、质量、能耗、标准、社会责任等法律法规的规定。

（九）招标文件允许联合体投标的，应当明确规定对联合体牵头人和联合体各成员的资格条件及其他相应要求。

（十）招标文件允许投标人提供备选方案的，应当明确规定投标人在投标文件中只能提供一个备选方案并注明主选方案，且备选方案的投标价格不得高于主选方案。

（十一）招标文件应当明确计算评标总价时关境内、外产品的计算方法，并应当明确指定到货地点。除国外贷款、援助资金项目外，评标总价应当包含货物到达招标人指定到货地点之前的所有成本及费用。其中：

关境外产品为：CIF 价＋进口环节税＋国内运输、保险费等（采用 CIP、DDP 等其他报价方式的，参照此方法计算评标总价）；其中投标截止时间前已经进口的产品为：销售价（含进口环节税、销售环节增值税）＋国内运输、保险费等。关境内制造的产品为：出厂价（含增值税）＋消费税（如适用）＋国内运输、保险费等。有价格调整的，计算评标总价时，应当包含偏离加价。

（十二）招标文件应当明确投标文件的大写金额和小写金额不一致的，以大写金额为准；投标总价金额与按分项报价汇总金额不一致的，以分项报价金额计算结果为准；分项报价金额小数点有明显错位的，应以投标总价为准，并修改分项报价；应当明确招标文件、投标文件和评标报告使用语言的种类；使用两种以上语言的，应当明确当出现表述内容不一致时以何种语言文本为准。

第二十二条 招标文件应当载明投标有效期，以保证招标人有足够的时间完成组织评标、定标以及签订合同。投标有效期从招标文件规定的提交投标文件的截止之日起算。

第二十三条 招标人在招标文件中要求投标人提交投标保证金的，投标保证金不得超过招标项目估算价的2%。投标保证金有效期应当与投标有效期一致。

依法必须进行招标的项目的境内投标单位，以现金或者支票形式提交的投标保证金应当从其基本账户转出。

投标保证金可以是银行出具的银行保函或不可撤销信用证、转账支票、银行即期汇票，也可以是招标文件要求的其他合法担保形式。

联合体投标的，应当以联合体共同投标协议中约定的投标保证金缴纳方式予以提交，可以是联合体中的一方或者共同提交投标保证金，以一方名义提交投标保证金的，对联合体各方均具有约束力。

招标人不得挪用投标保证金。

第二十四条 招标人或招标机构应当在资格预审文件或招标文件开始发售之日前将资格预审文件或招标文件发售稿上传招标网存档。

第二十五条 依法必须进行招标的项目的资格预审公告和招标公告应当在符合法律规定的媒体和招标网上发布。

第二十六条 招标人应当确定投标人编制投标文件所需的合理时间。依法必须进行招标的项目，自招标文件开始发售之日起至投标截止之日止，不得少于20日。

招标文件的发售期不得少于5个工作日。

招标人发售的纸质招标文件和电子介质的招标文件具有同等法律效力，除另有约定的，出现不一致时以纸质招标文件为准。

第二十七条 招标公告规定未领购招标文件不得参加投标的，招标文件发售期截止后，购买招标文件的潜在投标人少于3个的，招标人可以依照本办法重新招标。重新招标后潜在投标人或投标人仍少于3个的，可以依照本办法第四十六条第二款有关规定执行。

第二十八条 开标前，招标人、招标机构和有关工作人员不得向他人透露已获取招标文件的潜在投标人的名称、数量以及可能影响公平竞争的有关招标投标的其他信息。

第二十九条 招标人可以对已发出的资格预审文件或者招标文件进行必要的澄清或者修改。澄清或者修改的内容可能影响资格预审申请文件或者投标文件编制的，招标人或招标机构应当在提交资格预审文件截止时间至少3日前，或者投标截止时间至少15日前，以书面形式通知所有获取资格预审文件或者招标文件的潜在投标人，并上传招标网存档；不足3日或者15日的，招标人或招标机构应当顺延提交资格预审申请文件或者投标文件的截止时间。该澄清或者修改内容为资格预审文件或者招标文件的组成部分。澄清或者修改的内容涉及与资格预审公告或者招标公告内容不一致的，应当在原资格预审公告或者招标公告发布的媒体和招标网上发布变更公告。

因异议或投诉处理而导致对资格预审文件或者招标文件澄清或者修改的，应当按照前款规定执行。

第三十条 招标人顺延投标截止时间的，至少应当在招标文件要求提交投标文件的截止时间3日前，将变更时间书面通知所有获取招标文件的潜在投标人，并在招标网上发布变更公告。

第三十一条 除不可抗力原因外，招标文件或者资格预审文件发出后，不予退还；招标人在发布招标公告、发出投标邀请书后或者发出招标文件或资格预审文件后不得终止招标。

招标人终止招标的，应当及时发布公告，或者以书面形式通知被邀请的或者已经获取资格预审文件、招标文件的潜在投标人。已经发售资格预审文件、招标文件或者已经收取投标保证金的，招标人应当及时退还所收取的资格预审文件、招标文件的费用，以及所收取的投标保证金及银行同期存款利息。

第四章 投标

第三十二条 投标人是响应招标、参加投标竞争的法人或其他组织。

与招标人存在利害关系可能影响招标公正性的法人或其他组织不得参加投标；接受委托

参与项目前期咨询和招标文件编制的法人或其他组织不得参加受托项目的投标，也不得为该项目的投标人编制投标文件或者提供咨询。

单位负责人为同一人或者存在控股、管理关系的不同单位，不得参加同一招标项目包投标，共同组成联合体投标的除外。

违反前三款规定的，相关投标均无效。

第三十三条 投标人应当根据招标文件要求编制投标文件，并根据自己的商务能力、技术水平对招标文件提出的要求和条件在投标文件中做出真实的响应。投标文件的所有内容在投标有效期内应当有效。

第三十四条 投标人对加注星号（“*”）的重要技术条款（参数）应当在投标文件中提供技术支持资料。

技术支持资料以制造商公开发布的印刷资料、检测机构出具的检测报告或招标文件中允许的其他形式为准，凡不符合上述要求的，应当视为无效技术支持资料。

第三十五条 投标人应当提供在开标日前3个月内由其开立基本账户的银行开具的银行资信证明的原件或复印件。

第三十六条 潜在投标人或者其他利害关系人对资格预审文件有异议的，应当在提交资格预审申请文件截止时间2日前向招标人或招标机构提出，并将异议内容上传招标网；对招标文件有异议的，应当在投标截止时间10日前向招标人或招标机构提出，并将异议内容上传招标网。招标人或招标机构应当自收到异议之日起3日内作出答复，并将答复内容上传招标网；作出答复前，应当暂停招标投标活动。

第三十七条 招标人编制的资格预审文件、招标文件的内容违反法律、行政法规的强制性规定，违反公开、公平、公正和诚实信用原则，影响资格预审结果或者潜在投标人投标的，依法必须进行招标的项目的招标人应当在修改资格预审文件或者招标文件后重新招标。

第三十八条 投标人在招标文件要求的投标截止时间前，应当在招标网免费注册，注册时应当在招标网在线填写招投标注册登记表，并将由投标人加盖公章的招投标注册登记表及工商营业执照（复印件）提交至招标网；境外投标人提交所在地登记证明材料（复印件），投标人无印章的，提交由单位负责人签字的招投标注册登记表。投标截止时间前，投标人未在招标网完成注册的不得参加投标，有特殊原因的除外。

第三十九条 投标人在招标文件要求的投标截止时间前，应当将投标文件送达招标文件规定的投标地点。投标人可以在规定的投标截止时间前书面通知招标人，对已提交的投标文件进行补充、修改或撤回。补充、修改的内容应当作为投标文件的组成部分。投标人不得在投标截止时间后对投标文件进行补充、修改。

第四十条 投标人应当按照招标文件要求对投标文件进行包装和密封。投标人在投标截止时间前提交价格变更等相关内容的投标声明的，应与开标一览表一并或者单独密封，并加施明显标记，以便在开标时一并唱出。

第四十一条 未通过资格预审的申请人提交的投标文件，以及逾期送达或者不按照招标文件要求密封的投标文件，招标人应当拒收。

招标人或招标机构应当如实记载投标文件的送达时间和密封情况，并存档备查。

第四十二条 招标文件允许联合体投标的，两个以上法人或者其他组织可以组成一个联合体，以一个投标人的身份共同投标。

联合体各方均应当具备承担招标项目的相应能力；国家有关规定或者招标文件对投标人资格条件有规定的，联合体各方均应当具备规定的相应资格条件。由同一专业的单位组成的联合体，按照资质等级较低的单位确定资质等级。

联合体各方应当签订共同投标协议，明确约定各方拟承担的工作和责任，并将共同投标协议连同投标文件一并提交招标人。联合体中标的，联合体各方应当共同与招标人签订合同，就中标项目向招标人承担连带责任。

联合体各方在同一招标项目包中以自己名义单独投标或者参加其他联合体投标的，相关投标均无效。

第四十三条 投标人应当按照招标文件的要求，在提交投标文件截止时间前将投标保证金提交给招标人或招标机构。

投标人在投标截止时间前撤回已提交的投标文件，招标人或招标机构已收取投标保证金的，应当自收到投标人书面撤回通知之日起5日内退还。

投标截止后投标人撤销投标文件的，招标人可以不退还投标保证金。招标人主动要求延长投标有效期但投标人拒绝的，招标人应当退还投标保证金。

第四十四条 投标人发生合并、分立、破产等重大变化的，应当及时书面告知招标人。投标人不再具备资格预审文件、招标文件规定的资格条件或者其投标影响招标公正性的，其投标无效。

第四十五条 禁止招标投标法实施条例第三十九条、第四十条、第四十一条、第四十二条所规定的投标人相互串通投标、招标人与投标人串通投标、投标人以他人名义投标或者以其他方式弄虚作假的行为。

第五章 开标和评标

第四十六条 开标应当在招标文件确定的提交投标文件截止时间的同一时间公开进行；开标地点应当为招标文件中预先确定的地点。开标由招标人或招标机构主持，邀请所有投标人参加。

投标人少于3个的，不得开标，招标人应当依照本办法重新招标；开标后认定投标人少于3个的应当停止评标，招标人应当依照本办法重新招标。重新招标后投标人仍少于3个的，可以进入两家或一家开标评标；按国家有关规定需要履行审批、核准手续的依法必须进行招标的项目，报项目审批、核准部门审批、核准后可以不再进行招标。

认定投标人数量时，两家以上投标人的投标产品为同一家制造商或集成商生产的，按一家投标人认定。对两家以上集成商或代理商使用相同制造商产品作为其项目包的一部分，且相同产品的价格总和均超过该项目包各自投标总价60%的，按一家投标人认定。

对于国外贷款、援助资金项目，资金提供方规定当投标截止时间到达时，投标人少于3个可直接进入开标程序的，可以适用其规定。

第四十七条 开标时，由投标人或者其推选的代表检查投标文件的密封情况，也可以由招标人委托的公证机构检查并公证；经确认无误后，由工作人员当众拆封，宣读投标人名称、投标价格和投标文件的其他主要内容。

招标人在招标文件要求提交投标文件的截止时间前收到的所有投标文件，开标时都应当当众予以拆封、宣读。

投标人的开标一览表、投标声明（价格变更或其他声明）都应当在开标时一并唱出，否则在评标时不予认可。投标总价中不应当包含招标文件要求以外的产品或服务的价格。

第四十八条 投标人对开标有异议的，应当在开标现场提出，招标人或招标机构应当当场作出答复，并制作记录。

第四十九条 招标人或招标机构应当在开标时制作开标记录，并在开标后3个工作日内上传招标网存档。

第五十条 评标由招标人依照本办法组建的评标委员会负责。依法必须进行招标的项目，其评标委员会由招标人的代表和从事相关领域工作满8年并具有高级职称或者具有同等专业水平的技术、经济等相关领域专家组成，成员人数为5人以上单数，其中技术、经济等方面专家人数不得少于成员总数的2/3。

第五十一条 依法必须进行招标的项目，机电产品国际招标评标所需专家原则上由招标人或招标机构在招标网上从国家、地方两级专家库内相关专业类别中采用随机抽取的方式产生。任何单位和个人不得以明示、暗示等任何方式指定或者变相指定参加评标委员会的专家成员。但技术复杂、专业性强或者国家有特殊要求，采取随机抽取方式确定的专家难以保证其胜任评标工作的特殊招标项目，报相应主管部门后，可以由招标人直接确定评标专家。

抽取评标所需的评标专家的时间不得早于开标时间3个工作日；同一项目包评标中，来自同一法人单位的评标专家不得超过评标委员会总人数的1/3。

随机抽取专家人数为实际所需专家人数。一次招标金额在1000万美元以上的国际招标项目包，所需专家的1/2以上应当从国家级专家库中抽取。

抽取工作应当使用招标网评标专家随机抽取自动通知系统。除专家不能参加和应当回避的情形外，不得废弃随机抽取的专家。

机电产品国际招标评标专家及专家库管理办法由商务部另行制定。

第五十二条 与投标人或其制造商有利害关系的人不得进入相关项目的评标委员会，评标专家不得参加与自己有利害关系的项目评标，且应当主动回避；已经进入的应当更换。主管部门的工作人员不得担任本机构负责监督项目的评标委员会成员。

依法必须进行招标的项目的招标人非因招标投标法、招标投标法实施条例和本办法规定的事由，不得更换依法确定的评标委员会成员。更换评标委员会的专家成员应当依照本办法第五十一条规定进行。

第五十三条 评标委员会成员名单在中标结果确定前应当保密，如有泄密，除追究当事人责任外，还应当报送相应主管部门后及时更换。

评标前，任何人不得向评标专家透露其即将参与的评标项目招标人、投标人的有关情况及其他应当保密的信息。

招标人和招标机构应当采取必要的措施保证评标在严格保密的情况下进行。任何单位和个人不得非法干预、影响评标的过程和结果。

泄密影响中标结果的，中标无效。

第五十四条 招标人应当向评标委员会提供评标所必需的信息，但不得向评标委员会成员明示或者暗示其倾向或者排斥特定投标人。

招标人应当根据项目规模和技术复杂程度等因素合理确定评标时间。超过1/3的评标委员会成员认为评标时间不够的，招标人应当适当延长。

评标过程中，评标委员会成员有回避事由、擅离职守或者因健康等原因不能继续评标的，应当于评标当日报相应主管部门后按照所缺专家的人数重新随机抽取，及时更换。被更换的评标委员会成员做出的评审结论无效，由更换后的评标委员会成员重新进行评审。

第五十五条 评标委员会应当在开标当日开始进行评标。有特殊原因当天不能评标的，应当将投标文件封存，并在开标后48小时内开始进行评标。评标委员会成员应当依照招标投标法、招标投标法实施条例和本办法的规定，按照招标文件规定的评标方法和标准，独立、客观、公正地对投标文件提出评审意见。招标文件没有规定的评标方法和标准不得作为评标的依据。

评标委员会成员不得私下接触投标人，不得收受投标人给予的财物或者其他好处，不得向招标人征询确定中标人的意向，不得接受任何单位或者个人明示或者暗示提出的倾向或者排斥特定投标人的要求，不得有其他不客观、不公正履行职务的行为。

第五十六条 采用最低评标价法评标的，在商务、技术条款均实质性满足招标文件要求时，评标价格最低者为排名第一的中标候选人；采用综合评价法评标的，在商务、技术条款均实质性满足招标文件要求时，综合评价最优者为排名第一的中标候选人。

第五十七条 在商务评议过程中，有下列情形之一者，应予否决投标：

（一）投标人或其制造商与招标人有利害关系可能影响招标公正性的。

（二）投标人参与项目前期咨询或招标文件编制的。

（三）不同投标人单位负责人为同一人或者存在控股、管理关系的。

（四）投标文件未按招标文件的要求签署的。

（五）投标联合体没有提交共同投标协议的。

（六）投标人的投标书、资格证明材料未提供，或不符合国家规定或者招标文件要求的。

（七）同一投标人提交两个以上不同的投标方案或者投标报价的，但招标文件要求提交备选方案的除外。

（八）投标人未按招标文件要求提交投标保证金或保证金金额不足、保函有效期不足、投标保证金形式或出具投标保函的银行不符合招标文件要求的。

（九）投标文件不满足招标文件加注星号（“*”）的重要商务条款要求的。

（十）投标报价高于招标文件设定的最高投标限价的。

（十一）投标有效期不足的。

（十二）投标人有串通投标、弄虚作假、行贿等违法行为的。

（十三）存在招标文件中规定的否决投标的其他商务条款的。

前款所列材料在开标后不得澄清、后补；招标文件要求提供原件的，应当提供原件，否则将否决其投标。

第五十八条 对经资格预审合格、且商务评议合格的投标人不能再因其资格不合格否决其投标，但在招标周期内该投标人的资格发生了实质性变化不再满足原有资格要求的除外。

第五十九条 技术评议过程中，有下列情形之一者，应予否决投标：

（一）投标文件不满足招标文件技术规格中加注星号（“*”）的重要条款（参数）要求，或加注星号（“*”）的重要条款（参数）不符合招标文件要求的技术资料支持的。

（二）投标文件技术规格中一般参数超出允许偏离的最大范围或最多项数的。

（三）投标文件技术规格中的响应与事实不符或虚假投标的。

（四）投标人复制招标文件的技术规格相关部分内容作为其投标文件中一部分的。

（五）存在招标文件中规定的否决投标的其他技术条款的。

第六十条 采用最低评标价法评标的，价格评议按下列原则进行：

（一）按招标文件中的评标依据进行评标。计算评标价格时，对需要进行价格调整的部分，要依据招标文件和投标文件的内容加以调整并说明。投标总价中包含的招标文件要求以外的产品或服务，在评标时不予核减。

（二）除国外贷款、援助资金项目外，计算评标总价时，以货物到达招标人指定到货地点为依据。

（三）招标文件允许以多种货币投标的，在进行价格评标时，应当以开标当日中国银行总行首次发布的外币对人民币的现汇卖出价进行投标货币对评标货币的转换以计算评标价格。

第六十一条 采用综合评价法评标时，按下列原则进行：

（一）评标办法应当充分考虑每个评价指标所有可能的投标响应，且每一种可能的投标响应应当对应一个明确的评价值，不得对应多个评价值或评价值区间，采用两步评价方法的除外。

对于总体设计、总体方案等难以量化比较的评价内容，可以采取两步评价方法：第一步，评标委员会成员独立确定投标人该项评价内容的优劣等级，根据优劣等级对应的评价值算术平均后确定该投标人该项评价内容的平均等级；第二步，评标委员会成员根据投标人的平均等级，在对应的分值区间内给出评价值。

（二）价格评价应当符合低价优先、经济节约的原则，并明确规定评议价格最低的有效投标人将获得价格评价的最高评价值，价格评价的最大可能评价值和最小可能评价值应当分别为价格最高评价值和零评价值。

（三）评标委员会应当根据综合评价值对各投标人进行排名。综合评价值相同的，依照价格、技术、商务、服务及其他评价内容的优先次序，根据分项评价值进行排名。

第六十二条 招标文件允许备选方案的，评标委员会对有备选方案的投标人进行评审时，应当以主选方案为准进行评标。备选方案应当实质性响应招标文件要求。凡提供两个以上备选方案或者未按要求注明主选方案的，该投标应当被否决。凡备选方案的投标价格高于主选方案的，该备选方案将不予采纳。

第六十三条 投标人应当根据招标文件要求和产品技术要求列出供货产品清单和分项报价。投标人投标报价缺漏项超出招标文件允许的范围或比重的，为实质性偏离招标文件要求，评标委员会应当否决其投标。缺漏项在招标文件允许的范围或比重内的，评标时应当要求投标人确认缺漏项是否包含在投标价中，确认包含的，将其他有效投标中该项的最高价计入其评标总价，并依据此评标总价对其一般商务和技术条款（参数）偏离进行价格调整；确认不包含的，评标委员会应当否决其投标；签订合同时以投标价为准。

第六十四条 投标文件中有含义不明确的内容、明显文字或者计算错误，评标委员会认为需要投标人做出必要澄清、说明的，应当书面通知该投标人。投标人的澄清、说明应当采用书面形式在评标委员会规定的时间内提交，并不得超出投标文件的范围或者改变投标文件的实质性内容。

投标人的投标文件不响应招标文件加注星号（“*”）的重要商务和技术条款（参数），或加注星号（“*”）的重要技术条款（参数）未提供符合招标文件要求的技术支持资料的，评标委员会不得要求其进行澄清或后补。

评标委员会不得暗示或者诱导投标人做出澄清、说明，不得接受投标人主动提出的澄清、说明。

第六十五条 评标委员会经评审，认为所有投标都不符合招标文件要求的，可以否决所有投标。

依法必须进行招标的项目的所有投标被否决的，招标人应当依照本办法重新招标。

第六十六条 评标完成后，评标委员会应当向招标人提交书面评标报告和中标候选人名单。中标候选人应当不超过3个，并标明排序。

评标委员会的每位成员应当分别填写评标委员会成员评标意见表评标意见表是评标报告必不可少的一部分。评标报告应当由评标委员会全体成员签字。对评标结果有不同意见的评标委员会成员应当以书面形式说明其不同意见和理由，评标报告应当注明该不同意见。评标委员会成员拒绝在评标报告上签字又不说明其不同意见和理由的，视为同意评标结果。

专家受聘承担的具体项目评审工作结束后，招标人或者招标机构应当在招标网对专家的能力、水平、履行职责等方面进行评价，评价结果分为优秀、称职和不称职。

第六章 评标结果公示和中标

第六十七条 依法必须进行招标的项目，招标人或招标机构应当依据评标报告填写《评标结果公示表》，并自收到评标委员会提交的书面评标报告之日起3日内在招标网上进行评标结果公示。评标结果应当一次性公示，公示期不得少于3日。

采用最低评标价法评标的，《评标结果公示表》中的内容包括“中标候选人排名”“投标人及制造商名称”“评标价格”和“评议情况”等。每个投标人的评议情况应当按商务、技术和价格评议三个方面在《评标结果公示表》中分别填写，填写的内容应当明确说明招标文件的要求和投标人的响应内容。对一般商务和技术条款（参数）偏离进行价格调整的，在评标结果公示时，招标人或招标机构应当明确公示价格调整的依据、计算方法、投标文件偏离内容及相应的调整金额。

采用综合评价法评标的，《评标结果公示表》中的内容包括“中标候选人排名”“投标人及制造商名称”“综合评价值”“商务、技术、价格、服务及其他等大类评价项目的评价值”和“评议情况”等。每个投标人的评议情况应当明确说明招标文件的要求和投标人的响应内容。

使用国外贷款、援助资金的项目，招标人或招标机构应当自收到评标委员会提交的书面评标报告之日起3日内向资金提供方报送评标报告，并自获其出具不反对意见之日起3日内在招标网上进行评标结果公示。资金提供方对评标报告有反对意见的，招标人或招标机构应当及时将资金提供方的意见报相应的主管部门，并依照本办法重新招标或者重新评标。

第六十八条 评标结果进行公示后，各方当事人可以通过招标网查看评标结果公示的内容。招标人或招标机构应当应投标人的要求解释公示内容。

第六十九条 投标人或者其他利害关系人对依法必须进行招标的项目的评标结果有异议的，应当于公示期内向招标人或招标机构提出，并将异议内容上传招标网。招标人或招标机构应当在收到异议之日起3日内作出答复，并将答复内容上传招标网；作出答复前，应当暂停招标投标活动。

异议答复应当对异议问题逐项说明，但不得涉及其他投标人的投标秘密。未在评标报告中体现的不满足招标文件要求的其他方面的偏离不能作为答复异议的依据。

经原评标委员会按照招标文件规定的方法和标准审查确认，变更原评标结果的，变更后的评标结果应当依照本办法进行公示。

第七十条 招标人根据评标委员会提出的书面评标报告和推荐的中标候选人确定中标人。招标人也可以授权评标委员会直接确定中标人。国有资金占控股或者主导地位的依法必须进行招标的项目，以及使用国外贷款、援助资金的项目，招标人应当确定排名第一的中标候选人为中标人。排名第一的中标候选人放弃中标、因不可抗力不能履行合同、不按招标文件要求提交履约保证金，或者被查实存在影响中标结果的违法行为等情形，不符合中标条件的，招标人可以按照评标委员会提出的中标候选人名单排序依次确定其他中标候选人为中标人，也可以重新招标。

第七十一条 评标结果公示无异议的，公示期结束后该评标结果自动生效并进行中标结果公告；评标结果公示有异议，但是异议答复后10日内无投诉的，异议答复10日后按照异议处理结果进行公告；评标结果公示有投诉的，相应主管部门做出投诉处理决定后，按照投诉处理决定进行公告。

第七十二条 依法必须进行招标的项目，中标人确定后，招标人应当在中标结果公告后20日内向中标人发出中标通知书，并在中标结果公告后15日内将评标情况的报告提交至相应的主管部门。中标通知书也可以由招标人委托其招标机构发出。

使用国外贷款、援助资金的项目，异议或投诉的结果与报送资金提供方的评标报告不一致的，招标人或招标机构应当按照异议或投诉的结果修改评标报告，并将修改后的评标报告报送资金提供方，获其不反对意见后向中标人发出中标通知书。

第七十三条 中标结果公告后15日内，招标人或招标机构应当在招标网完成该项目包招标投标情况及其相关数据的存档。存档的内容应当与招标投标实际情况一致。

第七十四条 中标候选人的经营、财务状况发生较大变化或者存在违法行为，招标人认为可能影响其履约能力的，应当在发出中标通知书前由原评标委员会按照招标文件规定的方法和标准审查确认。

第七十五条 中标通知书对招标人和中标人具有法律效力。中标通知书发出后，招标人改变中标结果的，或者中标人放弃中标项目的，应当依法承担法律责任。

第七十六条 招标人和中标人应当自中标通知书发出之日起30日内，依照招标投标法、招标投标法实施条例和本办法的规定签订书面合同，合同的标的、价款、质量、履行期限等主要条款应当与招标文件和中标人的投标文件的内容一致。招标人或中标人不得拒绝或拖延与另一方签订合同。招标人和中标人不得再行订立背离合同实质性内容的其他协议。

招标人最迟应当在书面合同签订后5日内向中标人和未中标的投标人退还投标保证金及银行同期存款利息。

第七十七条 招标文件要求中标人提交履约保证金的，中标人应当按照招标文件的要求提交。履约保证金不得超过中标合同金额的10%。

第七十八条 中标产品来自关境外的，由招标人按照国家有关规定办理进口手续。

第七十九条 中标人应当按照合同约定履行义务，完成中标项目。中标人不得向他人转让中标项目，也不得将中标项目分解后分别向他人转让。

第八十条 依法必须进行招标的项目，在国际招标过程中，因招标人的采购计划发生重大变更等原因，经项目主管部门批准，报相应的主管部门后，招标人可以重新组织招标。

第八十一条 招标人或招标机构应当按照有关规定妥善保存招标委托协议、资格预审公告、招标公告、资格预审文件、招标文件、资格预审申请文件、投标文件、异议及答复等相关资料，以及与评标相关的评标报告、专家评标意见、综合评价法评价原始记录表等资料，并对评标情况和资料严格保密。

第七章 投诉与处理

第八十二条 投标人或者其他利害关系人认为招标投标活动不符合法律、行政法规及本办法规定的，可以自知道或者应当知道之日起10日内向相应主管部门投诉。就本办法第三十六条规定事项进行投诉的，潜在投标人或者其他利害关系人应当在自领购资格预审文件或招标文件10日内向相应的主管部门提出；就本办法第四十八条规定事项进行投诉的，投标人或者其他利害关系人应当在自开标10日内向相应的主管部门提出；就本办法第六十九条规定事项进行投诉的，投标人或者其他利害关系人应当在自评标结果公示结束10日内向相应的主管部门提出。

就本办法第三十六条、第四十八条、第六十九条规定事项投诉的，应当先向招标人提出异议，异议答复期间不计算在前款规定的期限内。就异议事项投诉的，招标人或招标机构应当在该项目被网上投诉后3日内，将异议相关材料提交相应的主管部门。

第八十三条 投诉人应当于投诉期内在招标网上填写《投诉书》（就异议事项进行投诉的，应当提供异议和异议答复情况及相关证明材料），并将由投诉人单位负责人或单位负责人授权的人签字并盖章的《投诉书》、单位负责人证明文件及相关材料在投诉期内送达相应的主管部门。境外投诉人所在企业无印章的，以单位负责人或单位负责人授权的人签字为准。

投诉应当有明确的请求和必要的证明材料。投诉有关材料是外文的，投诉人应当同时提供其中文译本，并以中文译本为准。

投诉人应保证其提出投诉内容及相应证明材料的真实性及来源的合法性，并承担相应的法律责任。

第八十四条 主管部门应当自收到书面投诉书之日起3个工作日内决定是否受理投诉，并将是否受理的决定在招标网上告知投诉人。主管部门应当自受理投诉之日起30个工作日内做出书面处理决定，并将书面处理决定在招标网上告知投诉人；需要检验、检测、鉴定、专家评审的，以及监察机关依法对与招标投标活动有关的监察对象实施调查并可能影响投诉处理决定的，所需时间不计算在内。使用国外贷款、援助资金的项目，需征求资金提供方意见的，所需时间不计算在内。

主管部门在处理投诉时，有权查阅、复制有关文件、资料，调查有关情况，相关单位和人员应当予以配合。必要时，主管部门可以责令暂停招标投标活动。

主管部门在处理投诉期间，招标人或招标机构应当就投诉的事项协助调查。

第八十五条 有下列情形之一的投诉，不予受理：

（一）就本办法第三十六条、第四十八条、第六十九条规定事项投诉，其投诉内容在提起投诉前未按照本办法的规定提出异议的。

（二）投诉人不是投标人或者其他利害关系人的。

（三）《投诉书》未按本办法有关规定签字或盖章，或者未提供单位负责人证明文件的。

（四）没有明确请求的，或者未按本办法提供相应证明材料的。

（五）涉及招标评标过程具体细节、其他投标人的商业秘密或其他投标人的投标文件具体内容但未能说明内容真实性和来源合法性的。

（六）未在规定期限内在招标网上提出的。

（七）未在规定期限内将投诉书及相关证明材料送达相应主管部门的。

第八十六条 在评标结果投诉处理过程中，发现招标文件重要商务或技术条款（参数）出现内容错误、前后矛盾或与国家相关法律法规不一致的情形，影响评标结果公正性的，当次招标无效，主管部门将在招标网上予以公布。

第八十七条 招标人对投诉的内容无法提供充分解释和说明的，主管部门可以自行组织或者责成招标人、招标机构组织专家就投诉的内容进行评审。

就本办法第三十六条规定事项投诉的，招标人或招标机构应当从专家库中随机抽取3人以上单数评审专家。评审专家不得作为同一项目包的评标专家。

就本办法第六十九条规定事项投诉的，招标人或招标机构应当从国家级专家库中随机抽取评审专家，国家级专家不足时，可由地方级专家库中补充，但国家级专家不得少于2/3。评审专家不得包含参与该项目包评标的专家，并且专家人数不得少于评标专家人数。

第八十八条 投诉人拒绝配合主管部门依法进行调查的，被投诉人不提交相关证据、依据和其他有关材料的，主管部门按照现有可获得的材料对相关投诉依法做出处理。

第八十九条 投诉处理决定做出前，经主管部门同意，投诉人可以撤回投诉。投诉人申请撤回投诉的，应当以书面形式提交给主管部门，并同时在网上提出撤回投诉申请。已经查实投诉内容成立的，投诉人撤回投诉的行为不影响投诉处理决定。投诉人撤回投诉的，不得以同一事实和理由再次进行投诉。

第九十条 主管部门经审查，对投诉事项可做出下列处理决定：

（一）投诉内容未经查实前，投诉人撤回投诉的，终止投诉处理。

（二）投诉缺乏事实根据或者法律依据的，以及投诉人捏造事实、伪造材料或者以非法手段取得证明材料进行投诉的，驳回投诉。

（三）投诉情况属实，招标投标活动确实存在不符合法律、行政法规和本办法规定的，依法做出招标无效、投标无效、中标无效、修改资格预审文件或者招标文件等决定。

第九十一条 商务部在招标网设立信息发布栏，包括下列内容：

（一）投诉汇总统计，包括年度内受到投诉的项目、招标人、招标机构名称和投诉处理结果等。

（二）招标机构代理项目投诉情况统计，包括年度内项目投诉数量、投诉率及投诉处理结果等。

（三）投标人及其他利害关系人投诉情况统计，包括年度内项目投诉数量、投诉率及不予受理投诉、驳回投诉、不良投诉（本办法第九十六条第四项的投诉行为）等。

（四）违法统计，包括年度内在招标投标活动过程中违反相关法律、行政法规和本办法的当事人、项目名称、违法情况和处罚结果。

第九十二条 主管部门应当建立投诉处理档案，并妥善保存。

第八章 法律责任

第九十三条 招标人对依法必须进行招标的项目不招标或化整为零以及以其他任何方式规避国际招标的，由相应主管部门责令限期改正，可以处项目合同金额0.5%以上、1%以下的罚款；对全部或者部分使用国有资金的项目，可以通告项目主管机构暂停项目执行或者暂停资金拨付；对单位直接负责的主管人员和其他直接责任人员依法给予处分。

第九十四条 招标人有下列行为之一的，依照招标投标法、招标投标法实施条例的有关规定处罚：

（一）依法应当公开招标而采用邀请招标的。

（二）以不合理的条件限制、排斥潜在投标人的，对潜在投标人实行歧视待遇的，强制要求投标人组成联合体共同投标的，或者限制投标人之间竞争的。

（三）招标文件、资格预审文件的发售、澄清、修改的时限，或者确定的提交资格预审申请文件、投标文件的时限不符合规定的。

（四）不按照规定组建评标委员会，或者确定、更换评标委员会成员违反规定的。

（五）接受未通过资格预审的单位或者个人参加投标，或者接受应当拒收的投标文件的。

（六）违反规定，在确定中标人前与投标人就投标价格、投标方案等实质性内容进行谈判的。

（七）不按照规定确定中标人的。

（八）不按照规定对异议作出答复，继续进行招标投标活动的。

（九）无正当理由不发出中标通知书，或者中标通知书发出后无正当理由改变中标结果的。

（十）无正当理由不与中标人订立合同，或者在订立合同时向中标人提出附加条件的。

（十一）不按照招标文件和中标人的投标文件与中标人订立合同，或者与中标人订立背离合同实质性内容的协议的。

（十二）向他人透露已获取招标文件的潜在投标人的名称、数量或者可能影响公平竞争的有关招标投标的其他情况的，或者泄露标底的。

第九十五条 招标人有下列行为之一的，给予警告，并处3万元以下罚款；该行为影响到评标结果的公正性的，当次招标无效：

（一）与投标人相互串通、虚假招标投标的。

（二）以不正当手段干扰招标投标活动的。

（三）不履行与中标人订立的合同的。

（四）除本办法第九十四条第十二项所列行为外，其他泄漏应当保密的与招标投标活动有关的情况、材料或信息的。

（五）对主管部门的投诉处理决定拒不执行的。

（六）其他违反招标投标法、招标投标法实施条例和本办法的行为。

第九十六条 投标人有下列行为之一的，依照招标投标法、招标投标法实施条例的有关规定处罚：

（一）与其他投标人或者与招标人相互串通投标的。

（二）以向招标人或者评标委员会成员行贿的手段谋取中标的。

（三）以他人名义投标或者以其他方式弄虚作假，骗取中标的。

（四）捏造事实、伪造材料或者以非法手段取得证明材料进行投诉的。

有前款所列行为的投标人不得参与该项目的重新招标。

第九十七条 投标人有下列行为之一的，当次投标无效，并给予警告，并处3万元以下罚款：

（一）虚假招标投标的。

（二）以不正当手段干扰招标、评标工作的。

（三）投标文件及澄清资料与事实不符，弄虚作假的。

（四）在投诉处理过程中，提供虚假证明材料的。

（五）中标通知书发出之前与招标人签订合同的。

（六）中标的投标人不按照其投标文件和招标文件与招标人签订合同的或提供的产品不符合投标文件的。

（七）其他违反招标投标法、招标投标法实施条例和本办法的行为。

有前款所列行为的投标人不得参与该项目的重新招标。

第九十八条 中标人有下列行为之一的，依照招标投标法、招标投标法实施条例的有关规定处罚：

（一）无正当理由不与招标人订立合同的，或者在签订合同时向招标人提出附加条件的。

（二）不按照招标文件要求提交履约保证金的。

（三）不履行与招标人订立的合同的。

有前款所列行为的投标人不得参与该项目的重新招标。

第九十九条 招标机构有下列行为之一的，依照招标投标法、招标投标法实施条例的有关规定处罚：

（一）与招标人、投标人串通损害国家利益、社会公共利益或者他人合法权益的。

（二）在所代理的招标项目中投标、代理投标或者向该项目投标人提供咨询的。

（三）参加受托编制标底项目的投标或者为该项目的投标人编制投标文件、提供咨询的。

（四）泄漏应当保密的与招标投标活动有关的情况和资料的。

第一百条 招标机构有下列行为之一的，给予警告，并处3万元以下罚款；该行为影响到整个招标公正性的，当次招标无效：

（一）与招标人、投标人相互串通、搞虚假招标投标的。

（二）在进行机电产品国际招标机构登记时填写虚假信息或提供虚假证明材料的。

（三）无故废弃随机抽取的评审专家的。

（四）不按照规定及时向主管部门报送材料或者向主管部门提供虚假材料的。

（五）未在规定的时间内将招标投标情况及其相关数据上传招标网，或者在招标网上发布、公示或存档的内容与招标公告、招标文件、投标文件、评标报告等相应书面内容存在实质性不符的。

（六）不按照本办法规定对异议作出答复的，或者在投诉处理的过程中未按照主管部门要求予以配合的。

（七）因招标机构的过失，投诉处理结果为招标无效或中标无效，6个月内累计2次，或一年内累计3次的。

（八）不按照本办法规定发出中标通知书或者擅自变更中标结果的。

（九）其他违反招标投标法、招标投标法实施条例和本办法的行为。

第一百零一条 评标委员会成员有下列行为之一的，依照招标投标法、招标投标法实施条例的有关规定处罚：

（一）应当回避而不回避的。

（二）擅离职守的。

（三）不按照招标文件规定的评标方法和标准评标的。

（四）私下接触投标人的。

（五）向招标人征询确定中标人的意向或者接受任何单位或者个人明示或者暗示提出的倾向或者排斥特定投标人的要求的。

（六）暗示或者诱导投标人做出澄清、说明或者接受投标人主动提出的澄清、说明的。

（七）对依法应当否决的投标不提出否决意见的。

（八）向他人透露对投标文件的评审和比较、中标候选人的推荐以及与评标有关的其他情况的。

第一百零二条 评标委员会成员有下列行为之一的，将被从专家库名单中除名，同时在招标网上予以公告：

（一）弄虚作假，谋取私利的。

（二）在评标时拒绝出具明确书面意见的。

（三）除本办法第一百零一条第八项所列行为外，其他泄漏应当保密的与招标投标活动有关的情况和资料的。

（四）与投标人、招标人、招标机构串通的。

（五）专家1年内2次被评价为不称职的。

（六）专家无正当理由拒绝参加评标的。

（七）其他不客观公正地履行职责的行为，或违反招标投标法、招标投标法实施条例和本办法的行为。

前款所列行为影响中标结果的，中标无效。

第一百零三条 除评标委员会成员之外的其他评审专家有本办法第一百零一条和第一百零二条所列行为之一的，将被从专家库名单中除名，同时在招标网上予以公告。

第一百零四条 招标网承办单位有下列行为之一的，商务部予以警告并责令改正；情节严重的或拒不改正的，商务部可以中止或终止其委托服务协议；给招标投标活动当事人造成损失的，应当承担赔偿责任；构成犯罪的，依法追究刑事责任：

（一）超出商务部委托范围从事与委托事项相关活动的。

（二）利用承办商务部委托范围内事项向有关当事人收取费用的。

（三）无正当理由拒绝或者延误潜在投标人于投标截止时间前在招标网免费注册的。

（四）泄露应当保密的与招标投标活动有关情况和资料的。

（五）在委托范围内，利用有关当事人的信息非法获取利益的。

（六）擅自修改招标人、投标人或招标机构上传资料的。

（七）与招标人、投标人、招标机构相互串通、搞虚假招标投标的。

（八）其他违反招标投标法、招标投标法实施条例及本办法的。

第一百零五条 主管部门在处理投诉过程中，发现被投诉人单位直接负责的主管人员和其他直接责任人员有违法、违规或者违纪行为的，应当建议其行政主管机关、纪检监察部门给予处分；情节严重构成犯罪的，移送司法机关处理。

第一百零六条 主管部门不依法履行职责，对违反招标投标法、招标投标法实施条例和本办法规定的行为不依法查处，或者不按照规定处理投诉、不依法公告对招标投标当事人违法行为的行政处理决定的，对直接负责的主管人员和其他直接责任人员依法给予处分。

主管部门工作人员在招标投标活动监督过程中徇私舞弊、滥用职权、玩忽职守，构成犯罪的，依法追究刑事责任。

第一百零七条 出让或者出租资格、资质证书供他人投标的，依照法律、行政法规的规定给予行政处罚；构成犯罪的，依法追究刑事责任。

第一百零八条 依法必须进行招标的项目的招标投标活动违反招标投标法、招标投标法实施条例和本办法的规定，对中标结果造成实质性影响，且不能采取补救措施予以纠正的，招标、投标、中标无效，应当依照本办法重新招标或者重新评标。

重新评标应当由招标人依照本办法组建新的评标委员会负责。前一次参与评标的专家不得参与重新招标或者重新评标。依法必须进行招标的项目，重新评标的结果应当依照本办法进行公示。

除法律、行政法规和本办法规定外，招标人不得擅自决定重新招标或重新评标。

第一百零九条 本章规定的行政处罚，由相应的主管部门决定。招标投标法、招标投标法实施条例已对实施行政处罚的机关作出规定的除外。

第九章 附则

第一百一十条 不属于工程建设项目，但属于固定资产投资项目的机电产品国际招标投标活动，按照本办法执行。

第一百一十一条 与机电产品有关的设计、方案、技术等国际招标投标，可参照本办法执行。

第一百一十二条 使用国外贷款、援助资金进行机电产品国际招标的，应当按照本办法的有关规定执行。贷款方、资金提供方对招标投标的具体条件和程序有不同规定的，可以适用其规定，但违背中华人民共和国的国家安全或社会公共利益的除外。

第一百一十三条 机电产品国际招标投标活动采用电子招标投标方式的，应当按照本办法和国家有关电子招标投标的规定执行。

第一百一十四条 本办法所称“单位负责人”，是指单位法定代表人或者法律、行政法规规定代表单位行使职权的主要负责人。

第一百一十五条 本办法所称“日”为日历日，期限的最后一日是国家法定节假日的，顺延到节假日后的次日为期限的最后一日。

第一百一十六条　本办法中CIF、CIP、DDP等贸易术语，应当根据国际商会（ICC）现行最新版本的《国际贸易术语解释通则》的规定解释。

第一百一十七条　本办法由商务部负责解释。

第一百一十八条　本办法自2014年4月1日起施行。《机电产品国际招标投标实施办法》（商务部2004年第13号令）同时废止。

附录C　机电设备招标投标管理办法

第一章　总则

第一条　为促进社会主义市场经济体制建立与完善，加快建立公平的竞争机制，规范机电设备的招标投标行为，保障资金合理有效使用，特制定本办法。

第二条　本办法所称的机电设备招标投标，是指为采购机电设备，事先公布竞争条件，依照本办法的规定，择优选定合格制造供应厂商的活动。

第三条　机电设备招标工作必须公开、公正、公平，遵循竞争、择优的原则。

第四条　招标投标活动可在公证机关的监督下进行。

第五条　在我国境内进行的机电设备招标投标活动，应遵守本办法。

第六条　国家经济贸易委员会（以下简称国家经贸委）负责组织指导、协调管理全国机电设备招标投标工作。国家经贸委负责制定机电设备招标投标管理的政策、规章和发展战略，会同有关部门审批机电设备招标机构（以下简称招标机构）的资格。

政府有关主管部门在其职责范围内，对机电设备招标投标进行监督。

各省、自治区、直辖市及计划单列市经贸委（经委、计经委，下同）负责本地区机电设备招标投标协调管理工作。

第二章　机电设备招标范围

第七条　以政府投资为主的公益性、政策性项目需采购的机电设备，应委托有资格的招标机构进行招标。国家规定必须招标的进口机电产品，应委托国家指定的有资格的招标机构进行招标。

竞争性项目需采购的机电设备招标，其招标范围另行规定。

第八条　下列情况可不招标：

（一）采购的机电设备只能从唯一制造商获得的。

（二）采购的机电设备需方可自产的。

（三）采购的活动涉及国家安全和秘密的。

（四）法律、法规另有规定的。

第三章　机电设备招标投标参加人

第九条　招标投标参加人分为需方、招标机构和投标方。

第十条　需方是指需要采购机电设备的法人和其他组织。

第十一条 需方享有以下权利：

（一）自主选择有资格的招标机构，并要求招标机构按其所提出的条件进行招标。

（二）要求招标机构出示招标资格证书或招标资格等级证书。

（三）根据与招标机构签订的委托书，参与招标活动。

（四）与招标机构共同确定定标程序。

需方履行以下义务：

（一）遵守国家有关法律、法规和本办法的有关规定。

（二）根据招标机构的要求提供招标所需的有关资料。

（三）配合招标机构进行招标活动。

（四）对招标设备的估算价保密。

（五）与中标方签订并履行合同。

第十二条 招标机构应具有事业法人资格和招标资格，从事国内、国际机电设备招标业务的专职机构。招标机构的资格认定按《机电设备招标机构资格管理暂行办法》执行。

第十三条 招标机构享有以下权利：

（一）依据招标文件审查投标方的资格。

（二）独立开展国内、国际招标活动，不受任何单位和个人的干预。

（三）与需方共同确定定标程序。

（四）组织需方与中标方签订合同。

招标机构履行以下义务：

（一）遵守国家法律、法规和本办法的有关规定，维护国家利益。

（二）接受政府主管部门的管理和监督。

（三）维护需方与投标方的合法权益。

（四）承办招标活动时，出示招标资格证书或招标资格等级证书。

（五）向有投标意向的法人或其他组织有偿提供招标文件，并负责对招标文件进行解释。

（六）对招标设备的估算价、需方和投标方的其他商业秘密保密。

第十四条 招标机构应设立专家支持系统。

第十五条 投标方是具备投标条件，并参加投标竞争的法人或其他组织。

第十六条 投标方必须具备以下条件：

（一）具备完成招标任务所需要的人力、物力和财力。

（二）具有完成招标任务所要求的资格证书。

（三）法律、法规规定的其他条件。

第十七条 投标方享有以下权利。

（一）平等地获取招标信息。

（二）要求招标机构对招标项目中的有关问题予以说明。

（三）参加开标大会。

（四）检举揭发招标过程中的舞弊行为。

投标方履行以下义务：

（一）如实提供投标文件，并接受招标机构的质疑。

（二）交纳投标保证金。

（三）不干预招标、评标工作的正常进行。

（四）中标后与需方签订并履行合同。

第四章　招标

第十八条　招标的类型分为：国内招标和国际招标、公开招标和邀请招标。

（一）国内招标是指符合招标文件规定的国内法人或其他组织，单独或联合其他国内外法人或其他组织参加投标，并用人民币结算的招标活动。

（二）国际招标是指符合招标文件规定的国内、国外法人或其他组织，单独或联合其他法人或其他组织参加投标，并按招标文件规定的币种结算的招标活动。

（三）公开招标是指向社会公开发布招标信息、允许所有符合招标文件规定条件的法人或其他组织参加投标的招标活动。公开招标须在《中国招标》周刊上刊登招标通告，也可同时在其他有影响的报刊上刊登。国外贷款项目，还应在国外贷款方规定的报刊上刊登招标通告。大型项目还应发布招标预告。

（四）邀请招标是指直接向潜在的投标方发出投标邀请的招标活动。

第十九条　办事委托招标手续按以下规定进行：

（一）需方办理手续时应向招标机构提供下列资料：

1. 按统一格式填写的招标委托书。

2. 招标机构完成招标任务所需要的技术资料和有关文件。

（二）需方应向招标机构提供招标保证金，其金额不超过委托招标设备总金额的 2 %，其比例由招标机构与需方协商确定。

（三）招标机构接受招标委托后，与需方共同确定招标类型。采用邀请招标时，应较全面掌握有能力提供标的潜在投标方情况。

（四）招标机构与需方共同确定定标程序。

第二十条　招标机构按已确定的招标类型，与需方根据招标设备技术要求共同编制招标文件，需方应及时提供有关数据和资料。国际招标时，招标机构和需方共同编制中文和英文两种文本的招标文件。招标文件不得有针对或排斥某一潜在投标方的内容。招标文件编出后，应组织有关专家进行审核，确认无误后方可发出。

第二十一条　从招标文件发售之日起到开标之日止，一般项目招标不少于 3 0 天，大型或复杂项目招标不少于60天。

第二十二条　招标机构与需方综合考核有关因素，共同协调确定招标设备的估算价。双方对此应严格保密。

第二十三条　在国际招标中，按国际惯例对国内投标方式予以优惠，优惠条件应在招标文件中予以载明。

第二十四条　招标机构应按招标通告或投标邀请函规定的时间、地点出售招标文件。招标文件售出后，不予退还。

第二十五条　招标机构对招标文件所做的澄清或招标前技术交底会的澄清，应在投标截止日期10日前以书面形式通知所有已购买招标文件的法人或其他组织，并将此作为招标文件的组成部分。

第二十六条 除因不可抗力情况外，需方要求撤销招标委托，导致招标活动终止的，需方须提出书面理由并向招标机构交纳赔偿费，招标机构不退还招标资料。在招标通告发布前或投标邀请函发出前撤销委托的，赔偿费为招标设备总金额的0．2％；招标通告发布后或投标邀请函发出后撤销委托的，赔偿费为招标设备总金额的1％；开标后撤销委托的，赔偿费为招标设备总金额的2％。

第二十七条 除因不可抗力情况外，因招标机构的原因取消招标，导致招标活动终止的，招标机构须将书面理由报国家经贸委备案，并向受损失方交纳赔偿费。在招标通告发布前或投标邀请函发现前取消招标的，向需方交纳招标设备总金额0.2%的赔偿费；招标通告发布后或投标邀请函发出后取消招标的，赔偿费为招标设备总金额的1％，其中0.2%付给需方，0.8%付给购买招标文件的单位；开标后取消招标的，赔偿费为招标设备总金额的2％，其中0.5%付给需方，1.5%付给投标方。

第五章 投标

第二十八条 符合招标文件要求的法人或其他组织，均可参加投标。

第二十九条 对大型或复杂的机电设备，在出售招标文件之前，招标机构应对有投标意向的潜在投标方进行资格预审，并将招标文件售给通过资格预审的潜在投标方。

第三十条 投标方应购买招标文件，承认并履行招标文件的各项规定和要求。

第三十一条 投标方应向招标机构提供投标文件正本和副本，并注明有关字样，评标时以正本为准。投标文件包括：

（一）投标函。

（二）投标方资格、资信证明文件。

（三）投标项目（设备）方案及说明。

（四）投标设备数量价目表。

（五）招标文件中规定应提交的其他资料或投标方认为需加以说明的其他内容。

（六）投标保证金，其金额为投标设备总金额的2％。投标保证金为保函或汇票时，其出具银行须经招标机构认可。

第三十二条 投标截止时间前，招标机构允许对已提交的投标文件进行补充或修改，但须由投标方授权代表签字后方为有效。投标截止时间后，投标文件密封保存，不得修改。

第三十三条 所有投标文件应在规定的投标截止时间之前，按统一格式密封送达或邮政寄到投标地点，过期不予受理。

招标机构对因不可抗力原因造成的投标文件遗失、损坏不承担责任。

与招标文件要求不符的投标文件无效。

第三十四条 投标方在开标后要求撤回投标，须以书面形式提出理由，并向招标机构交纳服务费，其费用为投标设备总金额的1％。

第六章 开标、评标及定标

第三十五条 开标应按招标通告或投标邀请函规定的时间和地点以公开方式进行。开标大会由招标机构主持，邀请评委、需方代表、投标方代表和有关单位代表参加。开标时，应查验投标箱及投标文件密封情况，确认密封完好无误后，由工作人员拆封、验证投标资格，并宣读投标方名称、投标项目的主要内容、投标报价以及其他有价值的内容。唱标应作记录，存档备查。

第三十六条 投标机构负责组建评标委员会（以下简称评委会）。评委会由招标机构的代表和技术、经济、法律等方面的专家组成，需方全权代表也可参加评委会。评委会的组成人数应不少于5人，其成员须经需方认可。

评委会负责评标工作，并对评标情况严格保密。评委会应当全面充分地审阅研究投标文件，认真听取需方和投标方的意见，并有权要求投标方代表对投标文件不明确的地方进行解释。

评委会综合比较各投标设备性能、质量、价格、交货期和投标方的资信情况等因素，依据“公正、科学、严谨”的原则和招标文件的要求进行评标，综合评价出中标方优选方案。不能保证最低报价的投标最终中标。

第三十七条 依据确定的定标程序选出中标方。

第三十八条 评标结束15日内，招标机构根据评标结果，发出《中标通知书》，同时向落标的投标方发出《落标通知书》，并退还投标保证金。

第七章 招标结果的效用

第三十九条 本办法第七条规定必须招标的机电设备，需方向有关政府主管部门、政策性银行等机构及机电产品进口管理机构办理拨款和进口手续时，需出具国家授权的招标机构签发的《中标通知书》。

第四十条 招标结果作为需方与中标方签订合同的主要依据之一。

第四十一条 国家规定必须招标以外的机电设备，需方委托招标机构进行招标的，可建议金融机构凭招标结果优先给予贷款。

第八章 招标的后期工作

第四十二条 国内中标的设备，由招标机构组织需方和中标方，按中标通知书规定的时间、地点签订合同。国外中标设备，由招标机构组织需方或其外贸代理机构与国外中标方，按中标通知书规定的时间、地点签订合同。

合同内容不得与投标文件内容有实质性区别。

第四十三条 未发生撤销委托或违反有关规定的情况，在签订合同后30日内，招标机构将招标保证金如数退还需方。

第四十四条 机电设备招标服务费用的收取标准，按国家物价局、财政部〔1992〕价费字581号文件的规定执行。

第九章 法律责任

第四十五条 出现下列行为之一的，国家经贸委可中止其招标投标活动或宣布中标无效；属招标机构责任的，国家经贸委可视情节轻重，对其处以降低资格等级、会同所在地主管部门责令停业整顿、取消招标资格的处罚；构成犯罪的，由司法机关依法追究责任者的刑事责任：

（一）需方或招标机构因弄虚作假，导致投标方做出错误响应，并造成损失的；

（二）需方或招标机构泄露招标秘密的；

（三）投标方采用不正当手段，骗取中标的。

第四十六条 出现下列行为之一的，依照《中华人民共和国反不正当竞争法》处理：

（一）投标方串通投标，哄抬标价的；

（二）需方和某一投标方相互勾结，以排挤其他竞争对手的。

第四十七条 违反第七条第一款、第二款规定的，经国家经贸委调查核实后，可通知有关政府部门或政策性银行拒拨货款，并提请审计、监察等部门对其采购活动进行审计和检查。

第四十八条 招标机构除因不可抗力原因外，未能按委托要求完成任务，给需方造成经济损失的，应承担相应的违约责任；若双方均有过错，应根据实际情况，由双方分别按协议规定承担责任。

第四十九条 需方未按规定的时间、地点与中标方签订合同，按中标设备金额的2%支付违约金，其中1.5%付给中标方，0.5%付给招标机构。

中标厂商未按规定的时间、地点与委托方签订合同，按中标设备金额的2%支付违约金，其中1.5%付给需方，0.5%付给招标机构。

第五十条 招标主管部门工作人员滥用职权，干扰招标活动，由其所在单位或上级机关给予行政处分；构成犯罪的，由司法机关依法追究刑事责任。

第五十一条 评委会成员和参与评标工作的各方工作人员擅自向投标方透露评标信息的，依法追究责任者的责任。

第五十二条 招标投标过程中发生纠纷时，当事人可依法申请仲裁或向人民法院起诉。

第十章 附则

第五十三条 各地区、各有关部门应采取有效措施，支持机电设备招标投标工作发展，并可依据本办法制定实施细则。

第五十四条 本办法发布前有关机电设备招标投标的规章与本办法不符的，以本办法为准。

第五十五条 本办法由国家经贸委负责解释。

参 考 文 献

[1] 张映红，莫翔明，黄卫萍. 设备管理与预防维修［M］. 北京：北京理工大学出版社，2009.

[2] 赵艳萍，姚冠新，陈骏. 设备管理与维修［M］. 北京：化学工业出版社，2009.

[3] 林允明. 设备管理［M］. 北京：机械工业出版社，2011.

[4] 高志坚. 设备管理［M］. 北京：机械工业出版社，2012.

[5] 陈延德. 图说工厂设备管理［M］. 北京：人民邮电出版社，2011.

[6] 赵友青，王春喜. 现代企业设备管理［M］. 北京：中国轻工业出版社，2011.

[7] 辛雄飞. 设备部规范化管理工具箱［M］. 北京：人民邮电出版社，2010.

[8] 李葆文. 现代设备资产管理［M］. 北京：机械工业出版社，2006.

[9] 郁君平. 设备管理［M］. 北京：机械工业出版社，2001.

[10] 徐保强，李葆文，张孝桐，等. 规范化的设备备件管理［M］. 北京：机械工业出版社，2008.

[11] 徐温厚，查志文. 工业企业设备管理［M］. 北京：国防工业出版社，2009.

[12] 李葆文. 简明现代设备管理手册［M］. 北京：机械工业出版社，2004.

[13] 王任远. 机电设备管理与质量标准［M］. 徐州：中国矿业大学出版社，2008.

[14] 杨耀双，刘碧云. 设备管理［M］. 北京：机械工业出版社，2008.

[15] 徐保强，李葆文. TnPM推进实务和案例分析［M］. 北京：机械工业出版社，2007.

[16] 杨申仲，等，现代设备管理［M］. 北京：机械工业出版社，2012.

[17] 王汝杰，石博强. 现代设备管理［M］. 北京：冶金工业出版社，2007.

[18] 周敏，魏厚培，张华. 现代设备工程学［M］. 北京：冶金工业出版社，2011.

[19] 刘宝权. 设备管理与维修［M］. 北京：机械工业出版社，2007.